LE SO_2 EN ŒNOLOGIE

Jacques Blouin

LE SO_2 EN ŒNOLOGIE

DUNOD

Illustrations de couverture :

© cynoclub – Fotolia.com

© Silverego – Fotolia.com

© Markus Mainka – Fotolia.com

5 rue Laromiguière, 75005 Paris
www.dunod.com

ISBN 978-2-10-071049-2

Table des matières

ANNEXES

Avant-propos

« J'aime bien ce vin, mais il est beaucoup moins bon après quelques minutes (ou heures) à l'air. »

« Ce vin ne me plaisait pas, mais il est devenu très bon le lendemain de l'ouverture de la bouteille ! »

« Je ne bois plus de vin parce qu'il contient du "soufre" qui me donne mal à la tête. »

Combien de fois a-t-on entendu ces remarques ? Sont-elles toujours justifiées ? Si oui, peut-on en limiter les désagréments ?

Ces remarques concrètes des consommateurs découlent largement d'une maîtrise imprécise de l'emploi du SO_2, du « soufre » dit-on parfois de façon maladroite et incorrecte. Le SO_2 est en effet présent dans tous les vins. Il est à la fois indispensable, très ancien, très polyvalent, très banal. Très bon marché, il n'impose pas à l'utilisateur une grande attention économique et il n'intéresse guère ses distributeurs.

Cet ouvrage se propose de faire le point sur le sujet, afin d'éviter les erreurs d'utilisation du SO_2 et, surtout, développer les qualités des vins qui procureront le plus de plaisir aux consommateurs. Il peut être considéré comme une réponse à la question posée par le Conseil Interprofessionnel du Vin de Bordeaux à la Station Agronomique et Œnologique de Bordeaux[1], fin 1960 : « *Comment empêcher les vins de cette récolte de "combiner le soufre" devenu ainsi inefficace ?* »

J'étais encore jeune ingénieur lorsqu'à cette occasion Jean Ribéreau-Gayon et Émile Peynaud me confièrent l'étude de ce problème. Elle sera suivie de plusieurs autres dont nous verrons les apports. Les circonstances m'ont ensuite permis d'appliquer, prolonger et adapter ces premiers résultats universitaires durant quelques décennies d'« œnologie de terrain ». Le problème de 1960 n'est pas encore parfaitement résolu,

1. Actuellement, Faculté d'œnologie de Bordeaux.

mais les innombrables progrès permettent de (presque) toujours proposer une solution efficace, pour l'ensemble des vins.

Restituer connaissances parfois anciennes mais oubliées, ignorances, bonnes questions et bonnes réponses sur le sujet, tel sera le « fil rouge » de ce livre. Les très nombreuses études ponctuelles seront, aussi souvent que possible, restituées dans le contexte général du SO_2 et de toute l'œnologie.

L'objectif de ce livre est de dégager des pratiques essentielles assez simples pour être applicables dans chaque cas particulier. Certaines questions feront l'objet d'un approfondissement théorique ou pratique selon le cas. Cela nous guidera vers les « bonnes pratiques » du SO_2 et des solutions de remplacement, dans l'unique optique du « plaisir dans le verre » du consommateur. Le cheminement général est simple : définir les problèmes, rassembler les connaissances et ignorances sur le sujet, choisir la meilleure méthode, valider ses résultats et en retirer de nouvelles connaissances pour l'avenir. L'objectif est d'éviter l'inventaire de recettes souvent imprécises, trop généralistes, anonymes et apatrides. Cet ouvrage veut être une méthode au service des « bons vins » dans leur extrême diversité : ceux que recherchent conseillers œnologiques et maîtres de chai et, surtout, ceux qui satisfont celui qui les consomme avec la modération qui convient au sage.

Quelques remarques de méthodologie :

- On examinera l'ensemble des actions du SO_2, leurs variantes en fonction du temps et du lieu, mais sans l'objectif impossible d'exhaustivité.
- Les travaux les plus importants seront cités, mais sans une bibliographie complète, aujourd'hui facile à trouver sur Internet.
- Dans la présentation, les mécanismes et explications scientifiques seront séparés des « bonnes pratiques », même si les deux aspects restent complètement imbriqués. C'est une forme d'application de l'expression de M. Loncin : « La théorie est le moyen le plus simple, le plus efficace et le moins coûteux d'aborder un problème pratique. »
- Les « bonnes pratiques » seront souvent présentées par l'intermédiaire d'« aides à la décision », pour être adaptables à l'ensemble des situations concrètes.

Ce travail doit beaucoup à de nombreux collègues du Service Vin de la Chambre d'Agriculture de la Gironde et à d'innombrables viticulteurs, maîtres de chai… qui n'ont cessé de nous faire bénéficier de leurs questions, leurs expériences, leur patience. Que tous soient ici très chaleureusement remerciés et plus particulièrement Jean-Marie Jacob, qui a bien voulu relire ce texte avec l'œil exercé du praticien.

1

Le SO_2, une histoire ancienne

Ce chapitre introductif présente l'histoire de l'emploi du soufre et de ses dérivés, une longue histoire qui, parfois, « sent le soufre ».

Les Égyptiens (environ 2000 av. J.-C.) l'utilisent pour blanchir les tissus. Homère[1] (environ 900 av. J.-C.) le cite comme désinfectant, pour purifier la maison ou la coupe à vin, pour éliminer la vermine ou effrayer les chevaux. La pluie de soufre ensevelit les habitants de Sodome et Gomorrhe[2]. La Rome antique l'utilise pour des traitements dermatologiques et, peut-être, la conservation des vins. Plus près de nous, le *Dictionnaire général des sciences théoriques et appliquées* de Privat-Deschanel et Focillon (1877) indique :

> *« L'acide sulfureux est employé... pour le blanchiment des matières textiles d'origine animale, comme la laine et la soie. Il peut également servir à l'assainissement des lazarets et des bâtiments, à la désinfection des hardes, matelas et couvertures des malades, à la destruction des sporules de muscardine dans les magnaneries ; on en fait aussi usage en médecine contre certaines maladies de la peau. »*

Ibn Al. Awwâm[3], l'Andalou musulman, propose un premier usage agricole, vers 1200. Il fait brûler du soufre autour des arbres (et vignes ?) « *pour mettre en fuite les scarabées, les chenilles et les blattes... et tuer la taupe* », mais il préfère la moutarde pour conserver la douceur des vins.

L'usage viticole du soufre va se préciser, dit Foëx[4], à partir de 1850 quand Duchartre montre sa grande efficacité pour lutter conte l'oïdium, la première en date des « maladies américaines de la vigne ». Il restera l'unique « traitement » employé

1. Homère, *Iliade, XIV, XVI, Odyssée VIII, XII, XXII.*
2. *Genèse, 19-28.*
3. Ibn Al Awwâm, *Le livre de l'Agriculture*, avant 1248, Actes Sud, 2000.
4. Foëx G., *Cours complet de viticulture*, C. Coulet, Montpellier, 1888.

jusqu'à l'arrivée de produits de synthèse, vers les années 1960-1970. La proposition de Foëx d'utiliser la combustion du soufre – et donc la production de SO_2 – pour lutter contre la pyrale de la vigne ne connaîtra pas le même succès.

Le premier usage œnologique certifié apparaît en 1487[1], dans un décret du roi de Prusse, sans doute à la suite d'us et coutumes déjà anciens. En 1497[2], à Prague, le roi Vladislav II Jagiello ordonne le contrôle et la destruction des vins contenant trop de soufre « *ou autres matières dangereuses qui menacent la santé de la population* ». Il institue probablement le premier « contrôle de qualité » au monde. G. Saint Bris dit (4 décembre 2008) que, du temps de François Ier, vers 1520 donc, on mélange vin et SO_2 pour conserver les vins voyageant en bateaux. En 1587, Von Hohberg[3] recommande la fumigation des fûts par le soufre – donc l'usage du gaz SO_2 :

> *« Le vin alors s'y conserve parfaitement et ne perd pas sa couleur, il deviendra limpide et ne sera pas attaqué par la graisse. »*

La pratique est confirmée par O. de Serres[4] (1600) :

> *« Les Alemans se servent du souffre* [sic] *à parfumer les tonneaux... le vin estant entonnellé se maintient longuement en bonté. »*

On utilise aussi une décoction d'« *alun de roche, de souffre et de sels pulvérisés* » pour « *préserver les vins de toute corruption* ».

Il explique aussi comment fabriquer une mèche avec des « *retailleures de bois de fousteau [charme]... entortillées comme anneaux, et enfilées avec un fil d'archal [laiton]... puis trempée dans le soufre fondu* ». Cette mèche devient usuelle au XVIIIe siècle, par exemple à Bordeaux[5], sous le nom de « *dutch match* » (ou « allumette hollandaise »), l'ancêtre de nos très actuelles « mèches de soufre », également familières des Portugais dès 1712[6] pour préparer les tonneaux. L'usage se précise ensuite. Bidet[7] (1759) indique que cette pratique évite l'évent, fortifie la couleur et qu'il convient de « *faire attention de ne pas trop en mettre* ». Rozier[8] (1772) explique qu'il

1. Goulaine (de) R., *Le livre des vins rares ou disparus*, Bartillat, 1995.
2. 26 mars 2009, WineAlley.
3. Coste-Floret P., *Procédés modernes de vinification*, Coulet et fils, 1907.
4. Serres (de) O., *Le Théâtre de l'Agriculture et Mesnage des champs*, 1600, Thésaurus Actes Sud, 1996.
5. Pijassou R., *Le Médoc*, Tallandier, 1980.
6. Alarte V., agricultor, *Agricultura das vinhas & tudo o que pertence a ellas atè perfeito recolhimiento do vinho, & relaçao das suas virtudes, & da cepa, vides, folhas, & borras*, Officina real Deslandesiana, 1712.
7. Bidet M., *Traité sur la nature et sur la culture de la vigne, sur le vin, la façon de le faire, et la manière de le bien gouverner*, 1759, Claude Tchou, 1999.
8. Abbé Rozier, *Mémoire sur la meilleure manière de faire et de gouverner les vins*, 1772, Claude Tchou, 1999.

mute « *depuis plus de dix ans des vins rouges et blancs et (qu'il n'a) jamais reconnu le "goût de soufre"* ». Le mot « *azufrado* » (sulfitage) apparaît en Espagne dès 1806[1]. Chaptal[2] (1819) mèche pour prévenir la « *dégénérescence acéteuse* ». Le méchage fait partie des bonnes pratiques des sommeliers[3] (1822). En 1849, Cazallis-Allut[4] est clair :

> « *Nous avons la certitude que le soufre n'a jamais gâté les vins. Les Hollandais, si habiles dans l'art de les soigner, partagent cette opinion.* »

Pasteur[4] (1866) indique que :

> « *Le méchage des fûts est une des plus anciennes pratiques de l'art de faire le vin.* »

Bouffard (1889) apporte les premières connaissances scientifiques, notamment en montrant l'intérêt du SO_2 pour supprimer les effets de la laccase produite par la pourriture grise. Ces connaissances chimiques se précisent avec Schmidt (1893), qui établit la formation d'acide aldéhyde-sulfureux, un constituant essentiel de la combinaison du SO_2, définie par Rocques (1897), peu après la première réglementation sur les teneurs maximales en SO_2 total (1895, en Autriche). Nous verrons plus loin, plus en détail, l'évolution historique de nos connaissances importantes sur ce sujet, tout au long des XXe et XXIe siècles. On remarquera que la plupart des effets, des mécanismes, des limites… du SO_2 étaient déjà largement dessinés il y a plus d'un siècle.

Cette longue histoire multimillénaire montre à la fois la pérennité de l'usage du SO_2, symptôme d'un probable bilan favorable entre avantages et inconvénients, et les évolutions de son usage découlant de l'évolution des connaissances sur ses effets. Ce produit, plus que tout autre produit œnologique, allie une très longue tradition universelle et un modernisme sans cesse mis à jour, la voie commune à toutes les réussites vineuses.

1. Bajo Santiago F., *Las variantes morfológicas en los procesos enológicos del siglo XIX : de los textos al diccionario*, Universidad Rovira i Virgili, 2002.
2. Comte Chaptal, *L'art de faire le vin*, 1819, Jeanne Laffitte, 1981.
3. Julien A., *Manuel du sommelier*, 1822, Claude Tchou, 1999.
4. Pasteur L., *Études sur le vin*, Imprimerie impériale, 1866.

2 Soufre et composés soufrés

Le SO_2 n'est que l'une des formes, la plus abondante, des composés soufrés dans les moûts et vins. Il convient de le situer dans un ensemble complexe de « composés soufrés » aux effets très divers, souvent importants.

Pour des raisons de simplicité, nous emploierons souvent **l'écriture « SO_2 »** pour désigner un ensemble de composés regroupant à la fois le SO_2, au sens strict, et diverses formes plus complexes qui seront détaillées selon leurs effets. On utilise encore souvent des expressions, comme acide sulfureux, dioxyde de soufre (nom officiel du SO_2), anhydride sulfureux, soufre. Elles sont toutes aussi globales et parfois imprécises, voire complètement fausses tel « souffre » orthographié avec deux « f » [*sic* !].

2.1 Le soufre

Le **soufre S** représente 0,05 % de l'écorce terrestre, à l'état libre S ou sous forme de sulfures minéraux, d'hydrocarbures, de charbons. Il est un des neuf corps simples connus de l'Antiquité à l'état libre. Tout le monde a vu ce corps jaune, présent sous trois formes cristallines (α, β, γ), peu odorant par lui-même mais brûlant facilement à l'air en dégageant l'« odeur de soufre » caractéristique due au dioxyde de soufre SO_2.

Le soufre est présent partout sur Terre, dans l'atmosphère, dans les océans mais aussi chez tous les êtres vivants, sous forme de molécules minérales et organiques formant le « **cycle du soufre** », le cycle biogéochimique des différentes formes du soufre. Le soufre est un élément essentiel à la vie par les acides aminés soufrés (méthionine et cystéine).

Dans le sol, le soufre est abondant dans les schistes bitumineux, le charbon et hydrocarbures sous forme de sulfures (H_2S, pyrite FeS_2, galène, blende...) et de sulfates (gypse $CaSO_4$, $2H_2O$; spath...) dans les minéraux.

Dans l'océan, le soufre se rencontre en majorité sous forme de sulfates dissous, transformés en molécules organiques qui sédimentent ou s'échappent dans l'atmosphère.

Dans l'atmosphère, on le rencontre sous forme de gaz : dioxyde de soufre (SO_2), hydrogène sulfuré (H_2S) ; diméthylsulfure (DMS = CH_3SCH_3), carbonyle de sulfure (COS) ainsi que dans les sulfates (SO_4^{2-}) en suspension dans des gouttelettes. Ce soufre provient de l'activité humaine (combustion des charbons, hydrocarbures...) et des énormes quantités de sulfates libérées par les éruptions volcaniques.

L'ensemble du cycle du soufre est une cascade d'oxydoréductions entre les différentes formes minérales et organiques découlant de l'activité de la microflore. Cela influe sur le climat de la planète par les gouttelettes qui à la fois sont riches en sulfates se retrouvant dans les « pluies acides » et reflètent directement une fraction du rayonnement solaire. Paul Crutzen (Prix Nobel chimie 1995) propose d'injecter d'énormes quantités de soufre dans l'atmosphère pour amplifier cette réflexion du rayonnement solaire et réduire l'« effet de serre ».

Au XXIe siècle, l'homme, de par ses activités, produit la majorité des flux de soufre sur la planète, notamment en brûlant les combustibles fossiles tels que le pétrole et le charbon (figures 2.1 et 2.2). À court terme, ce cycle n'est pas vraiment fermé, si on considère l'enfoncement des roches sédimentaires contenant du soufre dans le manteau magmatique lors d'une subduction. Ces roches pourront être réutilisées par le volcanisme à long terme.

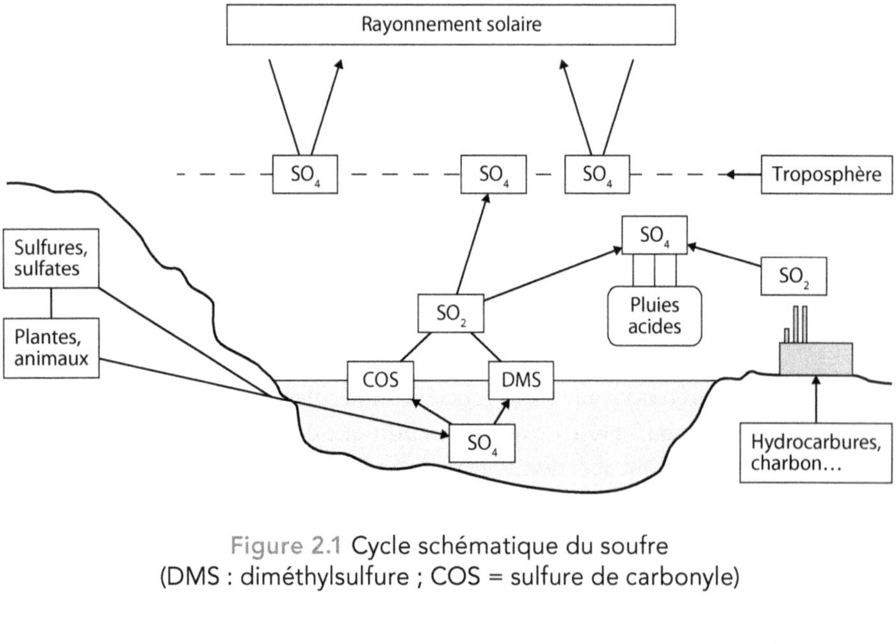

Figure 2.1 Cycle schématique du soufre
(DMS : diméthylsulfure ; COS = sulfure de carbonyle)

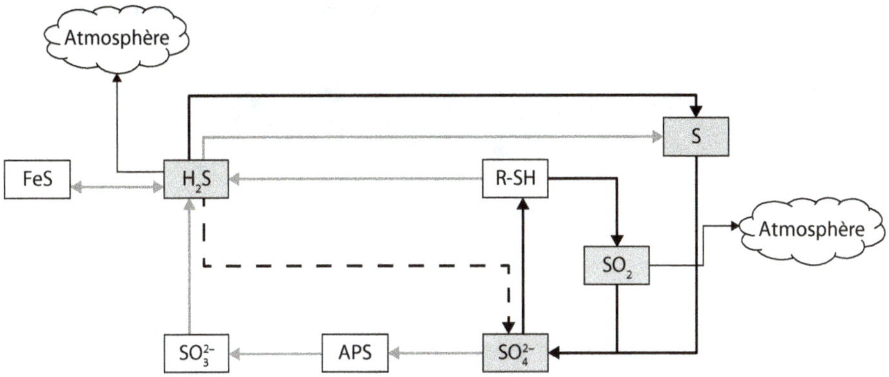

Figure 2.2 Cycle général du soufre

Il est utilisé en viticulture depuis 1829 (États-Unis) et 1850 (France) pour lutter contre l'oïdium de la vigne et, de façon plus limitée, contre l'excoriose, l'acariose, l'érinose... Son usage continu dans certains vignobles, à raison de 50 à 100 kg de soufre S par hectare pendant plus d'un siècle, renforcé par les apports du sulfate de cuivre de la bouillie bordelaise utilisée contre le mildiou, a entraîné une acidification des sols, pouvant devenir gênante en sols non calcaires et/ou pauvres en argile... car la vigne exporte seulement 5 à 6 kg de soufre/hectare/an. Cet usage a beaucoup diminué depuis l'apparition de fongicides de synthèse anti-oïdium efficaces et n'apportant que des quantités faibles ou nulles de composés soufrés. La présence de soufre S dans les moûts et vins, comme résidu de traitements fongicides, est très faible ou nulle.

2.2 Les différents groupes de composés soufrés

Le soufre est engagé dans de nombreux composés minéraux et organiques. Les formes minérales (tableau 2.1) sont groupées selon le nombre d'oxydation, allant de –2 (forme la plus réduite) à +6 (forme la plus oxydée), et les formes organiques selon la complexité de la molécule (tableau 2.2). Moûts et vins ne contiennent que certaines formes dont certaines, à doses très faibles, ont cependant un rôle organoleptique, positif ou négatif, très important.

Remarque : Cette diversité des composés soufrés est trop souvent mal perçue et/ou mal exprimée, telles certaines confusions entre mercaptan/acide sulfurique/acide sulfureux (!) dans des ouvrages dits « œnologiques ».

Tableau 2.1 Principaux composés soufrés minéraux
Source : Maujean, 2002

Nom	Formule	Nombre d'oxydation	Présence Moûts/ Vins
Sulfure d'hydrogène	H_2S	–2	t
Soufre	S	0	(t)
Hyposulfite	$S_2O_3^{2-}$	+2	
Dithionite	$S_2O_4^{2-}$	+3	
Tétrathionate	$S_4O_8^{2-}$	+3,5	
Sulfite	SO_3^-	+4	+++
Dioxyde de soufre	**SO_2**	**+4**	**+**
Métabisulfite	$S_2O_5^-$	+4	
Hydrogénosulfite	HSO_3^-	+4	
Sulfate	SO_4^{2-}	+6	++
Persulfate	SO_5^{2-}	+6	

t : traces ; (t) : traces éventuelles

Tableau 2.2 Principaux composés soufrés organiques
Source : Maujean, 2002

Nom	Formule
Thiol	**R – S – H**
Acide sulfénique	R – SOH
Acide sulfinique	R – SO_2H
Acide sulfonique	**R – SO_3 H**
Sulfamide	$NH_2 – SO_2 – NH_2$
Thio éther	R – S – R′
Sulfoxide	R – SO – R′
Sulfone	R – SOO – R′
Thio ester	R – CO – S – R′

2.3 Les composés soufrés œnologiques non SO_2

À l'exception des sulfates, les composés soufrés non SO_2 dans les vins sont des composés organiques présents à doses très faibles, de quelques nanogrammes à quelques microgrammes par litre, souvent très odorants. Ils peuvent être regroupés en arômes « variétaux », « fermentaires » ou d'« élevage ».

2.3.1 Les arômes variétaux soufrés

Des études récentes (depuis 1980-1990, Faculté d'œnologie de Bordeaux...) ont montré le rôle très important de nombreux composés soufrés, ayant une **fonction thiol**, dans l'arôme de divers fruits (pamplemousse, cassis, fruit de la passion, goyave...) et dans le raisin, notamment le sauvignon.

Ils participent fortement à l'arôme caractéristique de cépage exprimé, par exemple, par des descripteurs tels que « buis, genêt, asperge, voire matou, pipi de chat... », plus ou moins agréables, mais aussi « agrume, citron, pamplemousse, fruit exotique... », plus plaisants, correspondant précisément aux composés identifiés.

Ces composés variétaux se trouvent dans le raisin et le moût surtout sous forme de **précurseurs non odorants** (complexe cystéine-thiol, glutathion-thiol, S-hexénal). Le raisin et le moût de sauvignon sont gustativement peu typés, sauf après quelques secondes en bouche, probablement par libération des composés odorants sous l'action des enzymes salivaires. Cette technique d'observation simple est recommandée pour suivre la « maturité aromatique » du sauvignon, et des autres cépages. La libération des arômes est générale au cours de la fermentation alcoolique, par les enzymes levuriennes d'activités très variables selon les souches. On a aussi sélectionné des souches de levures sèches actives (LSA) plus efficaces pour développer la « typicité sauvignon », ou la « typicité thiols » de façon plus générale. Les teneurs finales peuvent présenter des écarts de 1 à 3 ou 4, par exemple sur du moût de colombard (Roland et coll., 2011). On trouvera des informations mises à jour sur le site *www.vignerons.com* (tableau 2.3).

Tableau 2.3 Exemple d'« activité aromatique », dont la révélation des thiols, par quelques LSA
Source : *www.vignerons.com*, décembre 2012

Levure	Thiols	Fruité	Floral	Terpènes
LSA-1	x	x		
LSA-2	x	x		
LSA-3	x	x		
LSA-4	x	x		
LSA-5	x	x	x	x
LSA-6		x	x	
LSA-7		x	x	x
LSA-8	x	x		
LSA-9	x	x		

La teneur en précurseur a tendance à décroître lors de la maturation ; elle peut devenir trop faible en cas de surmaturation, en zones très précoces et/ou très chaudes. Le caractère aromatique du sauvignon est très sensible au rendement, aux clones, au climat, à la carence en fertilisation azotée, au degré global de maturité[1]. Cette libération est favorisée par la présence d'azote ammoniacal mais un excès de ce dernier a une activité freinatrice.

On trouve aussi certains de ces thiols dans divers cépages blancs (colombard, petit manseng, gros manseng, pinot gris, riesling, gewurztraminer, muscats...) et des cépages rouges (merlot, cabernet sauvignon, syrah...) en quantités habituellement (beaucoup) moins importantes.

On trouve d'autres composés soufrés variétaux, différents dans les raisins avec « pourriture noble ». Le benzyl mercaptan (C_6H_5–CH_2–SH), très présent dans le buis, à l'odeur « empyreumatique » de fumée, de café, a été signalé dans les vins de sémillon, sauvignon, chardonnay, à des doses pouvant largement dépasser le seuil de perception (Tominaga, Guimbeteau et Dubourdieu, 2003). Son rôle dans le caractère « minéral » n'a pas été confirmé et l'expression est très inadaptée pour décrire l'éventuel effet d'une molécule organique. L'usage de ce descripteur, de mode très récente, reste mystérieux car sans aucune explication.

De par leur structure chimique, les arômes variétaux sont fragiles. Ils sont très sensibles à la présence de cuivre (réactif classique des thiols) présent sur la vigne, les raisins et dans les vins. Les traitements phytosanitaires cupriques tardifs sont à prohiber pour ces cépages riches en thiols, au moins après la nouaison du raisin. Ces arômes sont également très sensibles aux oxydations excessives, sans protection par le SO_2, et tout particulièrement par mélange avec des composés phénoliques très oxydés, riches en quinones issues de l'oxydation des composés phénoliques (*cf.* chapitre 3) plus abondants dans les fins de pressurage des raisins blancs. Pour cette raison, le traitement des moûts par hyperoxygénation (saturation rapide par l'oxygène dès l'extraction, avant tout sulfitage) est fortement déconseillé concernant les moûts de sauvignon. On protège ces thiols, très sensibles aux oxydations, par des aérations contrôlées et par un **sulfitage raisonné,** pouvant être complété par des apports d'acide ascorbique, d'extraits de levures riches en glutathion (*cf.* chapitre 7).

1. On observe des différences d'appréciation pour les types d'arômes selon les pays, les époques. La France, l'Europe ont globalement cherché à éviter les arômes trop violents issus de maturations faibles, de type « buis, genêt... », qui semblent actuellement plus recherchés dans l'hémisphère Sud (Nouvelle-Zélande, Afrique du Sud, Chili...).

Un peu de chimie des arômes variétaux soufrés

Les thiols volatils

Les thiols sont des composés soufrés, dérivés des alcools, possédant une **fonction thiol** de formule générale R–SH, où R représente un alcool plus ou moins substitué. Ces composés sont généralement volatils, très oxydables, très réactifs avec divers métaux (mercure, argent, cuivre...). Beaucoup sont d'odeur nauséabonde de type « mercaptan », œuf pourri, choux... mais certains sont d'odeur très agréable. La figure 2.3 schématise les origines possibles de ces thiols.

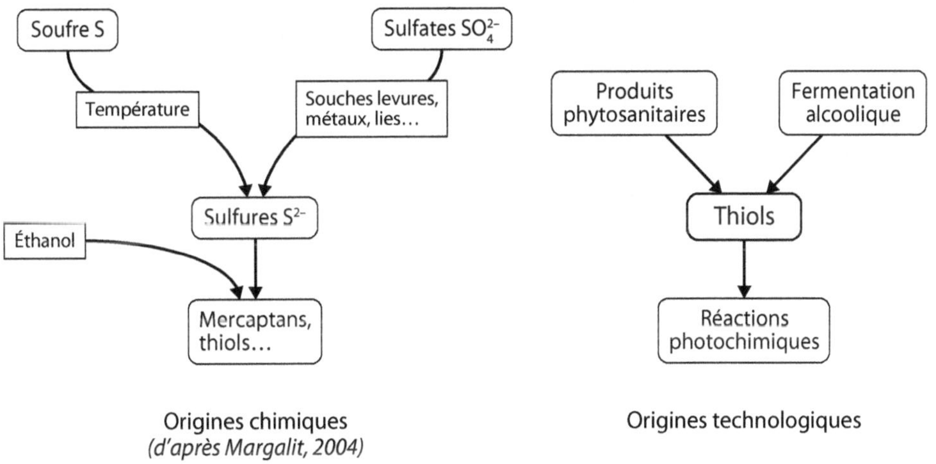

Figure 2.3 Origines possibles des thiols

Le cépage sauvignon contient, au moins, cinq composés volatils à fonction thiol (tableau 2.4) à doses très faibles mais très odorants, comme exprimé par l'indice aromatique (teneur/seuil de perception donné à titre indicatif). La « pourriture noble » en produit quelques autres. Les cépages « non-sauvignon » sont en général beaucoup plus pauvres en ces composés, mais leur ensemble, y compris avec d'autres composés non-thiols, peut développer des profils aromatiques puissants de style proche. Ils jouent aussi un rôle dans l'arôme de nombreux vins rouges (ex. : Guérin, Schneider, 2014). Ces composés fragiles diminuent lors de l'élevage des vins. On observe des pertes de la somme A3MH + 3MH de 23 % à 68 % (moyenne 45 %) entre des mises en bouteilles de janvier ou mai suivant la récolte (Roland, 2010). Elles sont plus importantes à températures plus élevées.

Tableau 2.4 Principaux composés soufrés des arômes variétaux
Sources : Traité d'œnologie, Ribéreau-Gayon P. et coll. ; Darriet Ph., 2006 ; Deysieux C., 2004

Nom chimique	Abréviation	Descripteurs	Seuil de perception (ng/L)	Teneurs (ng/L)		Intensité aromatique
				Sauvignon	Non-sauvignon	
4-mercapto-4-méthylpentan-2-one	4MMP	Buis, genêt	0,8	4-44	0-73	0,1-100
Acétate de 3-mercaptohexan-1-ol	A3MH	Buis, fruit de la passion	4	0-800	0-50	0,01-200
3-mercaptohexan-1-ol	3MH	Pamplemousse, fruit de la passion	60	600-12 000	40-3 000	1-50
4-mercapto-4-méthylpentan-2-ol	4MMPOH	Zeste agrume	55	10-100	0-45	0,1-2
3-mercapto-3-méthylbutan-1-ol	3MMB	Poireau cuit	1 300	80-130	1-1 300	0,01-1
3-mercaptoheptanol*		Agrume	35		50*	
3-mercaptopentanol*		Agrume	630		124*	
2-méthyl-3-sulfanyl-butanol*		Oignon			118*	

* Après « pourriture noble ».

2.3.2 Les composés fermentaires soufrés

Le développement des levures s'accompagne d'une importante formation de composés soufrés plus ou moins volatils, à partir des acides aminés soufrés du raisin ainsi que des additifs soufrés tels que pesticides (soufre et beaucoup de composés contenant du soufre) et dioxyde de soufre. Il s'agit de composés généralement très odorants (seuils de perception très faibles, de quelques microgrammes à quelques nanogrammes par litre), souvent d'odeurs peu agréables (œuf pourri, choux, ail…) provoquant le caractère général d'« **odeur de réduit** », de « bock ». Cette production de composés soufrés très odorants varie beaucoup selon les souches de levures. En cas de production excessive et désagréable, il convient de choisir des levurages avec des levures sèches actives (LSA) sélectionnées sans ce caractère gênant.

Une partie importante de ces composés est entraînée par le gaz carbonique de fermentation et se perçoit dans les cuviers. Une fraction reste dans le vin : elle participe à l'arôme général et contribue à rendre l'odeur globale plus agréable[1]. Le tableau 2.5 présente une liste de ces composés ayant un indice aromatique (teneur dans le vin par rapport au seuil de perception) supérieur à 1, établie à partir de

1. M. Ruiz-Hernandez (station œnologique de Haro-Rioja) défend la thèse selon laquelle les grands vins de garde ont souvent de fortes « odeurs de réduit » dans leur jeunesse.

travaux divers pouvant faire apparaître des différences importantes (descripteurs, seuils de perception selon le milieu...).

Tableau 2.5 Quelques composés fermentaires soufrés
Source : Anocibar, Bertrand, Flanzy, Lavigne, de Revel

Nom chimique	Descripteurs	Indice aromatique
Acétate de thio éthyle	Brûlé, sulfureux	t-6
Acétate de thio méthyle	Fromage, végétaux pourris	t-4
Acétyl-2 thiazoline-2	Riz, pop-corn	t-1 000
Acide méthyl-3-propionique	Grillé, rancio	t-3
Benzothiazole	Caoutchouc	t-6
Disulfure de diméthyle	Coing, asperge	t-2
Éthane thiol	Oignon	t-25
Furane méthane thiol-2	Café	t-1 000
Hydrogène sulfuré (H_2S)	Œuf pourri	t-20
Mercapto-2-éthanol	Caoutchouc brûlé, basse-cour	t-1 000
Méthane thiol	Croupi	t-15
Méthyl thio-2-éthanol	Chou fleur	t-1
Méthyl-2-tétra hydro thiophènone	« Gaz »	t-2
Sulfure de diméthyle (DMS)	Coing, asparagine, truffe	t-2

t : traces

Ces composés sont plus abondants en conditions réductrices, en l'absence d'oxygène, en présence des lies (qui consomment l'oxygène). Ils sont oxydés, en perdant leurs caractères « de réduit », en présence d'air (ex. : soutirages à l'air, injection d'oxygène...). Dans les cas plus difficiles, il peut être nécessaire d'apporter des traces de cuivre. On utilisait autrefois le passage sur la tournure de cuivre, il est plus aisé d'ajouter de très faibles quantités contrôlées de sulfate de cuivre, environ 1 mg/L (soit 0,25 mg/L de cuivre), soit dix fois moins que la quantité maximale autorisée, ou du citrate de cuivre à la dose maximale de 1 g/hL (soit 1,7 mg/L de cuivre). Le vin traité doit contenir moins de 1 mg/L de cuivre (règlement CE 606/2009). Certains tanins donnent des résultats intéressants mais peuvent avoir un impact indésirable sur d'autres caractères gustatifs du vin. On a obtenu des résultats comparables avec l'argent, le palladium (non autorisés).

Dans tous les cas, la dégustation attentive et fréquente, surtout pour les vins jeunes, dès la fermentation, est nécessaire pour intervenir le plus tôt possible, avant apparition d'odeurs tenaces dues à des composés peu volatils. À l'inverse, des aérations trop poussées sont défavorables au maintien et au bon développement des arômes de type fruité. On signale aussi (Margalit, 1997) que la formation de H_2S (figure 2.4) pendant la fermentation alcoolique était fortement réduite par addition de phosphate d'ammoniaque. Par ailleurs, le taux de DMS évolue lors de la conservation des vins (ex. : 27 µg à 2 ans, 117 µg au bout de 12 ans).

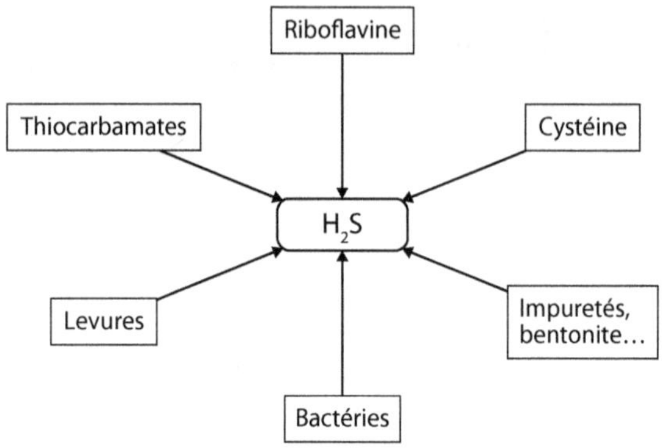

Figure 2.4 Origines possibles de H_2S dans les vins

2.3.3 Les composés soufrés d'« élevage »

Discrets, et mal identifiés, dans les vins blancs bus jeunes et les vins rouges élevés en cuves, les arômes d'élevage sont plus intenses, et mieux connus, sur les vins « spéciaux » tels que les VDN-VDL (vins doux naturels et vins de liqueur). On y trouve quelques composés « soufrés » participant aux « **odeurs de grillé** », empyreumatiques, généralement appréciées (tableau 2.6), tel le furfuryl thiol, composé soufré à odeur de café torréfié se développant en barrique sans provenir directement du bois. Il peut atteindre un indice aromatique (concentration/seuil de perception) de 50 à 100, 5 ou 10 fois plus intense en barrique neuve qui masque le caractère « réduit ».

Tableau 2.6 Composés soufrés de l'arôme d'élevage
Source : Ribéreau-Gayon, Flanzy, Chatonnet, Vivas

Nom	Descripteur
Acétate de 2-mercapto éthanol	Grillé
Acétate de 3-mercapto propanol	Grillé
Acétate de 3-méthyl thio propionique	Grillé
Allyl-4-syringol	
Furfuryl thiol	Café torréfié

Les composés soufrés du tableau 2.6, même à très faibles concentrations, réagissent avec les composés phénoliques (Vivas[1], 2007). Les tanins bien choisis, par essais préalables, peuvent atténuer les « odeurs de réduit ». De façon symétrique, les tanins participent à la diminution d'« odeurs fruitées » issues de composés soufrés. Cet effet est l'explication majeure de l'antagonisme rencontré dans la recherche de vins très (trop ?) tanniques et/ou boisés et que l'on souhaite « garder sur le fruit ». Le choix d'une orientation cohérente, claire car équilibrée, est nécessaire. Il est impossible de concilier les inconciliables.

Au cours de l'élevage, il y a aussi transformation (partielle) du diméthylsulfure (DMS) en méthane-thiol ayant une odeur de « réduit » beaucoup plus intense.

Redisons enfin que l'ensemble de ces composés soufrés aromatiques sont sensibles aux oxydations. L'oxygène est à la fois l'outil de choix pour atténuer ou supprimer les « odeurs de réduit » et, au contraire, dangereux car risquant de détruire les arômes agréables liés à ces composés soufrés. Son usage doit donc être maîtrisé, en fonction de l'objectif final (ex. : adoucissement des tanins trop rugueux par oxydation...) et de l'état aromatique de chaque vin. Sa maîtrise régulière, en cuve, en barrique ou en bouteille est devenue simple d'exécution et doit être généralisée.

2.3.4 Les sulfates

L'oxydation des composés soufrés, dont le SO_2 très majoritaire, aboutit à la formation d'ions sulfate SO_4^{2-}, traditionnellement exprimés sous la forme de **sulfate de potassium K_2SO_4**, et connu depuis très longtemps.

Quelques exemples

- Sur 378 vins rouges de Bordeaux de la récolte 1887, U. Gayon, Ch. Blarez et E. Dubourg trouvent des teneurs extrêmes allant de 0,12 à 0,47 g/L, avec des teneurs moyennes de 0,228 à 0,247 g/L selon les régions.
- L'analyse de 37 vins blancs de « bord de mer » (île de Ré, île d'Oléron, La Rochelle, Capbreton) fournit des valeurs plus élevées avec des moyennes de 0,36 à 0,5 g/L et des extrêmes de 0,15 à 0,52 g/L.
- Lors d'élevage en fûts méchés, U. Gayon (1886) trouve 0,37 g/L sur vins jeunes et 0,87 g/L au bout de 27 mois. Ces teneurs en sulfates directement issus des vins sont plus importantes dans le cas d'élevage prolongé avec méchages répétés.

1. Vivas N., *Les composés phénoliques et* l'élaboration des vins rouges, éditions Féret, 2007.

La réglementation actuelle fixe la **teneur maximale en sulfates à 1 g/L**, exprimée en sulfate de potassium. Elle est portée à 1,5 g/L pour les vins ayant au moins 2 ans d'élevage en fûts, ou édulcorés, ou additionnés d'alcool ou moûts concentrés.

Elles sont encore beaucoup plus fortes en cas de « **plâtrage** », qui est l'addition de sulfate de calcium sous forme de plâtre ($CaSO_4$, 0,5 H_2O) ou, plus souvent, de gypse ($CaSO_4$, 2 H_2O) pour acidifier les vins. Il y a précipitation de tartrate neutre de calcium et libération d'ions H^+ selon la formule globale :

$$CaSO_4 + H_2T \rightarrow CaT \downarrow + SO_4^{2-} + 2\,H^+$$

où H_2T est l'acide tartrique et CaT le tartrate neutre de calcium.

Pratiquement 1 g de « plâtrage » diminue le pH de 0,1, ce qui correspond à une augmentation de 20 % d'ions H^+. Cette pratique très ancienne a été observée en 1835 par Ch. Darwin (au Chili se trouve la « *Valle del Yeso* », signifiant « vallée du plâtre », à 50 km à l'est de Santiago du Chili) bien avant que l'on en connaisse le mécanisme chimique. Généralement interdit, le plâtrage demeure autorisé pour certains vins d'Andalousie « D.O. Jerez-Xeres-Sherry » (Gomez Benitez, 1993 ; Casas Lucas, 2008) à des doses usuelles d'environ 1-2 g/L. Le taux maximal de sulfate de potassium est de 2,5 g/L pour ces vins obtenus « sous voile ».

L'acidification directe par l'acide sulfurique à la dose de 10 g de H_2SO_4 par hectolitre relève l'acidité totale de 0,1 g/L et baisse le pH d'environ 0,1. Cette pratique est interdite et contrôlée depuis longtemps.

3 Chimie pratique du SO_2

Le nom « SO_2 » recouvre des formes chimiques très différentes. Selon les époques, les lieux et les formes exprimés, on emploie d'autres noms. Citons « anhydride sulfureux », « acide sulfureux »... Les mots « soufre », « soufrer »... sont à réserver au soufre S seul, essentiellement utilisé pour la lutte contre l'oïdium des vignes. Le terme officiel actuel est « **dioxyde de soufre** ».

Ce chapitre est consacré à l'étude chimique du SO_2, de ses propriétés en œnologie, de ses dosages et de ses différentes formes dans les vins et moûts.

3.1 Propriétés générales du SO_2 en œnologie

3.1.1 La molécule de SO_2

La molécule de SO_2 (référence 7446-09-5 selon la notation CAS) est représentée par les structures schématiques de la figure 3.1.

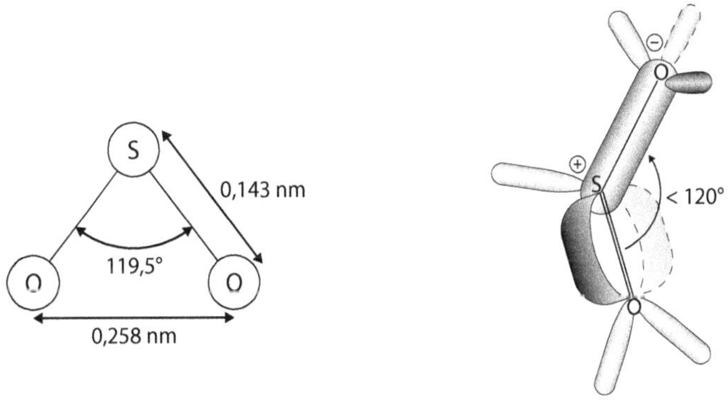

Figure 3.1 Molécule de SO_2

3.1.2 Quelques propriétés physiques

Les principales propriétés physiques ont les valeurs indicatives suivantes, en négligeant les petites différences selon les sources d'informations :

- température de fusion : –75 °C ; température d'ébullition : –10 °C ; « point triple » : 157 °C à 78 bar ;
- masse volumique du SO_2 gaz : 2,9 g/L ; masse volumique du SO_2 liquide : 1 400 g/L ; densité par rapport à l'air : 2,26 ;
- solubilité dans l'eau : S (g/g eau) = 0,2322 $e^{-0,0262T}$ (où T est la température en degrés Celsius) ; solubilité dans l'éthanol : environ 100 L/L à 20 °C. La solubilité dans l'eau est d'environ 120 g/L (12 %) à 20 °C (figure 3.2), mais on évite de faire des solutions à plus de 50 g/L (5 %) pour ne pas avoir de pertes importantes par évaporation ;

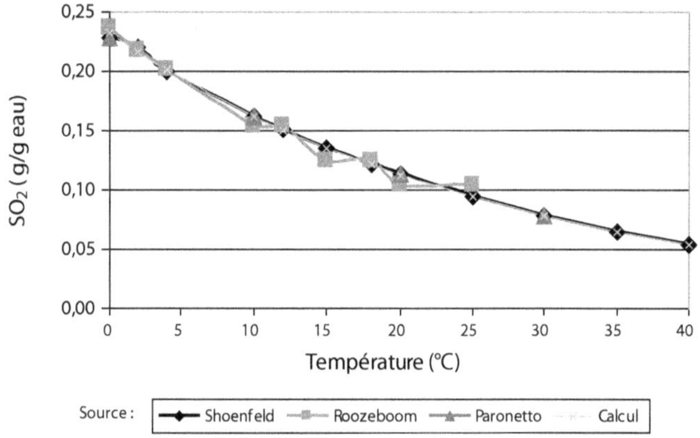

Figure 3.2 Solubilité du SO_2 dans l'eau en fonction de la température selon diverses sources et par calcul

- chaleur spécifique : à pression constante : 0,039 kJ/(mol.K) ; à volume constant : 0,031 kJ/(mol.K) ;
- chaleur de vaporisation : 95 kcal/kg à 0 °C. Le SO_2 a parfois été utilisé comme liquide frigorigène mais il est d'efficacité limitée (la chaleur de vaporisation de l'ammoniac NH3 est de 439 kcal/kg à 0 °C) et d'emploi dangereux ;
- viscosité du SO_2 liquide : 0,3936 cP à 0 °C ; viscosité dynamique : $5,5 \times 10^{-4}$ Pa.s (pour l'éthanol : 1,773 cP à 0 °C) ;
- tension superficielle : 21 dynes/cm à 20 °C ;
- le SO_2 présente des pics d'absorption de la lumière vers 5,3, 29,4 et 70 µm dans l'infrarouge et vers 276-285 nm dans l'ultraviolet.

3.1.3 Volatilité du SO_2

La volatilité du SO_2, ou le passage d'une partie du SO_2 du vin dans l'air, est calculée à partir de la loi de Henry.

On a :

$$K_H = \frac{SO_{2\text{-Liq}}}{SO_{2\text{-Air}}}$$

D'où :

$$SO_{2\text{-Air}} = \frac{SO_{2\text{-Liq}}}{K_H}$$

Avec :

$SO_{2\text{-Liq}}$: concentration molaire du SO_2 moléculaire (= actif) dans le liquide (mole/litre = mol/L) ;

$SO_{2\text{-Air}}$: pression partielle de vapeur du SO_2 (atm, ou mbar, ou Pa) ;

K_H : constante de Henry (mol/(L.atm), ou mol/(L.Pa)...).

La constante de Henry croît avec la température :

$$K_H\,(\text{mol/(L.atm)}) = 0{,}493\ e^{0{,}0382T} \text{ (avec } T \text{ en degrés Celsius)}$$

Par conséquent :

T (°C)	K_H
10	0,72
15	0,87
20	**1,06**
25	1,28
30	1,55

On voit que K_H vaut 1,06 mol(L.atm) à 20 °C.

Rappelons que : 1 atm = 1 013 mbar = 760 mm Hg ; 1 bar = 105 Pa ; 1 mbar = 102 Pa.

On a proposé diverses formules[1] de calcul du SO_2-gaz dans l'atmosphère au-dessus du vin à partir du taux de SO_2 en solutions aqueuses peu acides, avec des résultats différents entre eux et différents de ceux qui ont été calculés directement à partir de la loi de Henry. Seuls ces derniers s'avèrent satisfaisants.

1. Hocking M.H, Lee G.W, « *Calculated sulphur dioxide equilibria at low concentrations between air and water* », *Water, Air, Soil Pollution*, 8, 255-262, 1977.

Exemple

Soit un vin ayant une teneur en SO_2 actif (*cf.* § 3.3) de 1 mg/L.

On a :

$$SO_{2\text{-Liq}} = 1 \text{ mg/L}$$
$$SO_{2\text{-Liq}} (\text{mol/L}) = 0{,}001/64$$
$$K_H = 1{,}06$$

D'où :

$$SO_{2\text{-Air}} = 0{,}001/64/1{,}06 = 0{,}0000147 = 0{,}01427 \text{ ‰} = 14{,}27 \text{ ppm}$$

Ou encore :

$$C_{mass} = C_{vol} \times (\text{masse molaire/volume molaire}) = C_{vol} \times 64/22{,}4 = 2{,}86$$

Soit, dans cet exemple :

$$14{,}7 \text{ ppm} \times 2{,}86 = \mathbf{42{,}2\ mg/m^3}$$

Par conséquent, 1 mg/L de SO_2 actif dans le vin donne :

14,7 ppm dans l'air = 42,2 mg de SO_2/m^3 d'air, à 20 °C

Ces valeurs deviennent 10 ppm ou 28,6 mg/m^3 à 10 °C et 21,6 ppm ou 61,7 mg/m^3 à 30 °C. Elles ne sont atteintes qu'après l'établissement assez lent de l'équilibre entre liquide et atmosphère. Elles permettent de comprendre l'« odeur de soufre » (*cf.* § 4.4.2).

On sait, par ailleurs, estimer le **flux d'évaporation**[1] du SO_2 à partir du vin en prenant en compte des caractéristiques de l'atmosphère au-dessus du vin (viscosité et masse molaire des gaz, vitesse du vent), ainsi que celles du récipient (forme, taille), du SO_2 (tension de vapeur) et de la température.

On calcule le **flux d'évaporation** E :

$$E\ (\text{kg/s}) = A\ (\text{m}^2) \times K_M \times (64 \times P_V\ (\text{Pa}) / R\ (\text{J/mol/K}) / T\ (\text{K})$$

$$K_M = 0{,}0048 \times U^{-7/9}\ (\text{m/s}) \times Z^{-1/9}\ (\text{m}) \times S_C^{-2/3}$$

$$S_C = \frac{v\ (\text{m/s})}{D_{H_2O}\sqrt{\dfrac{M_{eau}}{M_{SO_2}}}}$$

1. Evans M., Jones R., Overstreet R., *Modeling hydrochloric acid evaporation in ALOHA*, National Oceanic and Atmospheric Administration, Seatle, rapport n° HAZMAT 93-3, juillet 1993.

Avec :

E : flux d'évaporation (kg/s) ;

A : aire évaporante (m^2) ;

K_M : coefficient de transfert de masse (m/s) ;

S_C : nombre de Schmidt ;

Z : diamètre évaporant (m) ;

U : vitesse gaz (m/s) ;

ν : viscosité cinématique de l'air = 1,5 e^{-5} m/s ;

D_{H2O} : diffusivité moléculaire de l'eau = 2,2 e^{-5} m^2/s ;

M_{eau} : 18 ;

M_{SO2} : 64 ;

P_V : pression de vapeur (Pa) ;

R : constante des gaz parfaits = 8 314 J/(kmol.K) ;

T = température (K).

Exemple

- Pour une bouteille de 75 cL, ayant une teneur de 1 mg/L de SO_2 actif et un cercle d'évaporation de 6 cm de diamètre, à 20 °C, une vitesse (très faible) de l'air de 0,02 m/s, on a un **flux théorique de 0,875 mg/h**, soit **21 mg/jour**. C'est un mécanisme physique possible pour expliquer comment des vins trop sulfités s'améliorent « en vidange » ou des vins pas assez sulfités se dégradent, en quelques heures parfois, par perte de SO_2. Dans ce dernier cas, le phénomène peut être accéléré par des réactions enzymatiques.
- Dans l'hypothèse d'une bouteille à demi pleine, l'équilibre calculé ci-dessus à 40,6 mg/m^3 est atteint théoriquement au bout de **65,1 s** (soit 40,6 × 0,000375/0,875 × 3 600).
- Lors d'une agitation du verre pendant une dégustation (ex. : deux rotations de 10 cm de diamètre, soit environ 0,6 m/s), on peut envisager d'atteindre très rapidement le taux de SO_2 dans l'air correspondant à l'équilibre.

Ces calculs théoriques ne sont que des **indications**, mais ils aident à la compréhension de la perception de l'« odeur de soufre » ou, plus exactement, de l'odeur de SO_2. La perception finale dépend à la fois des seuils de perception (*cf.* § 4.4.2) et de l'effet, masquant ou exaltant, des autres composés odorants. À titre d'exemple, la vitesse d'évaporation, comparée à celle du SO_2, est environ 20 fois plus grande pour l'éthanol, 67 fois pour l'éthanal, 82 fois pour l'acétate d'éthyle, 10 fois pour l'i-butanol.

3.2 Dosages du SO_2

3.2.1 Situation du problème

Pratiqué depuis plus d'un siècle (Ripper, 1892), le dosage du SO_2 connaît aujourd'hui un nombre considérable de variantes (officielles et/ou usuelles) avec des principes et des résultats pouvant être différents. Une étude approfondie, sans être exhaustive (E. Léglise et J. Blouin, 1995), nous a permis de recenser, décrire et, pour partie, essayer une cinquantaine de méthodes de dosages du SO_2 libre/total. La liste des réactifs et méthodes proposés s'est allongée depuis, mais les méthodes les plus usitées ont peu varié.

Dans tous les cas, une « bonne méthode » doit respecter les règles générales de l'analyse physico-chimique, définies par quelques termes :

- *fidélité* : caractère d'une mesure reproductible, donnant des résultats identiques (ou très proches) lors de mesures répétées. Elle est mesurée par la « répétabilité » et la « reproductibilité » ;
- *répétabilité* : résultat de mesures successives d'un même échantillon, dans les mêmes conditions, dans un même laboratoire ;
- *reproductibilité* : résultat de mesures d'un même échantillon dans différents laboratoires et/ou dans des conditions différentes. Cette valeur est habituellement supérieure à la répétabilité ;
- *justesse* : résultat, unique ou moyen, égal à la valeur « réelle ». Cette dernière est presque toujours ignorée, c'est celle que l'on recherche ;
- ***exactitude* : caractère d'un résultat à la fois « fidèle » et « juste »** ;
- *robustesse* : la méthode est peu sensible aux différences pratiques de mise en œuvre (matériels, réactifs, opérateurs…) ;
- *spécificité* : la méthode est peu sensible à la présence ou non de composants autres que celui que l'on dose. Cette condition est difficile pour les dosages du SO_2, pour lequel on ne dispose que d'un nombre très réduit de réactifs et/ou méthodes spécifiques ;
- *linéarité* : la réponse de la méthode est proportionnelle à la concentration du composant étudié, le SO_2 ;
- *sensibilité* : on distingue le seuil « de détection », qui confirme la présence de SO_2, et celui « de quantification », le plus usuel, au-delà duquel les valeurs obtenues sont exploitables. On en déduit une plage d'utilisation normale (ex. : de 5 à 50 mg/L de SO_2 libre).

Pratiquement, les méthodes disponibles s'écartent plus ou moins de ces règles, les résultats ne sont pas parfaitement exacts, ils sont connus avec un « écart », une « incertitude » :

- *écart* : distance, intervalle entre deux données ;
- *incertitude* : valeur inconnue, aléatoire, séparant la valeur trouvée de la valeur « vraie », généralement inconnue. Tout résultat de mesure[1] est entaché d'une incertitude. Il convient de déterminer son ampleur ou, plus exactement, la probabilité statistique de cette ampleur (ex. : SO_2 libre = 15 mg/L, avec une incertitude inférieure à 2 mg/L à la probabilité de 95 %) ;
- *erreur* : écart entre une (ou plusieurs) donnée(s) et une valeur « vraie », « réelle ». Ce mot, usuel, est à éviter car on ignore généralement sa valeur « vraie ». Si on connaissait l'erreur, on aurait directement la valeur par différence (valeur trouvée ± erreur). Ce n'est jamais le cas. On parle seulement de « risque d'erreur », exprimant la possibilité d'utiliser un seuil d'incertitude trop élevé ou trop bas selon les applications.

Définition

Un **résultat « validé »** est un résultat dont l'incertitude est inférieure à une valeur considérée comme acceptable, pour les besoins spécifiques de l'utilisateur final. Cette incertitude est classiquement exprimée par l'écart-type.

On peut aussi parler de **variabilité naturelle admise (VNA)**, extérieure aux méthodes statistiques traditionnelles. Elle peut ainsi prendre en compte, ou non, à la fois les incertitudes strictement analytiques et la variabilité technique observée selon les différentes situations. La VNA acceptable est (beaucoup) plus réduite, par exemple, pour un suivi d'embouteillage automatisé que pour la comparaison de cuves d'un chai ou des comparaisons entre chais, entre régions. Sa détermination, incluant des données empiriques, demande rigueur éthique et accord des parties prenantes aux résultats.

Cette définition un peu complexe, et peu « statistique », est orientée vers les contraintes pratiques : disposer d'une valeur fiable, permettant les meilleures prises de décisions.

Ces différentes caractéristiques des méthodes analytiques, dans leurs principes et dans leurs mises en œuvre concrètes, sont définies par divers documents officiels (OIV, Union européenne…) directement applicables aux dosages du SO_2. Dans le cadre de l'accréditation des laboratoires d'analyses par le COFRAC[2], il convient

1. Rappelons que l'on ignore la valeur « exacte », « vraie » aussi bien du mètre, du kilogramme, de la seconde… que de π ou de la racine carrée de 2, même si on dispose de valeurs approchées avec un nombre considérable de décimales, très largement satisfaisant pour nos usages.
2. COFRAC : Comité français d'accréditation.

de n'utiliser que des méthodes correctement « raccordées » aux seules méthodes officielles. Les résultats pratiques doivent faire l'objet de **contrôles de qualité systématiques**. Les laboratoires non accrédités doivent connaître et respecter ces règles contraignantes pour éviter les litiges avec les laboratoires « officiels » et, surtout, obtenir régulièrement des résultats fiables.

Les méthodes sont aussi à évaluer selon leur polyvalence, leur rapidité, leur coût… Le dosage idéal et général reste à trouver, mais il existe (presque) toujours une méthode adaptée à chaque situation. Nous évoquerons simplement ici quelques contraintes et potentiels pratiques, sans détailler les modes opératoires[1].

3.2.2 Les différentes formes analytiques du SO_2

On a observé, dès les origines de la chimie du SO_2, que dans les solutions contenant des composés organiques, tel les moûts et vins, seule une partie du SO_2 était dosable directement par l'iode, seul réactif usuel à l'époque. Telle est l'origine ancienne des dosages, toujours actuels, du SO_2 **libre**, du SO_2 **total** et du SO_2 **combiné**.

Définitions

Le recueil des méthodes d'analyse de l'OIV (MA-F-AS323-04-DIOSOU) définit les différentes formes de SO_2 dans les vins et les principes de leurs dosages.

« On appelle ***dioxyde de soufre libre****, le dioxyde de soufre présent dans le moût ou le vin sous les formes suivantes : H_2SO_3, HSO_3^-. On appelle* ***dioxyde de soufre total*** *l'ensemble des différentes formes de dioxyde de soufre présentes dans le vin à l'état libre ou combiné à ses constituants. »*

En solution aqueuse simple, le « SO_2 libre » est directement dosable par l'iode en milieu acide ; le « SO_2 total » est aussi dosable de cette façon après sa libération des combinaisons chimiques constituant le « SO_2 combiné ».

Aujourd'hui, ces définitions anciennes s'appliquent de façon parfois différente avec les réactifs et méthodes plus récents. Il est nécessaire d'en maîtriser les conséquences pratiques.

3.2.3 Dosages directs du SO_2

Le SO_2 est dosé directement dans le vin, sous forme libre ou combinée, selon les cas (figure 3.3).

1. Blouin J., *Techniques d'analyses des moûts et des vins*, Laboratoires Dujardin Salleron, OIV, 1992.

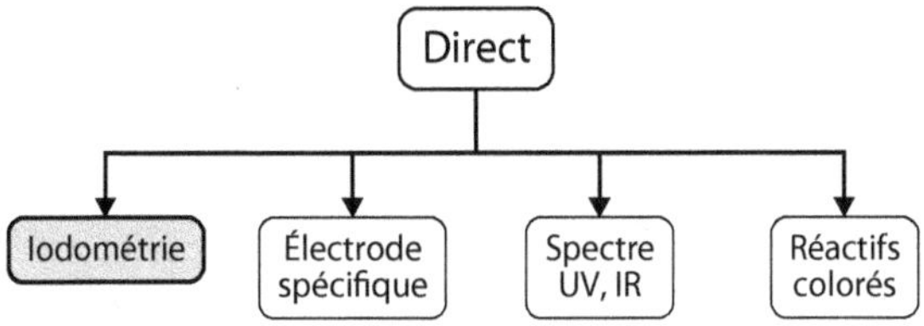

Figure 3.3 Dosages directs du SO_2

- Mesure directe par la réaction entre SO_2 et iode, en milieu acide :

  C'est la méthode la plus ancienne, dite « **méthode Ripper** », dosant le SO_2 par une solution titrée d'iode (ou de iodure-iodate générant l'iode). Ce dosage n'est pas spécifique du SO_2, il réagit avec de nombreux composés du vin tels que l'acide ascorbique, les polyphénols et divers autres composés mal définis regroupés sous le nom générique de « réductones ». Une autre difficulté réside dans la détection de la fin du titrage, soit par changement de couleur de l'empois d'amidon (ou plus couramment du thiodène) apprécié par l'œil ou par système optique, soit par changement des propriétés électriques du milieu. Malgré ses limites, ce dosage iodométrique reste très utilisé car simple, rapide, économique, de **bonne répétabilité**, notamment avec les titrateurs (semi-)automatiques à détection automatique de fin de réaction.
- Par une électrode spécifique du SO_2 : méthode peu utilisée.
- Mesure de l'absorption de la lumière ultraviolette :

  Le SO_2 présente un maximum d'absorption de la lumière vers 275 nm. Cette propriété est peu exploitable car on la retrouve pour de très nombreuses substances du vin (protéines, polyphénols…).
- Mesure d'absorption de la lumière infrarouge :

  Les appareils automatisés de **dosages IRTF** (infrarouge à transformée de Fourier) permettent le dosage du SO_2 avec une très bonne répétabilité. Ils sont **très sensibles à l'« effet matrice »** (interférences de composés non SO_2 inconnus) aboutissant à un pourcentage faible mais non négligeable de résultats (parfois très) aberrants qui pourraient être détectés et corrigés par une analyse statistique adaptée.
- Dosage colorimétrique en **flux continu** (ou par **FIA**, *Flow Injection Analysis*, moins usuel) par le réactif à la p-rosaniline.
- Dosage colorimétrique automatisé par le réactif DTNB (ou réactif d'Elleman), largement utilisé sur **analyseurs séquentiels**.
- On connaît aussi divers **dosages colorimétriques** (bleu de méthylène ; hexacyanoferrate de potassium – sulfate de zinc – nitroprussiate de sodium ; « Enzytec »

à 340 nm ; « BioSentec » à 405 nm ; « Oenolab » à 546 nm...), fluorimétriques (2'-7'-dichlorofluorescéine (DLF) ; N-(9-acridinyl)-maléimidine (NAM)), enzymatiques par la sulfite-oxydase...

Ces méthodes d'apparences simples ne donnent de bons résultats qu'avec des personnes très qualifiées sur ces sujets, souvent en conditions très particulières.

3.2.4 Dosages indirects du SO_2

Le SO_2 est séparé du moût ou du vin avant dosage (figure 3.4).

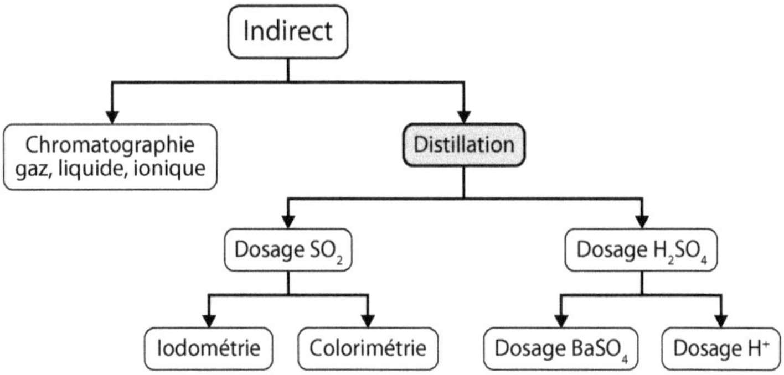

Figure 3.4 Dosages indirects du SO_2

- Les chromatographies gazeuses, liquides, ioniques, par électrophorèse... fournissent une analyse spécifique, sensible mais très lente et coûteuse. Le dosage du SO_2-gaz dans l'atmosphère au-dessus du vin (« *head space* ») par chimioluminescence détermine directement le SO_2 actif. Ces méthodes sont peu utilisées.
- La méthode de séparation la plus utilisée est la distillation et/ou l'entraînement par un courant gazeux d'azote ou d'air. Le SO_2 libre (distillation à froid) ou total (distillation à chaud) est dosé par **acidimétrie.** C'est la méthode de référence OIV-UE, dite « **méthode Franz Paul** ».
- Le SO_2 séparé par distillation est dosé directement par réaction colorée, par iodométrie directe.
- Le SO_2 séparé par distillation est dosé après **combinaison avec un excès d'éthanal** ou de propanal. Cette méthode ancienne (Archinard) modifiée (Blouin, 1966) est à la fois **très spécifique** et simple.
- Le SO_2 est dosé après **oxydation en acide sulfurique**. Le dosage direct par acidimétrie est simple mais non spécifique (méthode F. Paul). On élimine l'effet perturbateur d'éventuelles traces d'autres acides par **dosage conductimétrique** (Crachereau et Blouin, 1999).

- La **transformation du sulfate en sulfate de baryum** dosé par complexométrie, gravimétrie (Blouin, 1966) ou turbidimétrie (Chabaneix et Blouin, 1997) assure une **spécificité totale** mais ralentit le dosage.
- Ces dernières méthodes très spécifiques du SO_2 sont des solutions efficaces pour le dosage de teneurs très faibles ou, au contraire, proches du maximum souhaité.

3.2.5 Dosage des SO_2 libre et total

Dans les moûts et les vins, les SO_2 libre et total sont en équilibre instable. Le dosage du SO_2 libre ne doit pas incorporer de SO_2 combiné alors que le dosage du SO_2 total doit incorporer la totalité du SO_2 libre et combiné, sans pertes ni dégradations. Toutes les méthodes de dosage doivent concilier et résoudre ces difficiles contraintes (tableau 3.1).

Tableau 3.1 Récapitulatif des principales méthodes usuelles de dosage du SO_2

Milieu	SO_2	Travail usuel		Cas extrêmes au laboratoire
		Au chai	Au laboratoire	
Moût	Libre	RS	RS	–
	Total	–	(FP)	FP-SO4
Vin blanc sec	Libre	RS	RS, Colo, FP, IR	–
	Total	RD	(RD), IR, Colo, IR	FP-SO4
Vin rouge	Libre	RS	(RS), FP	–
	Total	–	FP, IR, Colo	FP-SO4
Vin blanc doux	Libre	RS	RS, FP	–
	Total	(RD)	FP, Colo, IR	FP-SO4
Solution sulfureuse	Libre	–	–	–
	Total	RS	RS, FP	FP

RS : Ripper simple ; RD : Ripper double ; FP : Franz Paul ; FP-SO_4 : Franz Paul avec dosage SO_4 formé ; Colo : colorimétrie ; IR : dosage par IRTF ; – : sans objet.

La méthode **Ripper simple** dose le SO_2 libre directement en milieu acide mais on peut craindre une (petite) libération du SO_2 faiblement combiné, par exemple aux composés phénoliques, dans le cas de dosage lent.

Le dosage du SO_2 total se fait par la méthode **Ripper double** après « décombinaison » en milieu très alcalin, à une ou deux reprises. Le résultat final dépend de l'intensité de cette hydrolyse alcaline, de sa durée... avec des risques soit de décombinaison imparfaite, soit d'oxydations parasites.

Le dosage du SO_2 libre doit être corrigé des **composés réducteurs non SO_2** (« **réductones** ») (méthode Kielhöfer-Aumann). Cette correction est indispensable pour les moûts et les vins susceptibles de contenir de l'acide ascorbique naturel et/ou ajouté (*cf.* § § 7.2.1) :

$$100\ \text{mg/L acide ascorbique} \leftrightarrow 36{,}4\ \text{mg/L}\ SO_2$$

Cette correction de dosage du SO_2 libre doit aussi être systématiquement prise en compte lors du dosage du SO_2 libre dans les vins rouges par iodométrie. Les polyphénols, réducteurs, « consomment » de l'iode, oxydante, d'où une surestimation du SO_2 libre. La correction forfaitaire (par exemple 6 mg/L) est trop imprécise.

Les méthodes Ripper donnent des résultats très fiables pour le dosage du SO_2 libre dans les vins blancs secs et plus incertains sur les moûts, les vins blancs riches en sucres issus de raisins pourris (dont « pourriture noble ») et surtout les vins rouges.

Les dosages du SO_2 total par distillation-chauffage direct sont délicats pour les moûts et vins riches en sucres, à cause des risques de caramélisation des sucres et de production de substances acides et/ou réductrices.

Les dosages par entraînement gazeux donnent des taux de SO_2 libre plus ou moins variables selon la durée et l'intensité du barbotage de gaz. On retrouve pour partie les risques découlant du chauffage pour le dosage du SO_2 total. Selon les cas, il y a oxydation, décombinaison et/ou entraînement d'acides volatils. On obtient les meilleurs résultats avec une parfaite **standardisation du mode opératoire** et un calibrage rigoureux dans chaque laboratoire, par exemple à partir de solutions synthétiques[1].

Le SO_2 libre dosé augmente avec la température, d'environ +1 mg/L pour +1 °C. La **teneur doit être exprimée à 20 °C** par dosage à cette température stabilisée ou, à défaut, par correction de température. C'est particulièrement important pour les dosages sur vins très froids.

Dosages du SO_2 et incertitudes analytiques

Le recueil des méthodes d'analyse de l'OIV indique les incertitudes réglementairement[2] acceptables (tableau 3.2) pour les dosages du SO_2.

Tableau 3.2 Incertitudes analytiques sur le dosage du SO_2, selon l'OIV

Concentration	Répétabilité intra-laboratoire (mg/L)	Reproductibilité inter-laboratoires (mg/L)
SO_2 total < 50 mg/L	1	9
SO_2 total > 50 mg/L	6	15

1. Il n'existe pas ici de « vins de référence » (ex. : Titrivin®), comme pour la plupart des autres composants du vin, à cause de l'évolution inévitable de l'équilibre SO_2 libre / SO_2 total et de l'oxydation au cours du temps.
2. Les tolérances pratiques, techniques, commerciales… peuvent être différentes mais non opposables à des tiers, sauf accord particulier.

À titre d'exemple, une vaste chaîne d'analyses inter-laboratoires (2003) donne les résultats suivants avec des méthodes analytiques validées mais différentes selon les laboratoires (tableau 3.3).

Tableau 3.3 Incertitudes analytiques observées sur le dosage du SO_2

Type de vin	Nombre de labos	SO_2 total (mg/L)		SO_2 total (%)		SO_2 libre (mg/L)		SO_2 libre (%)	
		Répét.	Reprod.	Répét.	Reprod.	Répét.	Reprod.	Répét.	Reprod.
Vins blancs	7*	2	6	6	28				
	111					0,7	3	9	27
	92	1,5	9	4	18				
Vins rouges	7*	/	13	/	33				
	109					0,8	4	2	8
	76	2	9	8	24				

* Par IRTF.

Une enquête plus récente (Chaîne d'analyses – Union des œnologues de France, 2013) portant sur 6 séries d'environ 300 laboratoires fait apparaître des résultats peu différents avec **un écart-type de 8-10 mg/L pour le SO_2 total et 2-6 mg/L pour le SO_2 libre**.

Quelques conclusions pratiques

– Les incertitudes observées sont conformes aux normes de l'OIV.

– Très bonne **répétabilité intra-laboratoire**.

– Reproductibilité inter-laboratoires avec des écarts relatifs parfois importants, pouvant atteindre 25-30 % de la teneur moyenne en SO_2, mais avec des **écarts absolus limités à quelques milligrammes par litre**.

3.2.6 Bonnes pratiques des dosages de SO_2

- Prélever un **échantillon représentatif** du lot à analyser.

  Les vins en cuves présentent rapidement un (fort) gradient des taux de SO_2 libre (évaporation, oxydation, réaction avec les lies…) : prélever en plusieurs points, en évitant les points extrêmes.

  Dans les vins en barriques, il y a des différences importantes entre fûts : prélever plusieurs fûts ou, de préférence, analyser chaque barrique, au moins pour le SO_2 libre.

- **Analyser rapidement l'échantillon**, transporté uniquement en récipient plein. L'analyse sur site par analyseurs validés est une excellente solution.
- Pour les dosages destinés à la **pratique du chai**, notamment le SO_2 libre, on privilégie les méthodes **reproductibles, rapides**... et on interprète les résultats en fonction des possibilités de ces méthodes (*cf.* tableau 3.1).
- Pour les dosages du SO_2 total, pour des **valeurs proches de valeurs de référence commerciales, réglementaires**... à respecter, il faut choisir des méthodes **très spécifiques** du seul SO_2, si possible avec des comparaisons entre méthodes.
- Privilégier les méthodes officielles ou raccordées aux méthodes officielles selon les procédures retenues pour les laboratoires d'analyses accrédités par le COFRAC.
- Utiliser systématiquement **les mêmes méthodes, par le même laboratoire et si possible le même opérateur**, pour suivre les évolutions du SO_2 libre.

Il est important d'**utiliser très majoritairement des résultats issus d'un même analyste**, régulièrement validé par contrôles internes et externes (ex. : accréditation COFRAC ou équivalent) pour permettre des comparaisons fiables entre lots et dans le temps.

- Surveiller la **différence SO_2 total - SO_2 libre**.

  Elle doit toujours être positive, et d'une valeur suffisante pour prendre en compte les teneurs minimales usuelles en SO_2 combiné à l'éthanal, à l'acide pyruvique et oxoglutarique, selon les types de vins. La différence réelle est rarement inférieure à quelques dizaines de milligrammes de SO_2 par litre (*cf.* § 3.7). Dans les cas contraires, il faut valider chaque résultat avant exploitation pratique.
- Attacher une importance particulière aux **différences et variations de taux de SO_2**, entre vins de mêmes « histoire et/ou origine » et au cours du temps.
- **Gérer les teneurs en SO_2 libre, actif et total** (*cf.* chapitre 5) **selon** :
  - les méthodes de dosage ;
  - l'**expérience** accumulée dans les conditions locales par le responsable du sulfitage éventuel.

3.3 Chimie du SO_2 en solutions aqueuses

3.3.1 Situation générale

Nous avons vu (*cf.* § 3.2) que, dans un moût ou un vin, le **SO_2 total** était réparti en une fraction de **SO_2 libre** et une autre de **SO_2 combiné**. Dans une solution aqueuse, une fraction appelée **SO_2 actif** est directement perceptible à l'odorat. La figure 3.5 donne le schéma très général de cette répartition.

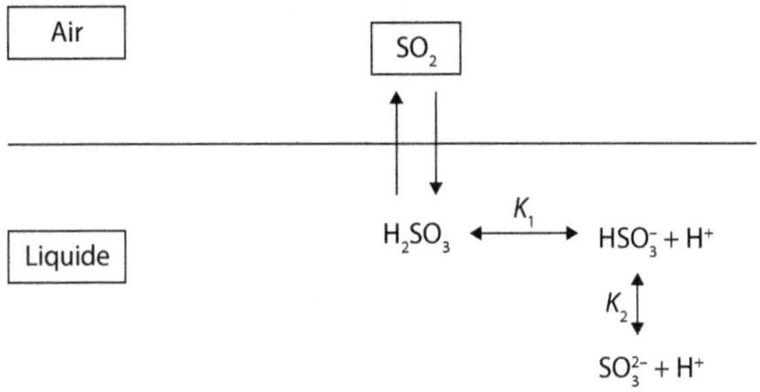

Figure 3.5 Répartition du SO_2 entre liquide et atmosphère à l'équilibre

En solution aqueuse, le dioxyde de soufre SO_2 se transforme en acide sulfureux H_2SO_3, pouvant être présent sous deux formes (figures 3.6a et b).

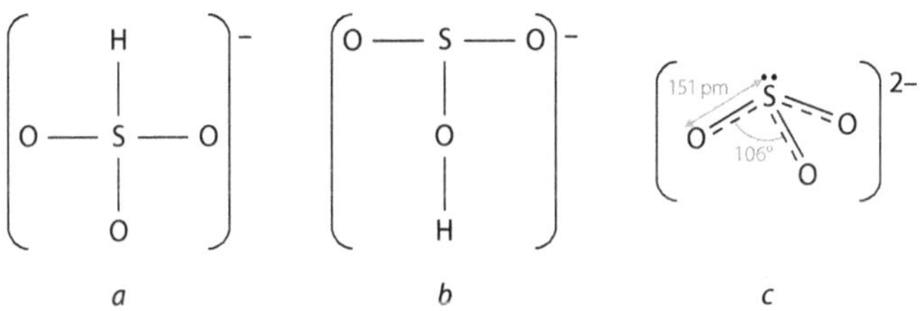

Figure 3.6 Différentes structures pour l'acide sulfureux (a et b) et structure de l'ion sulfite (c)

L'acide sulfureux, formé par la réaction

$$SO_2 + H_2O \rightarrow H_2SO_3,$$

est ionisé en hydrogénosulfite HSO_3^- (pouvant avoir l'une ou l'autre des structures données en figures 3.6a et b) et en sulfite SO_3^{2-} (figure 3.6c) selon les équations suivantes :

$$H_2SO_3 \leftrightarrow HSO_3^- + H^+$$

$$HSO_3^- \leftrightarrow SO_3^{2-} + H^+$$

Ces équilibres chimiques sont régis par les équations d'équilibre suivantes :

$$K_1 = \frac{[HSO_3^-][H^+]}{[H_2SO_3]} \qquad (1)$$

$$K_2 = \frac{[SO_3^{2-}][H^+]}{[HSO_3^-]}$$

K_1 et K_2 sont les constantes de dissociation de l'acide sulfureux. Elles sont aussi exprimées par le pK :

$$pK = -\log K \quad \text{ou} \quad K = 10^{-pK}$$

Les figures 3.7 et 3.8 montrent la répartition chimique des différentes formes ioniques de l'acide sulfureux en solution aqueuse, de pH 0 à 14 puis de pH 2,5 à 4,5, correspondant aux valeurs extrêmes observées en œnologie.

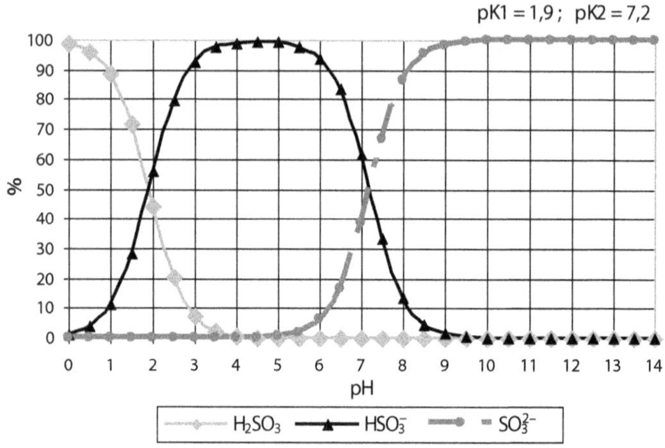

Figure 3.7 Formes ioniques de l'acide sulfureux de pH 0 à pH 14

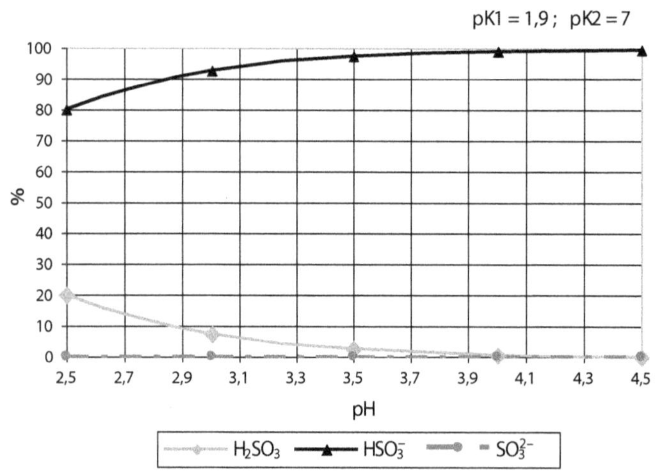

Figure 3.8 Formes ioniques de l'acide sulfureux de pH 2,5 à pH 4,5

Aux pH des moûts et des vins, **la fraction majeure de l'acide sulfureux est sous la forme HSO_3^-** (hydrogénosulfite, ou bisulfite) alors que la forme SO_3^{2-} (sulfite) est toujours très peu abondante et que la forme **H_2SO_3 (molécule non ionisée) varie fortement avec le pH** (*cf.* figures 3.7 et 3.8).

Par définition (OIV-UE), **la somme H_2SO_3 + HSO_3^- + SO_3^{2-} est le « dioxyde de soufre libre » (SO_2 libre)**, correspondant à l'ensemble des formes minérales du SO_2. Elles étaient autrefois dites « directement oxydables par l'iode en milieu acide », selon le principe du dosage par la méthode Ripper.

3.3.2 Le SO_2 actif

Principe

Très tôt (Ripper, 1892 ; Schmidt, 1893), on observa que seule une fraction du SO_2 ajouté et présent dans les vins était efficace. Ripper définit alors le « SO_2 libre » comme seul techniquement important et, sur le plan analytique, comme directement oxydable par l'iode en milieu acide.

En 1937, Moreau et Vinet prolongent cette distinction et proposent un « index iodé » mesurant le taux de SO_2 dans l'atmosphère au-dessus du vin, libéré à partir de l'acide sulfureux libre. L'idée a été reprise par Paronetto (1954) et dans un réactif (Reflectoquant®). Cette méthode de l'index iodé exploite les caractéristiques de volatilité du SO_2 (*cf.* § 3.1.3) et exprime le **SO_2 olfactivement actif**, mais la mesure est très délicate et peu opérationnelle. Le SO_2 actif est calculé, et non directement dosé.

Dès 1938, Pato montre que **l'efficacité du SO_2 dépend du pH**, et Rahn et Cohn (1944) définissent **le SO_2 actif comme étant l'acide sulfureux H_2SO_3 sous forme moléculaire** (non ionisée). Fornachon (1952) nuança cette analyse en montrant que les bactéries étaient aussi plus ou moins sensibles au SO_2 combiné (*cf.* § 4.1). La plupart des effets du SO_2 sont habituellement reliés à la seule teneur en SO_2 libre, mais on a observé que l'essentiel de cette activité, surtout vis-à-vis des micro-organismes, était liée au taux de « **SO_2 moléculaire** », dénommé aussi « **SO_2 actif** ».

On considère aujourd'hui que le « **SO_2 actif** » est assimilable au seul **SO_2 moléculaire H_2SO_3**.

Calcul du SO_2 actif

À partir de l'équation (1) (*cf.* § 3.3.1), en appelant L la forme non dissociée H_2SO_3, S la forme ionisée HSO_3^{2-} et en négligeant la forme SO_3^{2-}, très peu abondante aux pH des moûts et vins (concentration inférieure à 1/1 000 à 1/10 000, de pH 3 à pH 4), on peut écrire :

$$K_1 = \frac{[S][H^+]}{[L]}$$

D'où :

$$\frac{[S]}{[L]} = \frac{K_1}{[H^+]}$$

Soit :

$$\log\left(\frac{[S]}{[L]}\right) = \log K_1 - \log [H^+] = pH - pK_1$$

$$\frac{[S]}{[L]} = 10^{(pH - pK_1)}$$

$$[S] + [L] = 100\ (\%)$$

D'où :

$$SO_2 \text{ moléculaire} = SO_2 \text{ actif}$$

$$\mathbf{SO_2\ actif\ (\%\ SO_2\ libre)} = \frac{\mathbf{100}}{\mathbf{10^{(pH - pK_1)} + 1}}$$

Connaissant la constante K_1 (ou pK1), le SO_2 libre et le pH de chaque vin, on peut calculer le pourcentage de SO_2 libre sous forme de SO_2 actif puis la quantité de SO_2 actif.

Les valeurs des pK de l'acide sulfureux

Les valeurs de pK_1 et pK_2 fournies par diverses tables de chimie classique ou livres d'œnologie varient de 1,7 à 1,9 pour le pK_1 et de 5,3 à 7,3 pour le pK_2, négligeable pour le calcul du SO_2 actif. Ces valeurs dépendent de la **température**, du taux d'alcool et de **l'activité γ des ions** en solution variant avec la force ionique I (somme des activités des ions du milieu, exprimée en moles/litre). L'impact de la force ionique a été exactement déterminé pour l'œnologie par Usseglio-Tomasset[1], et officialisé par l'OIV[2].

On a alors :

$$pK_1 = pH_M = pK_T - C$$

Avec :

pK_M : constante de dissociation mixte ;

pH_T : constante de dissociation thermodynamique ;

C : correction d'activité ionique, donnée par :

$$C = \frac{A\sqrt{I}}{1 + B\sqrt{I}}, \text{ où } A = 0{,}551 \text{ et } B = 1{,}6871$$

1. Usseglio-Tomasset L., *Chimie Œnologique*, Tec & Doc Lavoisier, 1995.
2. OIV- Méthode MA-F-AS323-04-DIOSOU

La force ionique I est rarement connue. Elle peut être **mesurée** par la différence entre l'acidité totale après passage sur un échangeur de cations sous forme acide et l'acidité totale initiale. Elle est **calculée** avec précision par le logiciel Mextar®[1] ou **estimée** à partir du taux de potassium : I (mmol/L) ≈ K (mg/L)/39 +0,01.

I varie environ de 0,016 à 0,056 mol/L. Le plus souvent, I = 0,030 à 0,040 mol/L = 30 à 40 mmol/L.

La **valeur de pK_1** est directement calculable à partir des valeurs fournies par Usseglio-Tomasset, le recueil des méthodes d'analyses de l'OIV ou par la formule équivalente suivante, plus exacte que les valeurs usuelles de pK_1 (1,7 à 2,0) adaptées aux seules solutions sans alcool (moûts), vers 20 °C :

$$\mathbf{pK_1 = 1{,}9499 + (\mathit{T} - 20) \times 0{,}0322 + (TAV - 10) \times 0{,}01971} \qquad (2)$$

Avec T la température (°C) et TAV le titre alcoométrique volumique (% vol).

Applications pratiques

À partir de la formule (2), on déduit diverses applications pratiques :

- Le taux de **SO_2 actif calculé croît avec le pK** utilisé pour le calcul (figure 3.9). Il est environ deux fois plus grand avec pK = 2, comme calculé ci-dessus selon les règles de l'OIV, que pour pK = 1,7 souvent utilisé.

Figure 3.9 Variation du taux de SO_2 actif selon le pH et le pK

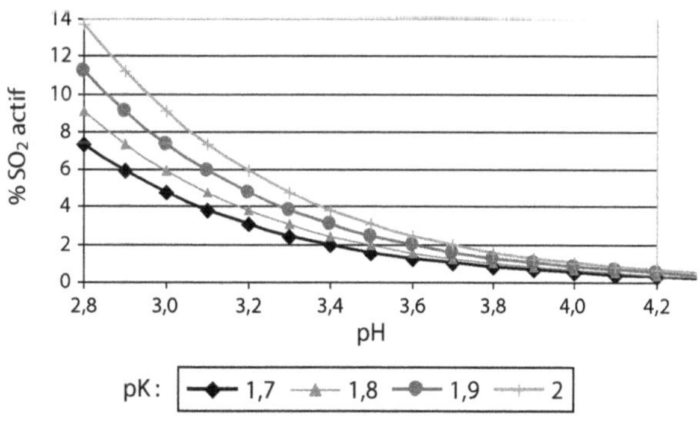

- L'activité **augmente beaucoup lorsque le pH du moût ou du vin s'abaisse** : environ +25 % pour –0,1 pH, +57 % pour –0,2 pH et +100 % pour –1 pH.

  Exemple : pH = 3,5 → 2,74 % SO_2 actif ; pH = 3,7 → 1,74 % SO_2 actif.
- L'activité **augmente avec le taux d'alcool**, d'environ 1 à 2 en passant du moût au vin mais les différences entre vins sont plus limitées, de l'ordre de 2 % de SO_2 actif par % vol. entre 10 et 14 % vol. (figure 3.10).

1. CNRS, ENOONE, *www.enoone.com*

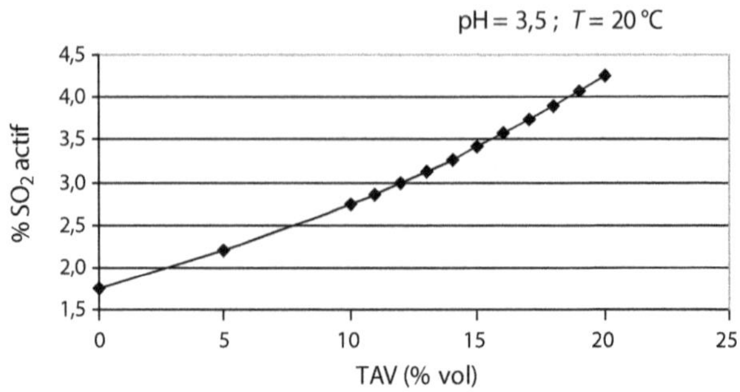

Figure 3.10 Variation du taux de SO_2 actif selon le titre alcoométrique

- L'activité du SO_2 **croît rapidement avec la température** puisqu'elle est 4 fois plus élevée à 40 °C qu'à 20 °C (figure 3.11). Cet accroissement contribue à renforcer l'effet germicide de la chaleur (*cf.* chapitre 7) appliquée aux moûts et vins sulfités.

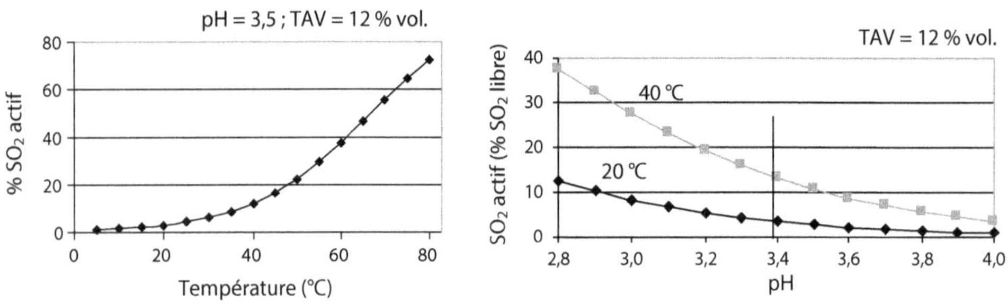

Figure 3.11 Activité du SO_2 selon la température et le pH

- L'influence des variations de la valeur de la **force ionique**, entre 0,02 et 0,04 mol/L autour de la valeur moyenne de 0,036 est limitée à quelques dixièmes de % d'activité du SO_2 (figure 3.12).

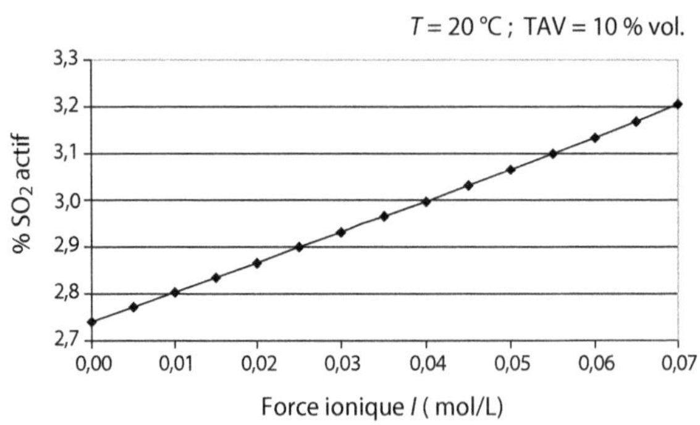

Figure 3.12 Variation du taux de SO_2 actif selon la force ionique du milieu

Les tableaux 3.4 résument l'impact de la valeur du pK utilisé pour le calcul du SO_2 actif.

Tableau 3.4 À gauche : Pourcentage de SO_2 actif calculé en fonction du SO_2 libre et selon le pH observé et le pK utilisé pour le calcul. À droite : Concentration en SO_2 libre (mg/L) pour avoir 1 mg/L de SO_2 actif selon le pH observé et le pK utilisé pour le calcul

		pk							
		1,70	1,75	1,80	1,85	1,90	**1,95**	2,00	2,05
pH	2,8	7,4	8,2	9,1	10,1	11,2	**12,4**	13,7	15,1
	2,9	5,9	6,6	7,4	8,2	9,1	**10,1**	11,2	12,4
	3	4,8	5,3	5,9	6,6	7,4	**8,2**	9,1	10,1
	3,1	3,8	4,3	4,8	5,3	5,9	**6,6**	7,4	8,2
	3,2	3,1	3,4	3,8	4,3	4,8	**5,3**	5,9	6,6
	3,3	2,5	2,7	3,1	3,4	3,8	**4,3**	4,8	5,3
	3,4	2,0	2,2	2,5	2,7	3,1	**3,4**	3,8	4,3
	3,5	**1,6**	**1,7**	**2,0**	**2,2**	**2,5**	**2,7**	**3,1**	**3,4**
	3,6	1,2	1,4	1,6	1,7	2,0	**2,2**	2,5	2,7
	3,7	1,0	1,1	1,2	1,4	1,6	**1,7**	2,0	2,2
	3,8	0,8	0,9	1,0	1,1	1,2	**1,4**	1,6	1,7
	3,9	0,6	0,7	0,8	0,9	1,0	**1,1**	1,2	1,4
	4	0,5	0,6	0,6	0,7	0,8	**0,9**	1,0	1,1
	4,1	0,4	0,4	0,5	0,6	0,6	**0,7**	0,8	0,9
	4,2	0,3	0,4	0,4	0,4	0,5	**0,6**	0,6	0,7

		pk							
		1,70	1,75	1,80	1,85	1,90	**1,95**	2,00	2,05
pH	2,8	14	12	11	10	9	**8**	7	7
	2,9	17	15	14	12	11	**10**	9	8
	3	21	19	17	15	14	**12**	11	10
	3,1	26	23	21	19	17	**15**	14	12
	3,2	33	29	26	23	21	**19**	17	15
	3,3	41	36	33	29	26	**23**	21	19
	3,4	51	46	41	36	33	**29**	26	23
	3,5	**64**	**57**	**51**	**46**	**41**	**36**	**33**	**29**
	3,6	80	72	64	57	51	**46**	41	36
	3,7	101	90	80	72	64	**57**	51	46
	3,8	127	113	101	90	80	**72**	64	57
	3,9	159	142	127	113	101	**90**	80	72
	4	201	179	159	142	127	**113**	101	90
	4,1	252	225	201	179	159	**142**	127	113
	4,2	317	283	252	225	201	**179**	159	142

Par exemple, à pH 3,5, le pourcentage de SO_2 actif **calculé** varie de 1,6 à 3,1 % (écart de 93 %) pour un pK variant de 1,7 à 2,0 (tableau 3.4 de gauche). La valeur basse du pK (1,7 à 1,8) souvent utilisée convient pour les moûts. Elle est erronée pour les vins car elle entraîne une sous-estimation très forte du SO_2 actif pour le vin, où le pK est d'environ 1,9-2,0. Il y a, là, une probable explication des teneurs en SO_2 actif souhaitables très élevées parfois proposées (*cf.* § « Quelle dose de SO_2 actif ? » dans § 5.5.4).

Par exemple, selon les sources d'information, pour obtenir 1 mg/L de SO_2 actif à pH = 3,5, il faut soit 51,1, soit 32,6 mg/L de SO_2 libre selon que le pK pris en compte est de 1,8 ou de 2,2 (tableau 3.4 de droite). Ceci représente un écart de 1 à 1,6, inacceptable pour des sulfitages raisonnés.

En résumé

– Croissance de TAV de 1 % vol. → croissance du SO_2 actif de 5 %.

– Croissance de *T* de 1 °C → croissance du SO_2 actif de 7 %.

– Diminution du pH de 0,2 → croissance du SO_2 actif de 57 %.

Dans tous les cas, les taux utiles de SO_2 actif (*cf.* chapitre 5) doivent impérativement être calculés à partir d'une formule correcte prenant en compte température, titre alcoométrique et activité ionique (estimée). **Pour les vins, la valeur du pK à retenir est d'environ 1,95.**

Le calcul du SO_2 actif

Le taux de SO_2 actif calculé résulte de trois valeurs indépendantes : SO_2 libre, pH du vin, pK de l'acide sulfureux. Chacune de ces valeurs n'est connue qu'avec une incertitude induisant automatiquement une incertitude sur la valeur finale :

- le SO_2 libre est connu avec une incertitude (écart-type) estimée de 5 mg/L ;
- le pH est connu avec une incertitude de 0,05 (OIV, Union des œnologues de France) ;
- le pK varie d'environ 0,1 selon la température et la teneur en alcool. Une enquête (septembre 2013) sur 11 sites de calcul en ligne du SO_2 actif fait apparaître des pK de calcul allant de 1,8 à 2,0, soit des **pourcentages d'activité du SO_2 variant de 1 à 1,5** environ, selon le pH ;
- la simulation statistique sur 100 cas du taux de SO_2 actif autour des valeurs de base de 20 mg/L de SO_2 libre, pH = 3,5, pH = 1,95 donne les résultats de la figure 3.13 ;
- le SO_2 actif calculé varie de 0,2 à 1,38 mg/L pour une moyenne théorique correcte de 0,55 mg. Dans 43 % des cas, le SO_2 actif est entre 0,45 et 0,65, soit un écart limité à ± 0,1 mg/L par rapport à la valeur théorique. Dans 26 % des cas, le SO_2 actif calculé s'écarte de ± 0,2 mg/L de la valeur théorique, soit une incertitude de sulfitage de 36 %, peu acceptable.

Ces incertitudes, habituellement négligées, sont une des causes importantes des très grandes différences des valeurs de SO_2 actif données comme nécessaires.

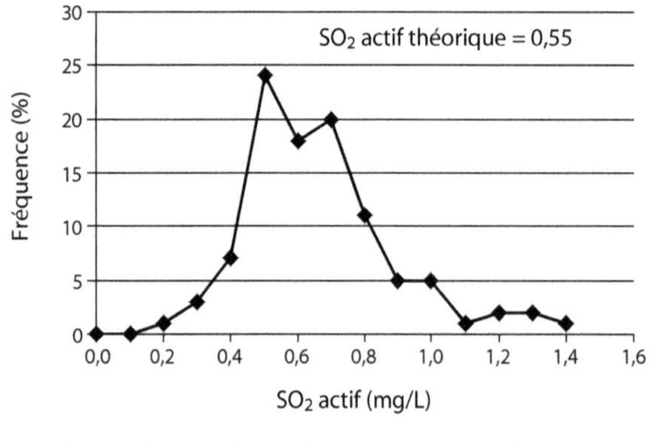

Figure 3.13 Incertitudes (SO_2 libre, pH, pK) sur le SO_2 actif calculé

Le choix du SO_2 actif adapté aux différentes situations est examiné plus loin (*cf.* chapitre 4 et chapitre 5).

Pratiquement

Pour le calcul exact du SO_2 actif, il faut :

- adopter la valeur « moyenne » **pK_1 = 1,95 pour les vins** (TAV = 12 ± 2 % vol.), à température ambiante usuelle (20 ± 2 °C) ;
- doser avec précision le SO_2 libre et le pH.

On a ainsi la teneur en SO_2 actif avec une **incertitude inférieure à 1-2 %, ce qui permet de choisir la dose optimale avec le maximum de sécurité** (*cf.* § « Quelle dose de SO_2 actif ? » dans § 5.5.4).

3.4 Le SO_2 en solutions organiques – Combinaisons du SO_2

La distinction entre SO_2 libre, SO_2 total et donc SO_2 combiné a d'abord été attribuée à une combinaison du SO_2 avec les sucres, puis à l'aldéhyde éthylique, puis à diverses autres substances.

3.4.1 Mécanisme général de la combinaison du SO_2 dans les vins

En solution organique complexe, comme les moûts et vins, le SO_2 réagit avec de nombreux composés, avec lesquels il forme le « SO_2 combiné » selon diverses réactions d'équilibre ayant l'équation générale suivante :

SO_2 libre + composé organique ↔ SO_2 combiné

L'essentiel de cette combinaison se produit entre le SO_2 et les composés ayant une **fonction carbonyle (>C=O), les aldéhydes et cétones.**

L'équation générale de la réaction et des équilibres entre ses différentes formes proposées par Th. Paul (1914)[1] résume cette réaction générale (figure 3.14).

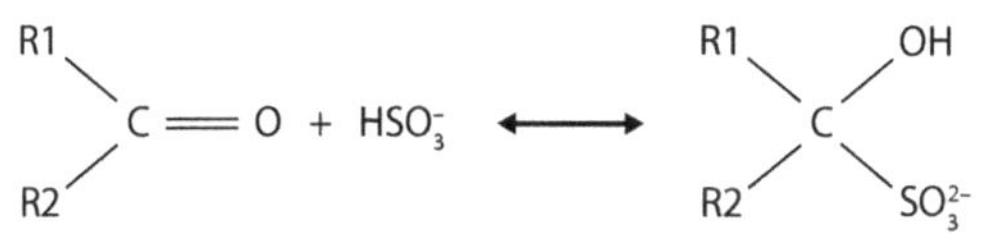

Figure 3.14 Réaction entre SO_2 et composé carbonylé

De nombreux travaux ont étudié les **structures chimiques** possibles de ces combinaisons du SO_2. Nous présenterons ici leurs **applications œnologiques**. Il a été montré que la forme de SO_2 la plus réactive est HSO_3^- (Chabaneix et Blouin, 1997 ; *cf.* annexe 1).

1. Paul Th., *Nahrungsmittelchemie mit besonderer Berücksichtigung der modernen physikalischen-chemischen Lehren*, Akademish Verlag, p. 48-109, 1914.

L'ensemble des travaux actuels conclut à une combinaison des composés carbonylés avec le dioxyde de soufre sous forme d'hydroxysulfonate.

Cet équilibre résulte de la différence de vitesse entre la formation de la **combinaison** et sa **dissociation**, par exemple environ 8 000 fois plus faible pour la réaction éthanal-SO_2 (Boulton, 2002). Le résultat final est régi par la loi d'action de masse définie par la **constante de dissociation K_d**. On a alors :

$$K_d = \frac{L \times (A - C)}{C} \quad (3)$$

Avec :

- K_d : constante de dissociation (mol/L) ;
- L : concentration en SO_2 libre (mol/L) ;
- C : concentration en SO_2 combiné (mol/L) ;
- A : concentration en carbonyle total (mol/L).

K_d s'exprime en mole/litre ou, plus couramment, comme par la suite dans cet ouvrage, en **millimoles/litre (mmol/L)**, unité plus adaptée aux concentrations en SO_2 et composés carbonylés dans les vins.

S'agissant d'une constante de *dissociation*, une valeur de K_d *faible* correspond à une *forte combinaison* et une valeur de K_d *élevée* à une faible combinaison.

Vitesse de combinaison du SO_2

La vitesse de combinaison des **solutions pures** d'acides carbonyliques à des concentrations d'environ 10 mmol/L est inversement proportionnelle à la constante de dissociation. La relation exacte n'est pas linéaire mais de type log/log, comme la plupart des réactions d'équilibre chimique. Elle est assez rapide, avec un taux de combinaison à 50 % de 2 à 5-10 min (figure 3.15). Les réactions sont plus lentes en milieux complexes comme les moûts et vins.

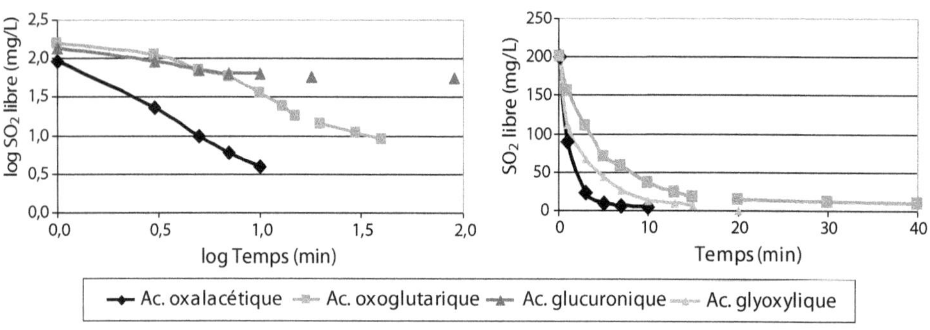

Figure 3.15 Cinétique de la combinaison du SO_2
Source : Blouin et Guimberteau, 1963

pH et combinaison du SO_2

La constante K_d varie avec le pH, plus élevée au-dessous de pH 3 et au-dessus de pH 6 (Sundman, 1949), mais elle ne varie que de façon limitée aux pH des vins, entre pH 3 et 4 (Sapis, 1971) (tableau 3.5) (*cf.* annexe 1, § A1.3.4).

Tableau 3.5 Influence du pH sur la constante de dissociation K_d du SO_2 (en mmol/L)
Source : Sapis, 1971

Composé	pH = 3	pH = 4	Écart pH 4 / 3 (%)
Acide pyruvique	0,14	0,215	154
Acide oxoglutarique	0,49	0,70	143
Acide galacturonique	16	21	131
Acide 2-5-oxogluconique	0,45	0,43	96
5-oxofructose	0,34	0,33	97

Cette action du pH contribue à expliquer certaines différences des valeurs de K_d selon les conditions de détermination. Le plus souvent, les valeurs données ont été obtenues en solution hydro-alcoolique à 12 % vol. et à un pH de 3,3.

3.4.2 Calcul de la constante de dissociation K_d

Il s'agit de la représentation graphique de la concentration du SO_2 combiné C en fonction de celle du SO_2 libre L sous la forme $C = f(L)$ (figure 3.16). L'annexe 2 détaille les méthodes permettant de calculer pratiquement la constante de dissociation, et donc le comportement du SO_2 dans les vins selon les composés carbonylés présents.

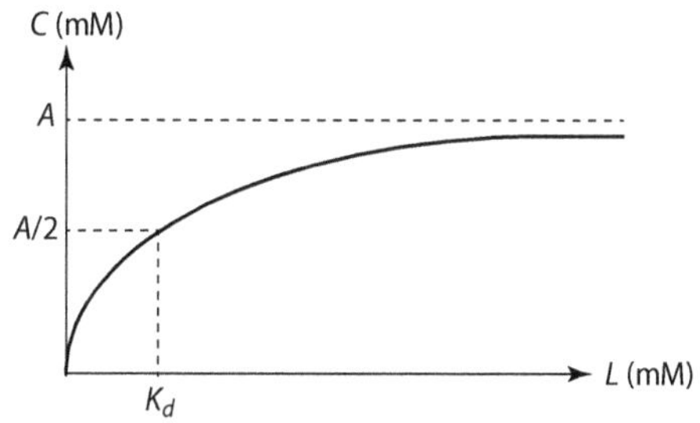

Figure 3.16 SO_2 combiné en fonction du SO_2 libre

Notons simplement ici que l'équation (3), page 40, peut s'écrire :

$$C = \frac{L \times A}{K_d + L}$$

Elle permet de calculer directement la quantité de SO_2 combiné *C* par la **quantité *A* de la molécule** ayant la **constante de dissociation K_d** en présence la quantité ***L* de SO_2 libre**.

Rappel : Ces valeurs doivent être exprimées en millimoles par litre (mmol/L). À partir de la teneur en SO_2 exprimée en milligrammes par litre (mg/L), on a : *A* (mmol/L) = *A* (mg/L) / 64.

3.5 Expressions de la combinaison du SO_2 dans les vins – « Carbonyle équivalent »

3.5.1 Principes

Depuis au moins un siècle, diverses méthodes sont proposées pour exprimer directement la combinaison dans les moûts et vins. Citons :

- Le **SO_2 combiné observé**. Procédé simple (SO_2 combiné = SO_2 total - SO_2 libre) mais ne permettant pas de comparaisons et/ou de prévisions générales du « pouvoir combinant ».
- Moreau et Vinet (1928) dosent le SO_2 libre et total, après différents sulfitages, tracent la figure 3.17 et déterminent les valeurs ***T* (combinaison totale) et *R* (augmentation du SO_2 libre pour un sulfitage de 100 mg/L).** Ce schéma utile est approximatif car il suppose une combinaison totale initiale puis une combinaison linéaire, ce qui n'est pas le cas.

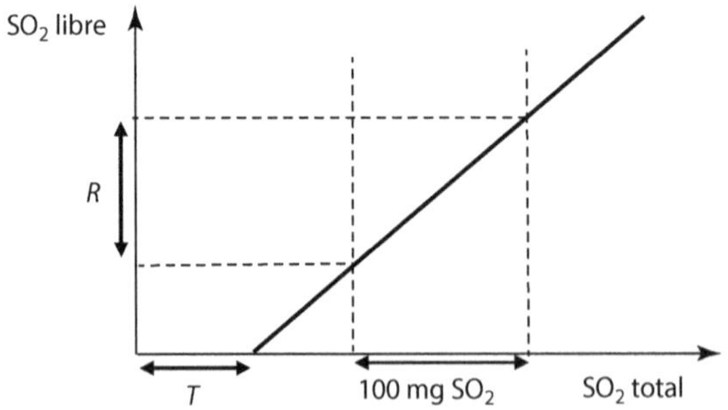

Figure 3.17 Mécanisme de combinaison du SO_2
Source : Moreau et Vinet, 1928

- Benvegnin et Capt (1951) proposent un mécanisme comparable, avec les mêmes difficultés de principe (figure 3.18).

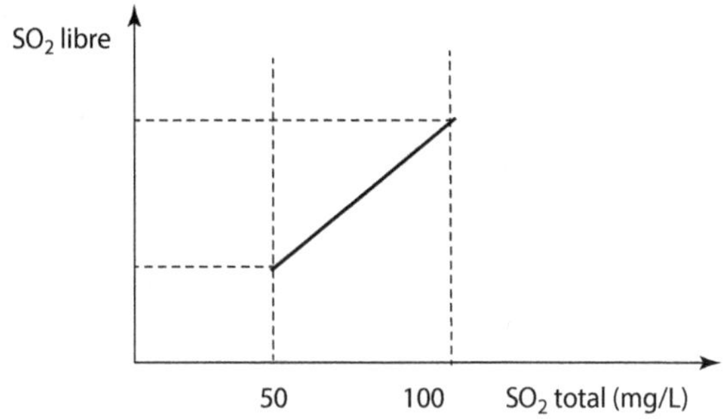

Figure 3.18 Mécanisme de combinaison du SO_2
Source : Benvegnin et Capt, 1951

- J. Ribéreau-Gayon (1947) propose la « **règle des 2/3** ». L'augmentation de SO_2 libre est égale aux deux tiers de l'augmentation de SO_2 total. Lors d'une addition de SO_2, **1/3 du SO_2 est combiné et 2/3 restent libres**. Pour augmenter le SO_2 libre de 10 mg/L, il faut ajouter 15 mg/L de SO_2 total, d'où l'autre nom de « règle de 3/2 ». C'est un très utile procédé **indicatif**, imprécis pour des sulfitages importants et/ou en cas de très forts taux de combinaison.
- Kielhöfer et Würdig (1960) proposent, les premiers, le calcul du ***C-Lx*** (le SO_2 combiné pour *x* mg de SO_2 libre) à partir de la courbe de combinaison réelle observée avec diverses teneurs en SO_2 libre (figure 3.19). Le procédé est rigoureux, il peut être exploité plus complètement (*cf.* § 3.5.2).

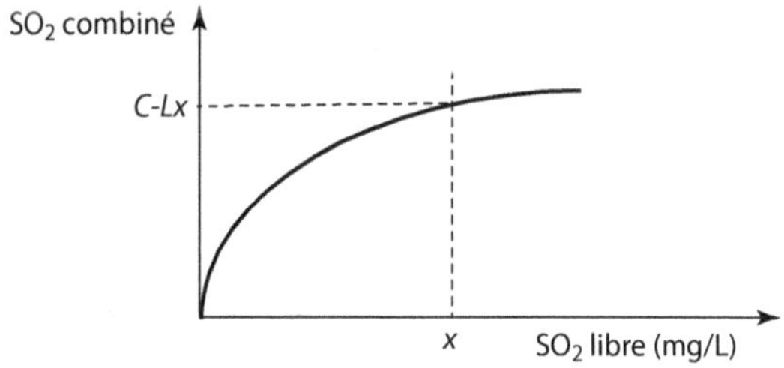

Figure 3.19 Mécanisme de combinaison du SO_2 selon Kielhöfer et Würdig
Source : Kielhöfer et Würdig, 1960

- Schaeffer et Weber (1971) proposent un ajustement logarithmique de la courbe **log SO_2 libre = *f* (SO_2 combiné)** obtenue à partir de divers sulfitages (figure 3.20). La courbe n'est que partiellement linéaire.
- Daulny (1983) propose plusieurs formules empiriques à partir des logarithmes et racines des taux de SO_2 libre et total.

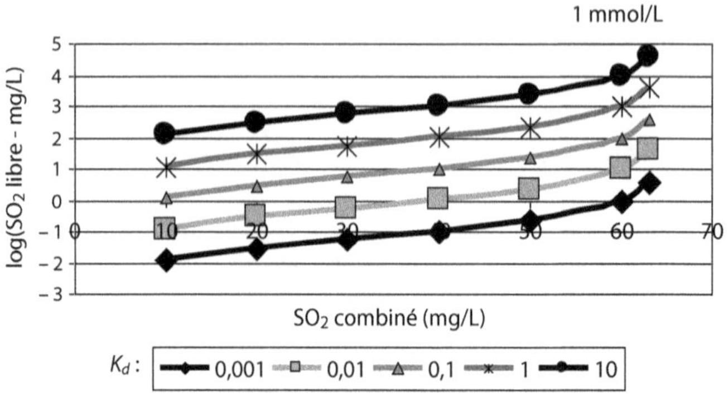

Figure 3.20 Expression de la combinaison du SO_2 selon Schaeffer pour quelques valeurs de K_d (de 0,001 à 10)

Source : Schaeffer et Weber , 1971

- Favarel et coll. (1996) proposent d'utiliser une autre courbe d'équation **SO_2 combiné = *f* (log SO_2 libre)** (figure 3.21).

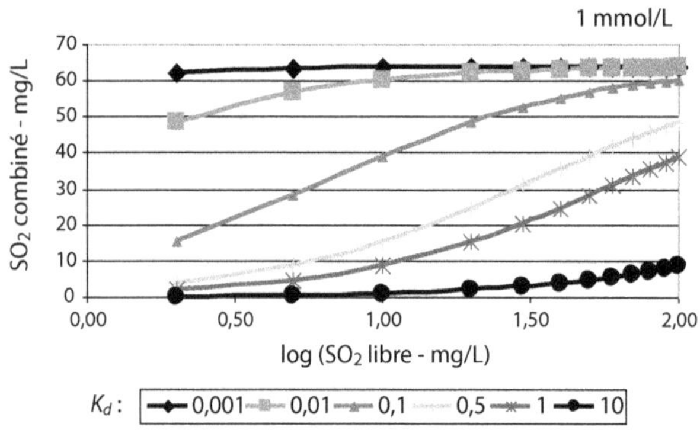

Figure 3.21 Expression de la combinaison du SO_2 selon Favarel

Source : Favarel et coll., 1996

Ces différentes méthodes empiriques donnent des résultats pouvant être utiles pour des sulfitages (très) faibles et/ou des vins à (très) faible pouvoir de combinaison. Elles demeurent approximatives dans leurs principes et peuvent aboutir à de graves incertitudes dans les autres cas. Le tableau 3.6 donne un exemple de résultats observés avec des vins blancs secs à faible combinaison et des vins blancs liquoreux à forte combinaison du SO_2. La figure 3.22 schématise l'évolution des différences pour deux cas particuliers.

Tableau 3.6 Exemple de correction de la règle de combinaison des 2/3

Paramètre	Combinaison « faible »	Combinaison « forte »
*C-L*50 moyen (mg/L)	**74**	**242**
K_d (mmol/L)	0,06 à 0,38	0,06 à 0,42
A (mmol/L)	0,99 à 1,69	1,65 à 8,92
Incertitude (mg/L*)	–1 à 9 ; **moyenne : 6**	8 à 111 ; **moyenne : 52**

* (*C-L*50 « vrai ») – (*C-L*50 calculé par la règle des 2/3 à partir de SO_2 libre) = 20 mg/L

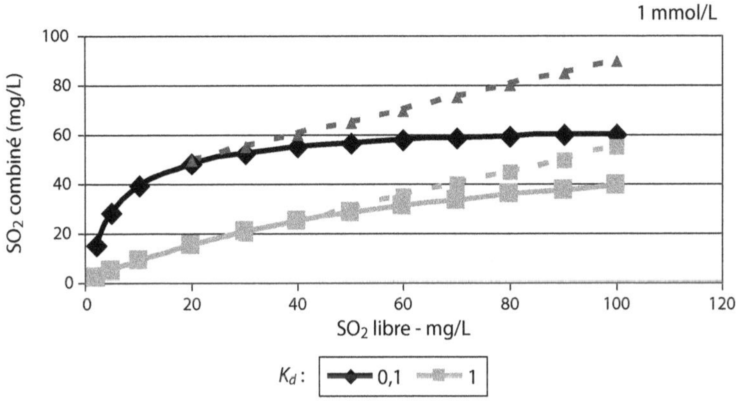

Figure 3.22 Expression de la combinaison du SO_2 « vraie » ou « estimée » par la « règle des 2/3 »

On peut corriger la règle des 2/3 par un niveau de combinaison **estimé,** par exemple à partir de l'état sanitaire des raisins, l'hygiène générale du chai… (*cf.* tableau 3.6). Le résultat amélioré reste approximatif.

Pratiquement

On exprime la combinaison de chaque moût ou vin par le SO_2 combiné pour une teneur fixée en SO_2 libre.

Exemple : *C-L*50 = SO_2 combiné pour 50 mg/L de SO_2 libre.

On utilise parfois le *T-L*50 reliant SO_2 libre et SO_2 total (*T*).

Il apparaît que les différentes méthodes empiriques de calcul de la combinaison pratique du SO_2 ajouté, et donc du sulfitage ainsi calculé, sont imprécises, parfois techniquement inadmissibles. Il convient d'utiliser **une méthode rigoureuse et simple**.

3.5.2 Calcul du « carbonyle équivalent » (CBE)

Par analogie avec les déterminations de l'acidité totale (exprimant l'ensemble des acides sous forme libre donc active), du pK (exprimant la « force acide » globale du vin) et du pouvoir tampon des vins (exprimant globalement l'ensemble des nombreux acides du vin « combinés » aux bases), nous avons proposé une nouvelle **méthode rigoureuse de l'expression pratique la combinaison du SO_2** (Blouin, Bertrand-Motard et Nivelle, 1995). Rappelons que le pouvoir tampon acidité et le pK acide des vins sont déterminés après mesure de la variation de pH suivant un ajout dosé de base ou d'acide, ou calculés directement par le logiciel Mextar® à partir des taux d'acidité totale, pH, acide tartrique et potassium.

Il est rigoureux et simple, pour le SO_2 dans les moûts ou vins, de considérer simultanément :

- la quantité de composés carbonylés A (mmol/L) ;
- leur constante globale de dissociation K_d (mmol/L).

Le pouvoir de combinaison du SO_2 d'un moût ou vin est alors exprimé en tant que « carbonyle équivalent » (CBE) par une constante de dissociation K_d et une teneur globale A en composé carbonylé.

Les détails des calculs sont développés dans l'annexe 3.

Connaissant K_d (constante de dissociation) et A (« carbonyle équivalent »), on calcule facilement l'équilibre SO_2 libre / SO_2 total / SO_2 combiné dans toutes les situations (*cf.* § 3.4.2). Il est ainsi possible de **prévoir exactement le sulfitage (ou non-sulfitage) optimal**, le plus apte à développer la qualité finale du vin pour un surcoût analytique très limité par rapport à la valeur du vin étudié.

Le tableau 3.7 donne quelques exemples de résultats de calculs de *C-L*20, *C-L*50, *T-L*20 et *T-L*50 pour des vins ayant des pouvoirs de combinaison très variés avec des *C-L*20 allant ici de 35 à 288 mg/L, correspondant à des constantes de dissociation K_d de 0,11 à 0,38 mmol/L et des taux de « carbonyle équivalent » de 0,99 à 6,98 mmol/L.

À partir d'une large population de vins, on trouve des valeurs extrêmes encore plus dispersées :

$$K_d = 0{,}05 \text{ à } 0{,}45 \text{ mmol/L} ; A = 1 \text{ à } 9 \text{ mmol/L} ; C\text{-}L20 = 40 \text{ à } 400 \text{ mg/L}$$

Remarque : Il est théoriquement possible de déterminer la quantité globale de produits combinant le SO_2 à l'aide de réactifs déplaçant le SO_2 combiné avec ces composés et le libérant sous forme de SO_2 libre. L'utilisation de l'hydroxylamine est adaptée à cet usage, mais nos essais (1963, 1995) n'ont pas permis de dégager une procédure adaptée aux vins, notamment à cause des très grandes différences d'intensité des combinaisons carbonyles-SO_2 dans les vins. Ce principe a reçu une application expérimentale pour éliminer le SO_2 combiné excédentaire (*cf.* § 7.5).

Les valeurs de K_d et A mesurées sur vin jeune sulfité restent stables, sauf altération du vin (fermentation, piqûre acétique, longue période sans SO_2 libre).

Tableau 3.7 Exemples de valeurs des constantes de dissociation du SO_2 et de teneurs en « carbonyle équivalent » de vins

Numéro du vin	K_d	A	*C-L50*	*C-L20*	*T-L50*	*T-L20*
	mmol/L		mg/L			
6	0,38	1,22	53	35	103	55
7	0,11	0,99	56	47	106	67
8	0,06	1,65	88	69	138	89
4	0,18	1,69	88	69	138	89
5	0,16	1,65	88	70	138	90
1	0,32	4,33	197	137	247	157
9	0,13	3,20	171	137	221	157
2	0,26	4,53	218	158	268	178
10	0,23	5,14	242	180	292	200
3	0,13	5,44	298	246	348	266
11	0,34	6,98	375	288	425	308

3.6 Composés combinant le SO_2

3.6.1 Un mot d'histoire de la combinaison du SO_2

Après la mise en évidence de l'inactivation d'une (forte) fraction du SO_2 ajouté, on a d'abord attribué cette inactivation à une combinaison entre le SO_2 et **les sucres et l'éthanal** (aussi appelé acétaldéhyde). On a rapidement noté que ce mécanisme était très insuffisant pour expliquer la combinaison dans les vins (très) pauvres en sucres. En 1960, Kielhöfer, à Trèves (Allemagne), met en évidence cette lacune sous le nom de « **Rest-SO_2** » (ou **SO_2 résiduel**, c'est-à-dire combiné ni aux sucres ni à l'éthanal). À la même époque, l'équipe de chercheurs de la Station cidricole de Long Ashton (Royaume-Uni), composée de Burroughs, Parks, Whiting, Coggings..., relança l'étude de la biochimie des composés susceptibles de combiner le SO_2.

À partir de 1960, à la demande du Conseil Interprofessionnel du Vin de Bordeaux (CIVB) consécutive aux très graves problèmes pratiques de sulfitage efficace sur le millésime 1960, Jean Ribéreau-Gayon et Émile Peynaud me confièrent l'étude de ce sujet. L'utilisation de diverses techniques, alors innovantes et devenues usuelles (chromatographie, échangeurs d'ions, dosages enzymatiques...), permit la mise en évidence qualitative, puis quantitative, de plusieurs composés alors inconnus, et de fait d'une forte réduction du taux de SO_2 combiné « inconnu »[1].

Ce travail a été poursuivi et complété par plusieurs chercheurs, notamment ceux de l'actuelle Faculté d'œnologie de Bordeaux (J.-C. Sapis, P. Sudraud, S. Chauvet, A. Bertrand, B. Doneche, A. Lonvaud-Funel, G. de Revel, I. Guillou-Largeteau, C. Duhail, J.-C. Barbe...) et du service Vin de la Chambre d'Agriculture de la Gironde.

À ce jour, on peut établir un **« bilan » du SO_2 combiné pratiquement complet** pour les vins blancs secs et même, plus récemment, pour les vins « liquoreux ». Il subsiste divers points d'interrogation théoriques pour les combinaisons avec les polyphénols des vins rouges, mais avec des incidences pratiques habituellement limitées.

Sans reprendre les détails de cet historique, les paragraphes suivants en présentent les résultats majeurs et leurs applications pratiques afin d'élaborer des vins de qualité maximale avec un minimum de SO_2. On organise ainsi le « **sulfitage raisonné** », par analogie avec l'« agriculture raisonnée » poursuivant les mêmes objectifs de réduction des « intrants » dans le souci d'améliorer la qualité finale du vin.

3.6.2 Applications pratiques aux moûts et vins

Depuis le début du XXe siècle, on mesure le pouvoir de combinaison du SO_2 pour de nombreux composés[2]. Les principaux résultats fournissant les valeurs de K_d les plus validées (notamment à partir de nos observations et celles de notre équipe ainsi que des travaux de la Station cidricole de Long Ashton et la Faculté d'œnologie de Bordeaux) sont indiqués pour les différents groupes de composés combinant le SO_2.

Les valeurs de K_d sont complétées par la formule du composé, la mise en évidence de sa fonction carbonyle, sa masse molaire, un ordre de grandeur des quantités moyennes ou maximales dans les vins secs ou liquoreux (précisées plus loin), puis les valeurs de *C-L*20 pour la teneur moyenne et maximale. Comme indiqué dans l'annexe 2, chaque valeur doit être complétée par celle de l'incertitude de la mesure et son impact pratique sur les valeurs de SO_2 combiné, habituellement très limité pour les composés jouant un rôle majeur en œnologie.

1. Ce travail a très largement bénéficié de l'aide amicale d'A. Joyeux, de G. Guimberteau et de M. Souty. Qu'ils en soient ici chaleureusement remerciés.
2. À titre d'information, on peut citer les principaux auteurs de publications fournissant la valeur de la constante de dissociation K_d :
   Paul (1907), Kerp et Baur (1914), Kolthoff et Stenger (1942), Farnsteiner (1952), Kielhöfer (1958), Burroughs, Sparks, Beech, Diemair (1960), Whiting (1960-1979), Rankine (1966), Sapis (1971), P. Ribéreau-Gayon et coll. (1973), Usseglio-Tomasset (1981), Schopffer et Arny (1985), Würdig (1989), Guillou-Largeteau (1996), Margalit (1997), Duhail (1999), Lea, Ford, Fowler (2000), Barbe (2000), Boulton (2002).

À partir de ces valeurs de K_d, on peut tracer diverses courbes schématisant l'évolution du SO_2 combiné en fonction du SO_2 libre, par exemple pour 1 mmol/L ou 100 mg/L de composé combinant.

Les différentes formes de SO_2 combiné

En schématisant, on a pu dire que les substances à K_d faible aboutissent à du SO_2 combiné « **bloqué** », « **stable** » alors que les substances à K_d plus élevé produisent du SO_2 combiné « **libérable** ». Cette analyse trop simple est trompeuse, à rejeter.

Il n'y a pas de SO_2 combiné complètement « bloqué », mais toujours des quantités non nulles de SO_2 libre et/ou facilement libérable. C'est une des explications probables des effets du SO_2 combiné (*cf.* § 4.1) et des écarts plus importants sur les dosages du SO_2 libre dans les vins rouges selon les méthodes et les vins. On observe en particulier cette libération du SO_2 en cas d'augmentation de température, correspondant donc à une augmentation de K_d. Elle doit être prise en compte lors du dosage du SO_2 libre (*cf.* § 3.2).

Remarque importante : Il apparaît que, dans les vins, seul **l'éthanal est quasi (mais non totalement) combiné à 100 % par le SO_2**, même en présence de dose très faible de SO_2 libre. C'est l'unique cas où l'on peut parler de « **SO_2 combiné bloqué** », ou de « **SO_2-lest** » selon Usseglio-Tomasset (1995).

La figure 3.23 indique les quantités d'éthanal libre pour diverses valeurs de la constante de dissociation[1] et une teneur moyenne de 44 mg/L (= 1 mmol/L).

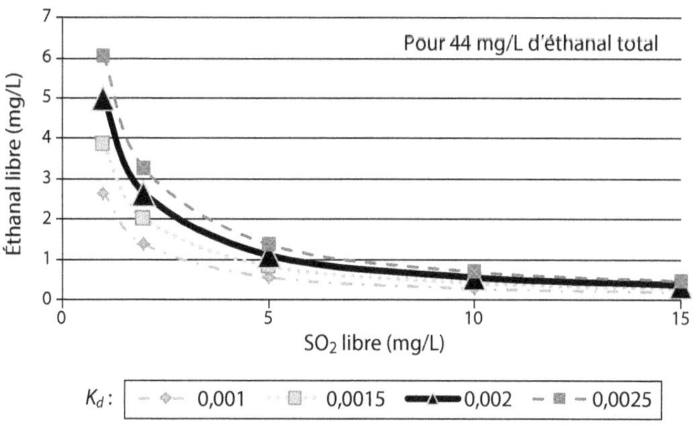

Figure 3.23 Évolution du taux d'éthanal libre selon le SO_2 libre et $K_{d\text{-}SO_2}$

1. Les valeurs de K_d de l'éthanal, très difficiles à mesurer, varient d'environ 0,001 à 0,003 mmol/L ; la valeur de 0,002 semble la plus exacte.

Pour des taux très faibles de SO_2 libre, inférieurs à 5-10 mg/L, il peut y avoir **quelques milligrammes par litre d'éthanal libre**. Ces teneurs augmentent proportionnellement au taux d'éthanal total, pouvant atteindre plusieurs dizaines de milligrammes par litre dans certains vins. La teneur d'éthanal dans l'air au-dessus du vin reste faible. Sa perception olfactive (*cf.* § 4.4.3) est alors incertaine car il y a interaction avec les autres substances volatiles.

Au-delà de 10-15 mg/L de SO_2 libre, il ne peut rester que des traces infimes d'éthanal libre dans le vin.

Par ailleurs, à titre d'exemple, des teneurs de 22, 44 et 66 mg/L d'éthanal (soit 0,5, 1 et 1,5 mM) entraînent des teneurs pratiques de 32, 64 et 96 mg/L de SO_2 combiné au seul éthanal. Des teneurs en SO_2 combiné (et *a fortiori* SO_2 total) inférieures à ces valeurs doivent toujours attirer l'attention sur la fiabilité des résultats analytiques, à valider avant interprétation.

À titre d'exemple, les figures 3.24 et 3.25 fournissent les courbes de combinaison de divers composés carbonylés selon les valeurs de K_d, en présence d'un excès de SO_2, jusqu'à la forte dose de 100 mg/L de SO_2 libre.

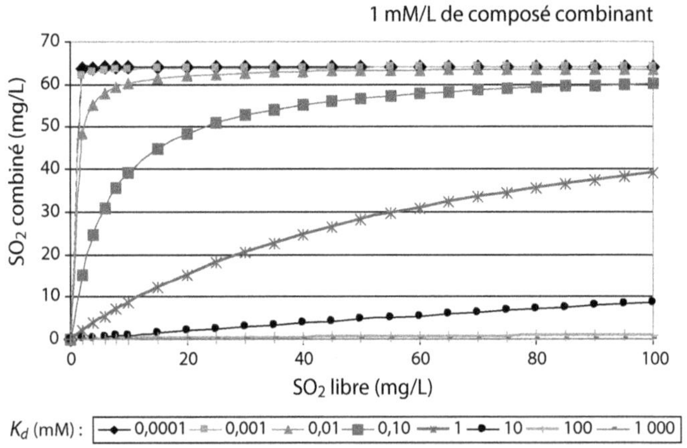

Figure 3.24 Combinaison du SO_2 selon la valeur de la constante de dissociation K_d. Entre 20 et 40 mg/L de SO_2 libre, la combinaison est presque totale pour $K_d < 0{,}001$ et très faible pour $K_d > 10$

Le tableau 3.8 donne un exemple de calcul pratique du SO_2 combiné selon la teneur A, la constante de dissociation K_d et le SO_2 libre.

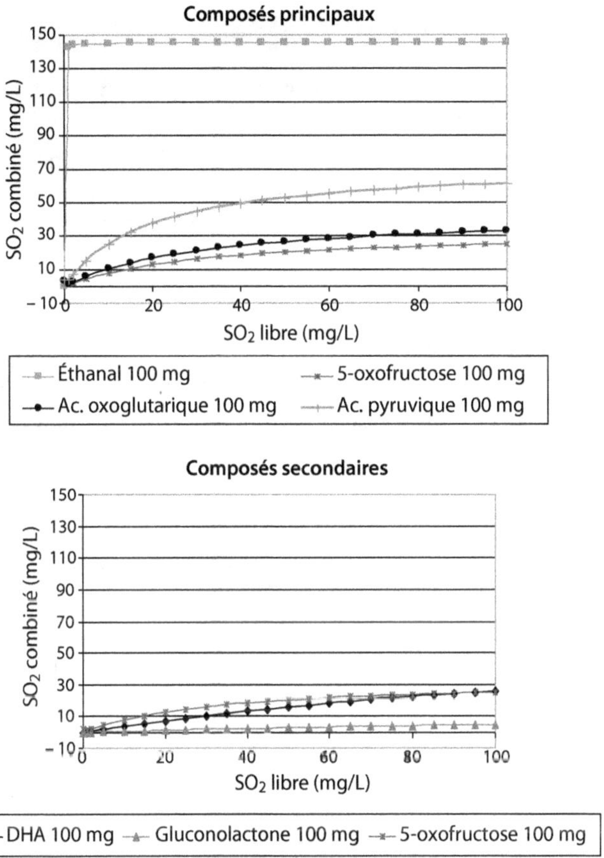

Figure 3.25 Combinaison du SO_2 de quelques composés principaux ou secondaires dans les moûts et vins

Tableau 3.8 Exemple de module de calcul de quelques valeurs du *C-Lx*

A (mg/L)	*M* (g/mol)	K_d (mmol/L)	SO_2 libre (mg/L)	SO_2 combiné (mg/L)
88	88	0,3	20	**32,7**
176	88	0,3	20	**65,3**
44	88	0,3	20	**16,3**

Pour la plupart des composés autres que l'éthanal, on peut parler de « **SO_2 combiné libérable** », ou de « **SO_2-dépôt** » selon Usseglio-Tomasset, avec des variations importantes selon les teneurs en SO_2 libre et les valeurs des constantes de combinaison.

Pratiquement

- Les valeurs faibles de K_d, **inférieures à 0,01 mM**, signifient une **combinaison quasi totale** même pour des teneurs très faibles en SO_2 libre, inférieures à 5-10 mg/L.
- Les valeurs élevées de K_d, **supérieures à 1 à 10 mM**, signifient de **fortes variations du taux de combinaison selon la teneur en SO_2 libre**. Dans la pratique, la combinaison est toujours partielle et décroît si le SO_2 libre diminue, libérant ainsi du SO_2 libre.

La figure 3.26 schématise ces diverses formes du SO_2 combiné, en équilibres plus ou moins fixes entre elles. Le **SO_2 « résiduel »**, ou « **Rest-SO_2** » selon Kielhöfer, correspond aux quantités de SO_2 combiné à des substances non dosées et/ou non identifiées.

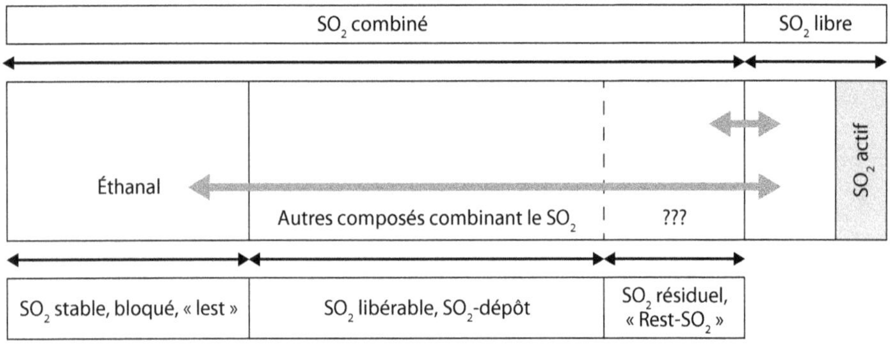

Figure 3.26 Schéma de la répartition et des équilibres du SO_2 dans les moûts et vins

3.6.3 Les composés combinant le SO_2 dans les moûts et vins

Les études menées depuis plus 50 ans ont mis en évidence plusieurs dizaines de composés carbonylés, jusque-là ignorés, combinant le SO_2 dans les moûts et/ou les vins. Ces travaux racontent aussi l'histoire du progrès des méthodes analytiques allant de la balance/burette/pipette à la spectrométrie de masse en passant par toutes les étapes de la chromatographie, ou encore de l'analyse enzymatique. Ces dizaines de composés sont regroupées et décrites selon de nombreux critères. Leur étude biochimique aide à comprendre le bon fonctionnement du SO_2 même si les détails sont parfois seulement survolés. Le rôle des principaux composés, classés selon leur structure chimique générale est décrit ici.

Les sucres et dérivés

Tous les sucres possédant une fonction aldéhyde (ex. : glucose) ou cétone (ex. : fructose), contrairement au saccharose par exemple, peuvent combiner le SO_2 (tableau 3.9). On leur a attribué un rôle majeur dans la combinaison du SO_2 au début du XXe siècle avant de le réduire très fortement. Les sucres fermentescibles à 6 atomes de carbone (hexoses : principalement glucose et fructose) sont seuls à jouer un rôle notable vis-à-vis du SO_2.

Tableau 3.9 Combinaison du SO_2 par les sucres et dérivés

Nom	Formule	g/mol	K_d (mmol/L)	Teneurs (mg/L)			C-L20 (mg/L)	
				Moyenne (vins secs)	Moyenne (vins liquoreux)	Maximum	Moyenne (vins secs)	Moyenne (vins liquoreux)
Arabinose	$CH_2OH\text{-}(CHOH)_3\text{-}\mathbf{CHO}$	150	**40**	500	500		1,7	1,7
Fructose	$CH_2OH\text{-}(CHOH)_3\text{-}\mathbf{CH}\text{-}CH_2OH$	180	**15 000**	1 000	50 000		0,0	0,4
Glucose	$CH_2OH\text{-}(CHOH)_4\text{-}\mathbf{CHO}$	180	**900**	1 000	50 000		0,1	6,2
Rhamnose	$CH_3\text{-}(CHOH)_4\text{-}\mathbf{CHO}$	164	**165**	100	100		0,1	0,1
Ribose	$CH_2OH\text{-}(CHOH)_3\text{-}\mathbf{CHO}$	150	**30**	100	100		0,4	0,4
Saccharose	$C_{12}H_{22}O_{11}$	342	**5 400**	0	0		0,0	0,0
Xylose	$CH_2OH\text{-}(CHOH)_3\text{-}\mathbf{CHO}$	150	**80**	100	100		0,2	0,2
Ac. galacturonique	$COOH\text{-}(CHOH)_4\text{-}\mathbf{CHO}$	212	**17**	200	300	600	1,1	1,6
Ac. glucuronique	$COOH\text{-}(CHOH)_4\text{-}\mathbf{CHO}$	194	**50**	10	10		0,0	0,0
Glucurone (D+)	$C_6H_{10}O_7$	176	**2,5**				0,0	0,0
Ac. gluconique	$COOH\text{-}(CHOH)_4\text{-}COOH$	174	**20**	200	3 000	20 000	1,1	17,0
Gluconolactone	$C_6H_{10}O_6$	178	**4**	20	300	2 000	0,5	7,8
Ac. Oxogluconique 2	$COOH\text{-}\mathbf{CO}\text{-}(CHOH)_3\text{-}CH_2OH$	194	**0,4**	5	100	400	0,7	14,5
Ac. Oxogluconique 2,5	$COOH\text{-}\mathbf{CO}\text{-}(CHOH)_2\text{-}CO\text{-}CH_2OH$	192	**0,4**				0,0	0,0
Ac. Oxogluconique 5	$COOH\text{-}(CHOH)_3\text{-}\mathbf{CO}\text{-}CH_2OH$	194	**0,4**	5	20	100	0,7	2,9
Oxofructose 5	$CH_2OH\text{-}\mathbf{CO}\text{-}(CHOH)_2\text{-}\mathbf{CO}\text{-}CH_2OH$	178	**0,4**	20	100	1 000	3,2	15,8
Xylosone	$CHO\text{-}\mathbf{CO}\text{-}(CHOH)_2\text{-}CH_2OH$	148	**1,5**				0,0	0,0

Glucose

Sucre à fonction aldéhyde, environ 100-200 g/L de moût, moins de 0,5-2 g/L dans les vins « secs » et environ 10-100 g/L dans les vins « moelleux » et « liquoreux », voire plus dans certains « *ice wines* » canadiens, ou « *eis wein* » autrichiens ou allemands.

Fructose

Sucre à fonction cétone, quasi aux mêmes doses que le glucose, même si la plupart des levures le consomment un peu moins rapidement.

Le tableau 3.10 indique les quantités de SO_2 combiné avec 50 mg/L de SO_2 libre (*C-L*50). Ces quantités sont très faibles et négligeables pour les vins « secs » et ne deviennent importantes que pour les moûts « mutés » par le SO_2, les moûts concentrés parfois et surtout les vins très riches en sucres.

Tableau 3.10 Combinaison du SO_2 par les principaux sucres (hexoses) des moûts et vins

Teneur en sucre (g/L)	C-L50 (mg/L)		
	Glucose	Fructose	Total
1	0,3	0	0,3
100	30,8	1,9	32,7

Pentoses

Tous les raisins et moûts contiennent de petites quantités de sucres à 5 atomes de carbone (pentoses : principalement arabinose, xylose, ribose). Étant peu ou pas consommés par les levures et bactéries (sauf lors de certaines altérations peu fréquentes), on les retrouve dans les vins à des teneurs individuelles de quelques dizaines ou centaines de milligrammes par litre ; le total est d'environ 1-2 g/L (tableau 3.11). Le SO_2 combiné est très limité.

Tableau 3.11 Combinaison du SO_2 par quelques sucres mineurs (pentoses) des moûts et vins

Arabinose (2 g/L)	C-L50 (mg/L)	
	Xylose (0,1 g/L)	Ribose (0,1 g/l)
16	0,4	1,1

Autres sucres

Les moûts et vins peuvent contenir de petites quantités d'autres sucres à 6 atomes de carbone (mannose, galactose, rhamnose, fucose, sorbose...), 12 atomes de carbone (saccharose, maltose, lactose, cellobiose...), 18 atomes de carbone (raffinose). Leur présence est parfois incertaine, toujours limitée à quelques centaines de milligrammes par litre. Seul le saccharose peut être abondant après ajout par chaptalisation. La valeur de K_d indiquée correspond probablement à une transformation partielle de la molécule en milieu aqueux. Il est très rapidement hydrolysé en glucose + fructose par les levures, plus lentement en leur absence.

Les acides dérivés des sucres

▸ Généralités

Dans les raisins, il se forme divers dérivés des sucres par transformation de leurs fonctions alcool (–CHOH, –CH_2OH) en fonction acide (–COOH) et/ou en fonction carbonyle (=CO), entraînant alors une combinaison avec le SO_2. Ces dérivés découlent du métabolisme de la vigne, de champignons (*Botrytis cinerea, Aspergillus...*), de bactéries lactiques et surtout de bactéries acétiques se développant sur les raisins. Leur présence, également signalée dans le jus de pomme et le cidre (Station cidricole de Long Ashton, Royaume-Uni), est particulièrement importante en cas de pourriture « grise » et surtout de pourriture « acide, aigre... ».

▸ Acide gluconique et glucololactones

Par oxydation de sa fonction aldéhyde –CHO, le glucose est transformé en acide gluconique, sans réaction avec le SO_2. En solution, l'acide gluconique est transformé partiellement en lactones (esters internes), la delta-gluconolactone (δ-1-5 gluconolactone) et la gamma-gluconolactone (γ-1-4 gluconolactone) (figure 3.27).

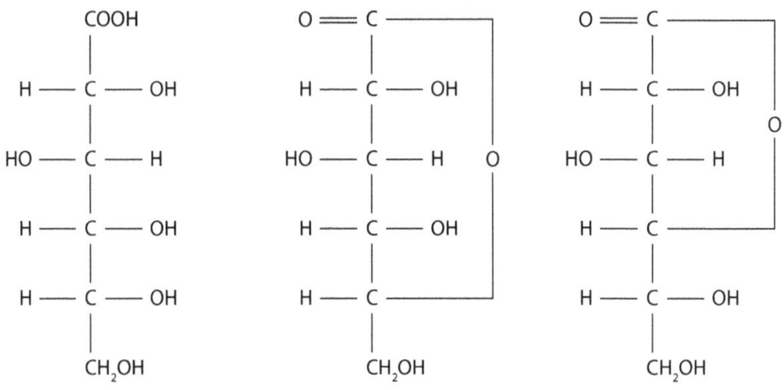

Acide gluconique — δ (ou 1,5)-gluconolactone — γ (ou 1,4)-gluconolactone

Figure 3.27 Formules de l'acide gluconique et de ses lactones

Ces **lactones combinant le SO_2** sont dans le rapport δ/γ d'environ 0,7 pour un total de lactones d'environ 10 à 20 % de la quantité d'acide gluconique. On dose facilement la forme acide libre, puis la forme totale après hydrolyse alcaline, par dosage enzymatique spécifique (Desenne et Blouin, 1980), ou l'acide total par dosage IRTF. Ce dosage est un excellent indicateur d'éventuels dégâts de pourriture grise car l'acide gluconique formé est très stable.

La présence d'acide gluconique dans les vendanges « eudémisées » (attaquées par le papillon *Lobesia botrana* ou « eudémis », une des « tordeuses » de la grappe avec la cochylis, la pyrale..., dont les chenilles dégradent les baies), a été signalée dès 1939, par Ventre. En fait, l'acide gluconique n'est pas formé par ces « vers de la grappe » mais par une glucose-oxydase secrétée par diverses bactéries acétiques se développant sur les raisins parasités (*cf.* ce qui concerne la pourriture acide, au paragraphe 3.7.3) à partir du glucose.

Acide gluconique et gluconolactones sont présents dans de nombreux fruits et sont des additifs largement utilisés dans les industries agroalimentaires (boulangerie, fromagerie, viandes et poissons...), sous les références E574 et E575 comme complexants des métaux, poudres levantes (boulangerie), antimicrobiens (fourrage) ou comme acidifiants doux (acidité gustative d'environ 30 % de celle de l'acide citrique, 20 % de celle de l'acide tartrique).

Les moûts et vins issus de raisin sain n'ont que des teneurs très faibles en acide gluconique total inférieures à 0,5-1 g/L comme indiqué par le tableau 3.12, où 56 % des 319 vins de tous types issus d'une trentaine de pays contiennent moins de 1 g/L d'acide gluconique.

Tableau 3.12 Teneurs en acide gluconique de 319 « vins du monde » divers, de tous types
Source : Citadelles du Vin

Teneur (g/L)	Fréquence (%)
< 0,2	27
0,2-1	29
1-2	27
2-5	9
> 5	8

On trouve des teneurs (beaucoup) plus élevées dans des vins issus de raisin pourri (figure 3.28), surtout en cas de « pourriture acide », avec des taux atteignant 2-10 g/L et jusqu'à 20-24 g/L pour une moyenne de 4 g/L sur 32 vins « liquoreux » (Barbe, 2000), voire 60 g/L (Sudraud, Chauvet et Joyeux, 1986) dans des cas extrêmes. Dans ces conditions, l'acide gluconique devient un constituant majeur dans le bilan acidimétrique des vins, mais sans grand impact gustatif direct.

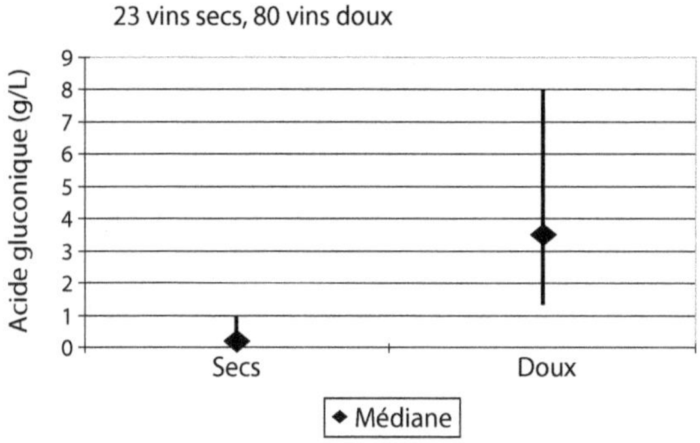

Figure 3.28 Teneurs en acide gluconique des vins secs et doux
Source : Chambre d'Agriculture de la Gironde, 1994-1995

Le taux d'acide gluconique n'évolue pratiquement pas lors de la fermentation alcoolique de l'élevage habituel. Il diminue seulement dans certains cas de dégradation par bactéries lactiques et/ou d'élevage très long. C'est parfois le cas de l'élevage en « *soleras* » de Jerez, avec par exemple un taux passant de 3,45 g/L sur moût issu de raisins pourris à 90 % à 2,10 g/L sur vin fermenté sans levurage (Perez, Valcarcel, Gonzalez, Domecq, 1991).

Sans fonction carbonyle, l'acide gluconique lui-même ne combine pas le SO_2, mais cette combinaison intervient par les lactones, pour environ 20 % du total. La constante de dissociation K_d du SO_2 / solution de lactones étant de **4 mmol/L**, on a :

C-$L50$ = 59 mg/L pour 1 g/L de gluconolactone, soit 5 g/L d'acide gluconique total

Cette combinaison SO_2-gluconate est (très) importante en cas de teneurs (très) élevées en acide gluconique consécutives à de (très) fortes attaques de « pourriture acide ».

Acide galacturonique

L'acide galacturonique (figure 3.29) est présent dans tous les raisins (et fruits), moûts et vins. C'est le produit de l'hydrolyse des pectines, constituées de chaînes de molécules d'acide galacturonique partiellement estérifiées. Sous l'action des enzymes pectolytiques naturelles et/ou ajoutées, l'acide est libéré, en quantités faibles, environ de 0,1 à 1 g/L. Son pouvoir de combinaison est limité : K_d **= 18 mmol/L**. D'où :

C-$L50$ = 13 mg/L pour 1 g/L d'acide galacturonique

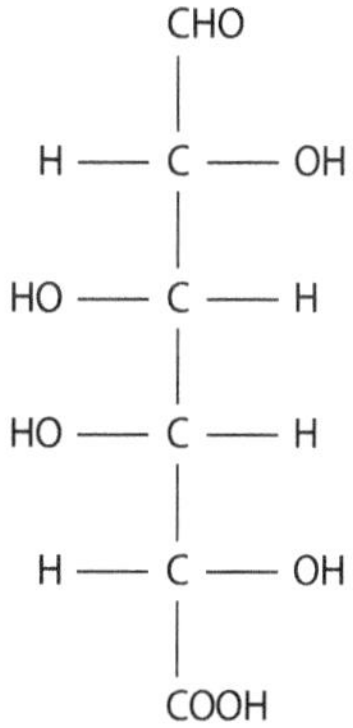

Figure 3.29 Acide galacturonique

Acide glucuronique

Déjà signalée par Ventre (1939), parfois contestée (Dimotaki-Kourakou, 1962), nous avons pu confirmer (Blouin et Peynaud, 1963) la présence de l'acide glucuronique (figure 3.30) par chromatographie sur papier échangeur d'ions (seule disponible à l'époque) et par dosage colorimétrique. Cette présence n'est notable que dans les moûts et vins issus de raisins ayant connu de forts développements de pourritures avec présence de bactéries. Les dosages récents (Barbe, 2000) ne révèlent que des teneurs faibles.

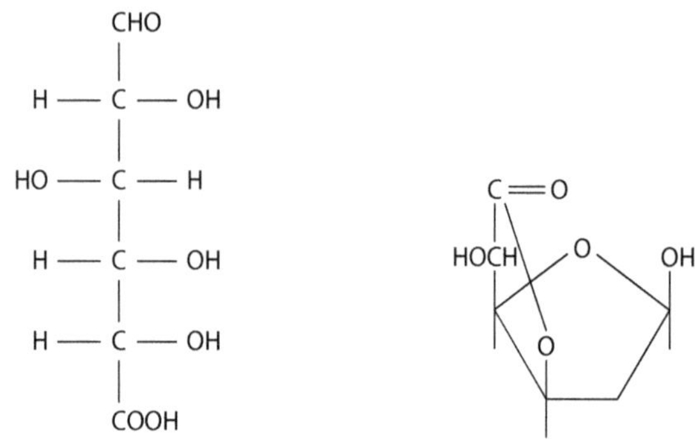

Acide glucuronique — Glucurone

Figure 3.30 Formule de l'acide glucuronique et de la glucurone (lactone de l'acide glucuronique)

Il y a présence simultanée de la forme acide libre, au pouvoir de combinaison du SO_2 faible (**K_d = 17 mmol/L**), et de la forme lactone (glucurone), plus réactive vis-à-vis du SO_2 (**K_d = 2,5 mmol/L**). D'où :

_C-L50_ = 5 mg/L pour 1 g/L d'acide glucuronique libre

_C-L50_ = 11 mg/L pour 1 g/L d'acide glucuronique sous forme glucurone

Tableau 3.13 Teneurs en acides uroniques (mg/L) des vins « liquoreux », selon divers auteurs

	Acide glucuronique		Acide galacturonique		Acide uroniques
Nombre	103	32	103	32	103
Minimum	t	1	110	116	200
Moyenne	**220**	**12**	**320**	**347**	**485**
Maximum	500	62	1 000	679	1 480
	Blouin, 1966	*Barbe, 2000*	*Blouin, 1966*	*Barbe, 2000*	*Blouin, 1966*

t : traces

Remarque : Acides glucuronique et galacturonique font partie du groupe des « acides uroniques ». Les teneurs observées dans diverses situations sont indiquées dans le tableau 3.13.

Acides cétogluconiques

Outre la formation d'acide gluconique, le développement de « pourritures acides » dues aux bactéries acétiques entraîne la formation d'autres dérivés du glucose puis de l'acide gluconique ayant une ou deux fonctions carbonyles, les **acides 2-céto-gluconique, 5-cétogluconique et 2,5-dicétogluconique**, déjà signalés dans les jus de pomme et cidres (figure 3.31). **Le 5-oxofructose et la xylosone,** non-acides, peuvent être rapprochés de ces composés acides. Les teneurs moyennes sont habituellement faibles mais peuvent devenir fortes en cas d'attaques bactériennes des raisins (tableau 3.14).

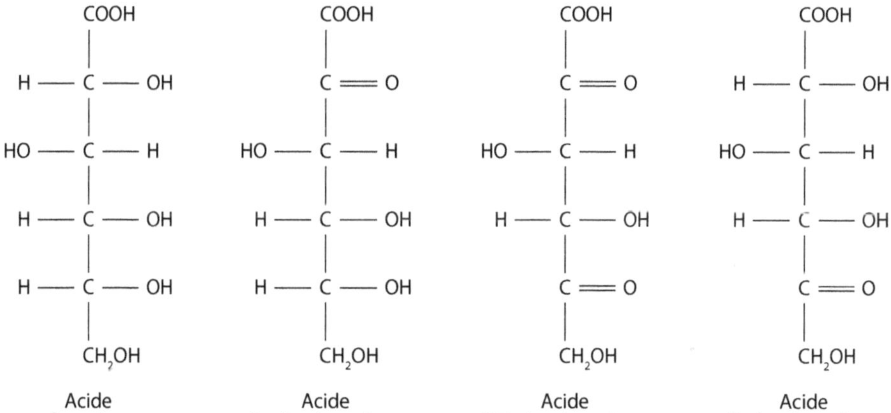

Figure 3.31 Formules des acides cétogluconiques

Tableau 3.14 Teneurs en acides cétogluconiques (mg/L) des vins « liquoreux »
Source : Barbe, 2000

	Acide 2-oxogluconique	Acide 5-oxogluconique	5-oxofructose
Minmum	1	1	20
Moyenne	**163**	**62**	**350**
Maximum	1 206	547	2 301

C-$L50$ = 12 mg/L pour 1 g/L d'acide 2-oxogluconique

C-$L50$ = 220 mg/L pour 1 g/L d'acide 2-5-oxogluconique

Remarque : Ces acides uroniques participent à l'équilibre acide des vins en ayant des valeurs pK de l'ordre de grandeur des autres acides organiques.

Oxofructose

Signalée dans les cidres par Whiting et Coggind (1963) sous le nom de 2-5-thréo-dikétohexose, la présence de **5-oxofructose** a été confirmée par Barbe (2000), qui en a réalisé la synthèse enzymatique directe à partir du fructose (figure 3.32). À l'aide de techniques analytiques récentes, il montre également qu'« il s'agit très certainement de ce que Guillou-Largeteau (1996) qualifiait d'hydoxypropanedial (CHO–CHOH–CHO) et de son isomère, la réductone (CHO–COH=CHOH), lié », avec des teneurs très faibles dans les raisins sains (moins de 10-20 mg/L) mais devenant importantes après de forts développements de pourriture (jusqu'à 500-1 000 mg/L).

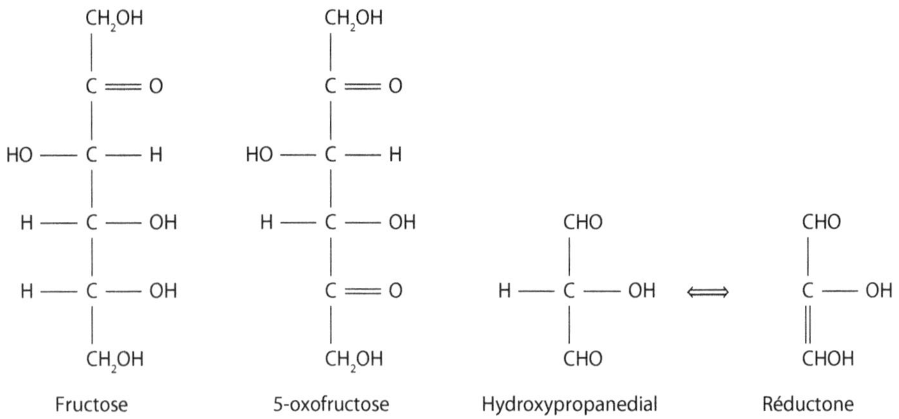

Figure 3.32 Formules du fructose, du 5-oxofructose, de l'hydroxypropanedial et de la réductone

À partir de certaines souches bactéries acétiques *Gluconobacter sp.*, isolées au vignoble, il apparaît une formation d'oxofructose par de 3 à 43 mg par gramme de fructose consommé.

Les teneurs observées (Barbe, 2000) dans les vins issus de raisins très pourris varient d'environ 100 à 200-2 000 mg/L selon les conditions. La constante de dissociation K_d est d'environ **0,4 mmol/L**. D'où le **potentiel de combinaison du SO_2 très élevé**, pouvant atteindre 10-15 % du SO_2 combiné total pour des vins issus de pourriture « noble » et près de 80 % en cas de pourriture « acide ».

$C\text{-}L50$ = 220 mg/L pour 1 g/L de 5-oxofructose

Xylosone

La xylosone (figure 3.33) a été signalée dans les cidres, dans les vins (Sapis, 1971) à des teneurs atteignant 0,5 mmol/L, soit quelques dizaines de milligrammes par litre et une faible quantité de SO_2 combiné.

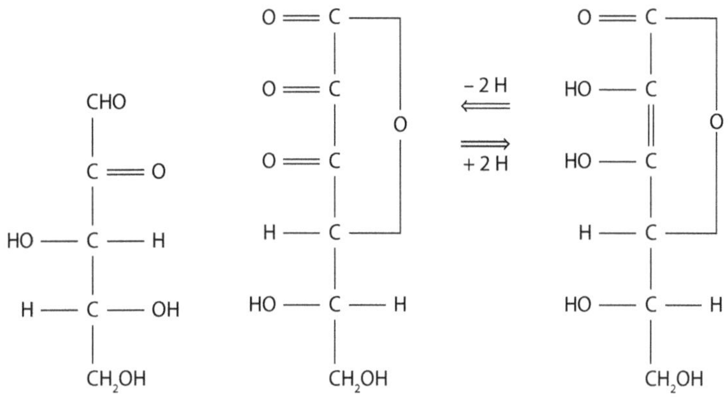

L-xylosone

Acide déhydroascorbique

Acide ascorbique

Figure 3.33 Formules de la xylosone et formation à partir de l'acide ascorbique

En résumé

L'ensemble de ces dérivés de sucres ont des constantes de dissociation faibles et donc un **potentiel de combinaison élevé**. Leurs teneurs sont très faibles dans les vins issus de raisins sains ou peu pourris mais deviennent importantes lors d'attaques de pourriture, surtout de **pourriture « aigre »** (tableau 3.15).

Tableau 3.15 Répartition dans les vins liquoreux de divers composés combinant le SO_2
Source : Barbe, 2000 (récolte 1997-1998)

Composé		1er décile	Médiane	9e décile
Acide gluconique	g/L	1	**3**	9
Acide 2.oxogluconique	mg/L	4	**67**	327
Acide 5.oxogluconique	mg/L	2	**16**	124
5.oxofructose	mg/L	2	**112**	1 296
Dihydroxyacétone	mg/L	1	**8**	159
Acide glucuronique	mg/L	1	**5**	28
Acide galacturonique	mg/L	186	**288**	610
Acide pyruvique	mg/L	6	**11**	28
*C-L*50	mg/L	105	**190**	410

Les acides carbonyliques

Le métabolisme de photosynthèse (cycle de Krebs, cycle de Calvin...) de la vigne produit de nombreux acides carbonyliques retrouvés dans les moûts. Ils sont alors métabolisés, ou non, par les levures, les bactéries des fermentations. Selon les cas, il y a disparition, transformation ou formation de nouvelles molécules. La transformation de l'acide tartrique (spécifique à la vigne) pourrait ajouter d'autres molécules. Pratiquement, seul un nombre limité de molécules joue un rôle important vis-à-vis du SO_2 (tableau 3.16).

Tableau 3.16 Combinaison du SO_2 par les acides carbonyliques

Nom	Formule	g/mol	K_d (mmol/L)	Teneurs (mg/L)			*C-L*20 (mg/L)	
				Moyenne (vins secs)	Moyenne (vins liquoreux)	Maximum	Moyenne (vins secs)	Moyenne (vins liquoreux)
Ac. pyruvique	CH_3-**CO**-COOH	88	**0,3**	50	**150**	300	18	56
Ac. oxoglutarique	COOH-**CO**-CH_2-CH_2-COOH	146	**0,5**	100	**150**	300	17	25
Ac. oxalacétique	COOH-**CO**-CH_2-COOH	132	**0,2**					
Ac. glyoxylique	**CHO**-COOH	74	**0,008**	5	**5**		4	4
Ac. dihydroxymaléique	COOH-CHOH-**CO**-COOH	148	**0,1**					
Ac. dihydroxytartrique	COOH-**CO**-**CO**-COOH	146	**200**					

Remarque : Les principaux acides carbonyliques des moûts et vins ont pu être caractérisés par chromatographie sur papier, puis quantifiés à partir de la mise au point des dosages enzymatiques, pour la première fois en œnologie (Blouin et Peynaud, 1963). Ces dosages sont devenus simples, rapides, très fiables et à prix acceptables pour de très nombreux constituants d'intérêt œnologique avec les analyseurs séquentiels modernes (Blouin et Dubernet, 1994). Ces dosages d'acide pyruvique, d'acide oxoglutarique et d'éthanal mériteraient d'être usuels, notamment pour tous les vins issus de raisins (très) pourris et/ou au pouvoir de combinaison du SO_2 élevé.

Acide pyruvique (acide 2-oxopropanoïque)

Il est présent dans tous les raisins (et autres fruits, légumes...), formé dans le cycle de Krebs dont il est la « porte d'entrée » (figure 3.34). Les moûts de raisins sains contiennent 10-60 mg/L d'acide pyruvique.

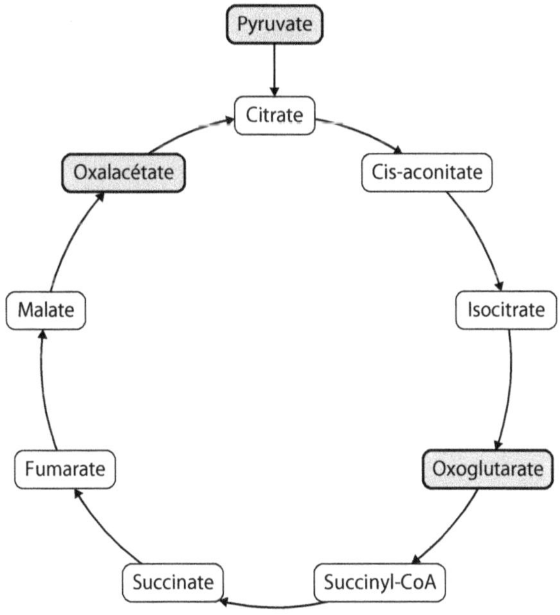

Figure 3.34 Présence des acides carbonyliques des moûts et vins dans le cycle de Krebs

Il se forme également lors de la fermentation alcoolique dont il est le produit final, avant sa transformation surtout en éthanal, puis en éthanol, mais aussi en divers autres composés carbonylés (figure 3.35).

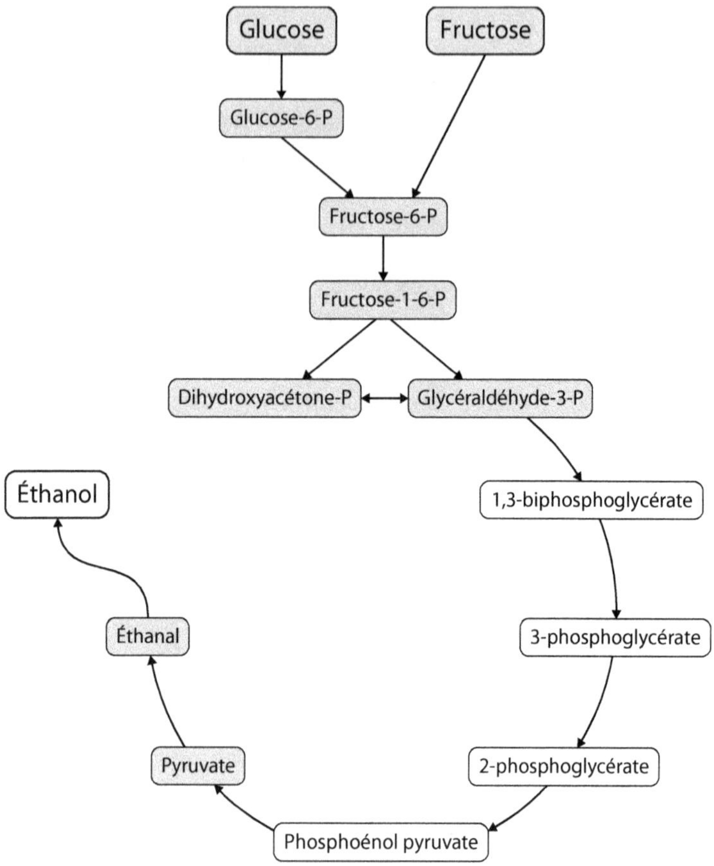

Fermentation alcoolique des sucres du raisin

(en grisé, composés carbonylés)

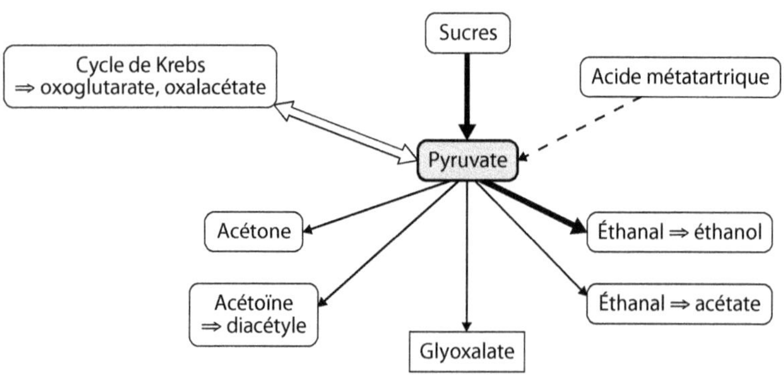

Acide pyruvique et composés carbonylés

Figure 3.35 Principales voies métaboliques du pyruvate dans les moûts et vins

La teneur en acide pyruvique passe par un maximum vers la mi-fermentation (figure 3.36), avec une teneur finale plus élevée en cas de fin de fermentation languissante, ou en anaérobiose, après sulfitage.

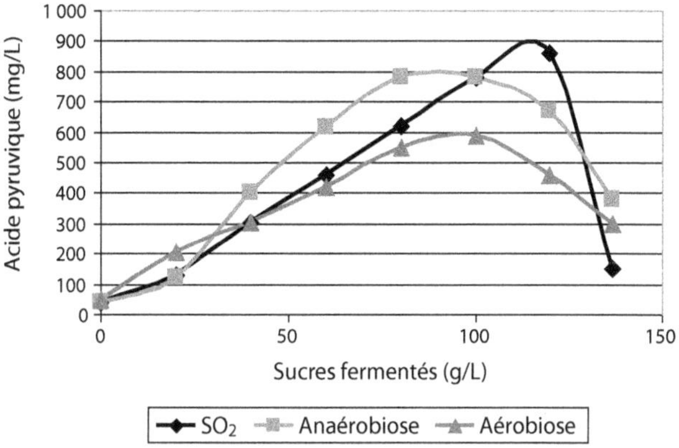

Figure 3.36 Évolution de la teneur en acide pyruvique en cours de fermentation alcoolique
Source : Blouin, 1966

La production fermentaire varie selon les souches de levures (LSA) utilisées, par exemple de 47 à 87 mg/L pour des moûts de pinot noir (Wells et Osborne, 2011) et de 3 à 927 mg/L pour des cidres (Jarvis et Lea, 2000). Les résultats favorables de S. Lafon-Lafourcade, J. Blouin, P. Sudraud et É. Peynaud (1967) ont abouti à autoriser l'emploi de la thiamine en œnologie (*cf.* chapitre 7) avec réduction importante du taux final d'acide pyruvique. Les sels d'ammonium et les extraits de levure peuvent avoir une action complémentaire.

L'acide pyruvique intervient également dans le métabolisme de l'acide lactique et, de façon plus rare et limitée, comme impureté de l'acide métatartrique[1]. Les figures 3.37 et 3.38 indiquent la fréquence des teneurs des vins en acide pyruvique dans diverses situations.

Sa teneur finale est nettement réduite par fermentation malolactique, mais cette transformation n'est pas souhaitée dans tous les vins, notamment dans les vins doux où il y a un risque fort de déviation vers la piqûre lactique.

1. Son nom allemand « *brenztraubensaüre* » (« acide de raisin brûlé ») se trouve expliqué lors de la fabrication de l'acide métatartrique libérant de l'acide pyruvique, à l'odeur caractéristique de « brûlé ».

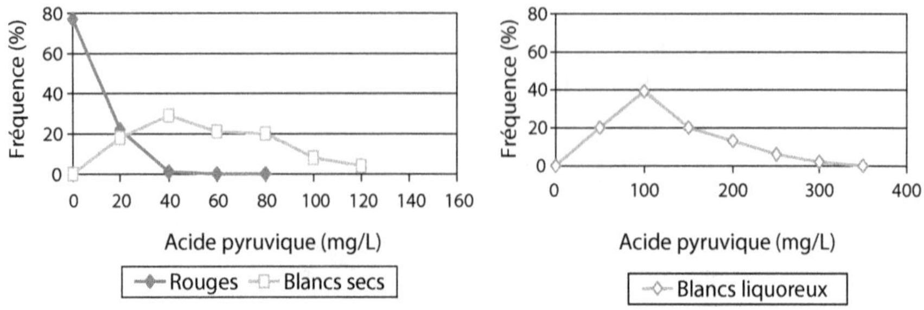

Figure 3.37 Teneurs en acide pyruvique selon le type de vin
Source : Chambre d'Agriculture de la Gironde, 1995

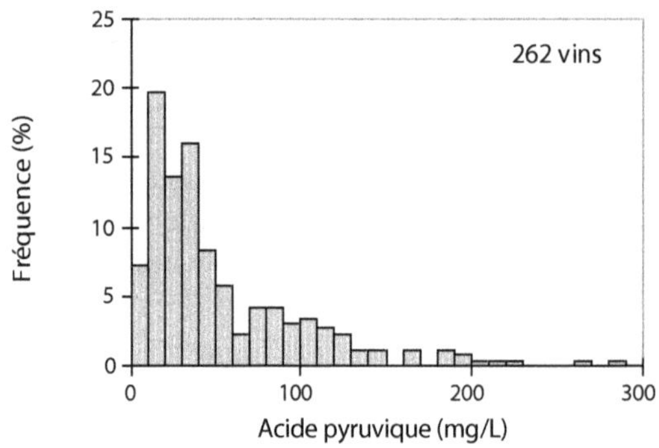

Figure 3.38 Répartition de la teneur en acide pyruvique de différents vins
Source : Chambre d'Agriculture de la Gironde, 1986-1992

Acide oxoglutarique (α-cétoglutarique)

Il se forme dans tous les raisins, lors du cycle de Krebs (*cf.* figure 3.34), par le métabolisme azoté en équilibre avec l'acide glutamique[1] (figure 3.39) de façon plus abondante en cas de pourriture et avec les moûts blancs bourbeux (figure 3.40).

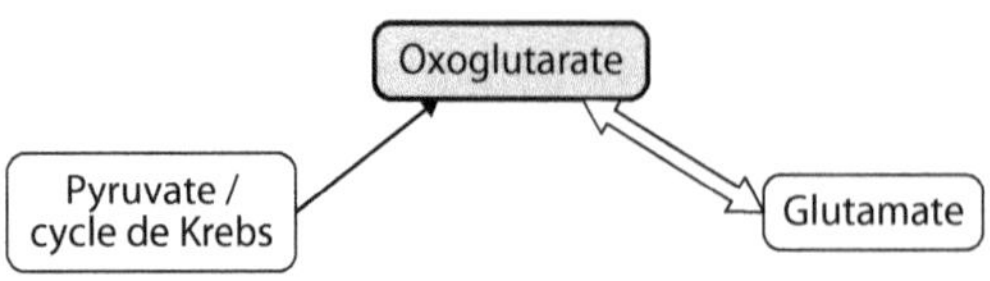

Figure 3.39 Métabolisme schématique de l'acide oxoglutarique dans les moûts et vins

1. C'est la réaction mise en œuvre lors du dosage enzymatique de l'acide oxoglutarique ou de l'acide glutamique par le glutamate-déshydrogénase en présence de NADH ou NAD.

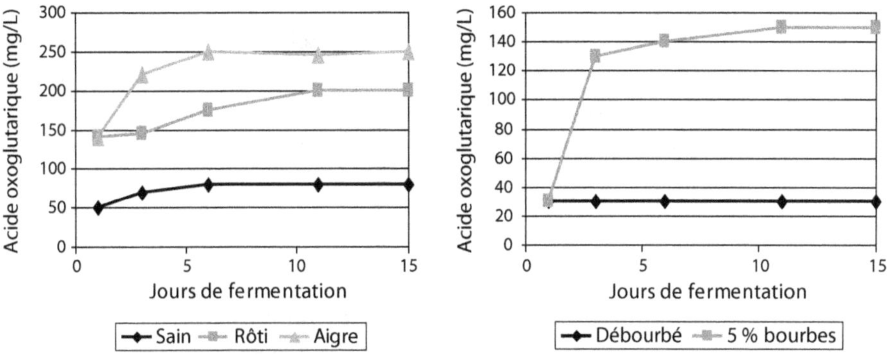

Figure 3.40 Influence de la pourriture (à gauche) et des bourbes (à droite) sur le taux d'acide oxoglutarique
Source : Chambre d'Agriculture de la Gironde, 1998

Sa teneur augmente lors de la fermentation alcoolique pour se stabiliser (figure 3.41). Cette augmentation varie selon les souches de levures, par exemple de 46 à 63 mg/L pour des moûts de pinot noir (Wells et Osborne, 2011) et de 2 à 223 mg/L pour des cidres (Jarvis et Lea, 2000) mais le plus souvent de 10 à 50 mg/L. Les adjuvants de fermentation, dont la thiamine (*cf.* chapitre 7), ont une action favorable, parfois plus limitée que pour l'acide pyruvique.

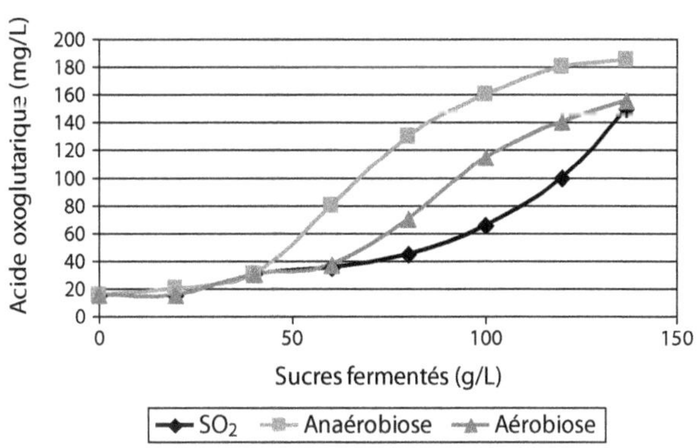

Figure 3.41 Évolution de l'acide oxoglutarique en cours de fermentation alcoolique
Source : Blouin, 1966

Les figures 3.42 et 3.43 indiquent la fréquence des teneurs des vins en acide oxoglutarique dans diverses situations.

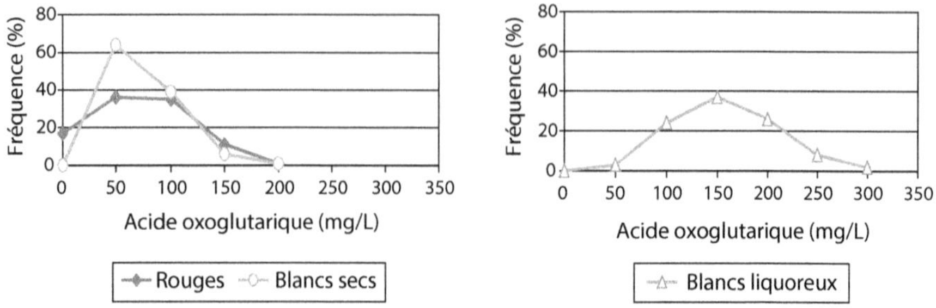

Figure 3.42 Teneurs en acide oxoglutarique selon le type de vin
Source : Chambre d'Agriculture de la Gironde, 1995

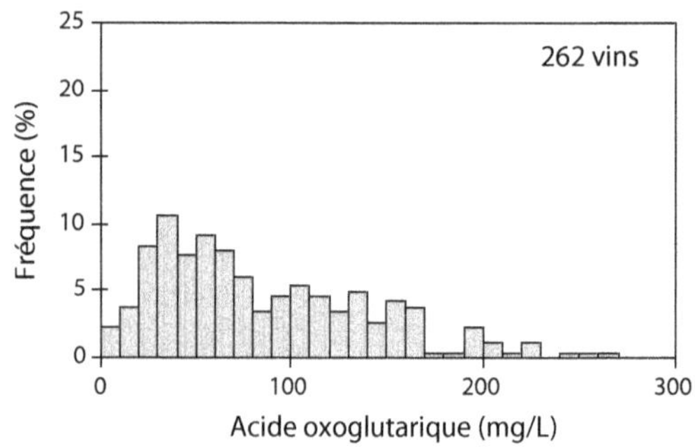

Figure 3.43 Répartition de la teneur en acide oxoglutarique de différents vins
Source : Chambre d'Agriculture de la Gironde, 1986-1992

Acide oxalacétique (2-oxobutanedioïque)

Cet acide joue un rôle important dans le cycle de Krebs mais sa teneur dosée est toujours très faible (quelques milligrammes par litre) dans les moûts et vins et donc son rôle vis-à-vis du SO_2 reste limité.

Acide glyoxylique (oxoacétique)

Il est présent en faible quantité dans les moûts (Blouin, 1963). Formé par le cycle de Krebs, il est plus abondant en début de maturation et après développement de la pourriture. Sa teneur diminue d'environ 50 % lors de la fermentation alcoolique. Il se forme à partir de l'oxydation de l'acide tartrique en solution, mais ce mécanisme semble peu important dans les vins. On en trouve seulement 4 mg/L dans un vin de Banyuls ou un « *fino* » de Jerez et 9 mg/L dans un vin blanc très oxydé. La moyenne est de 7 mg/L (figure 3.44). Malgré un très fort pouvoir de combinaison du SO_2 (K_d = 0,008 mmol/L), son impact technologique sur le SO_2 est habituellement négligeable.

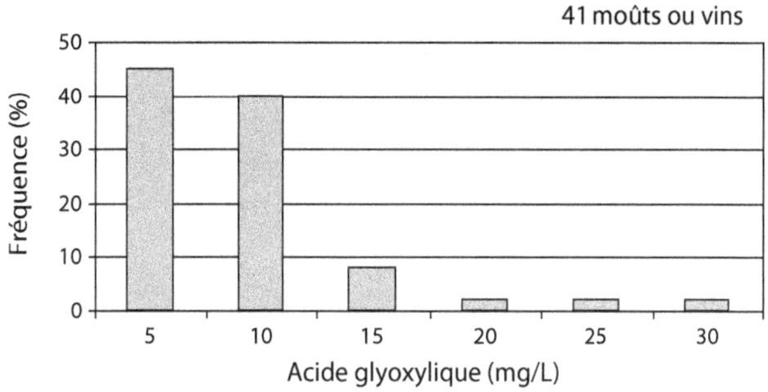

Figure 3.44 Fréquence des teneurs en acide glyoxylique des moûts et vins
Source : Blouin, 1966

Autres acides carbonyliques

La figure 3.45 schématise la présence de divers composés carbonylés pouvant apparaître dans le raisin ou lors des fermentations. La plupart d'entre eux restent à des teneurs finales faibles, et donc sans combinaisons importantes avec le SO_2. C'est le cas de **l'acide α-cétobutyrique** (0,2 à 15 mg/L ; moyenne 2,9 mg/L), issu soit de la désamination de la thréonine par les levures, soit de la dégradation oxydative de l'acide ascorbique. Réagissant avec l'éthanal, il produit du sotolon, un composé aromatique à odeur de « noix, curry, figue sèche... ». Présent dans les vins de type oxydatif (nombreux VDN-VDL, vins jaunes...), il participe aussi à l'« arôme de vieillissement » des vins blancs secs, mal protégés des oxydations (Pons, 2007).

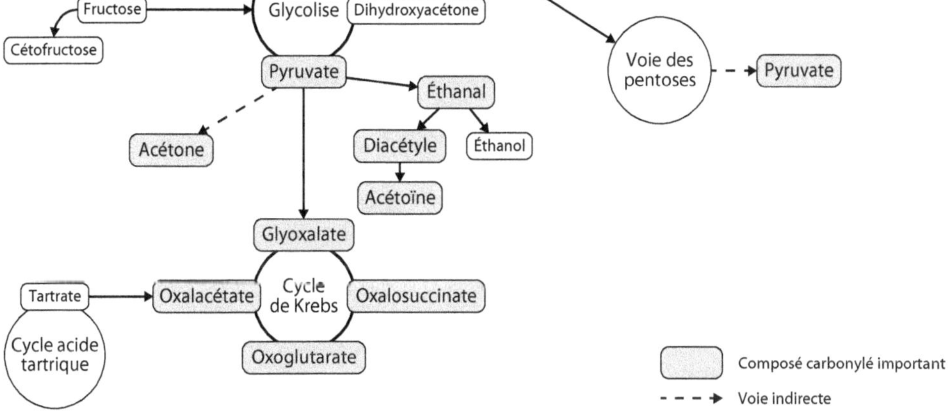

Figure 3.45 Métabolisme schématique de quelques composés carbonylés

Acides carbonyliques et caractère acide

Les divers acides combinant le SO_2 interviennent dans le bilan acidimétrique des moûts et vins, en fonction de leur pK (tableau 3.17) et de leur teneur. Seul l'acide gluconique, pouvant être abondant, et parfois l'acide pyruvique, à pK faible, peuvent jouer un rôle gustatif direct notable.

Tableau 3.17 Valeurs du pK des principaux acides dans les moûts (TAV = 0 % vol.) et vins (TAV = 12 % vol.)
Source : Devatine, 2002

Acide	TAV (% vol.)	
	0	12
H_2SO_4-2	1,76	1,85
H_2SO_3-1	1,75	1,99
Pyruvique	2,72	2,75
Tartrique-1	3,10	3,23
Citrique-1	3,15	3,44
Glucuronique	3,26	3,50
Malique-1	3,47	3,68
Galacturonique	3,50	3,99
Gluconique	3,81	4,06
Lactique	3,89	4,40
Succinique-1	4,21	4,72
Tartrique-2	4,58	4,72
Acétique	4,76	4,89
Citrique-2	4,72	4,93
Malique-2	5,10	5,32
Succinique-2	5,63	5,67

Les aldéhydes et cétones neutres

Depuis plus d'un siècle, on connaît le rôle important de l'éthanal (acétaldéhyde) dans la combinaison du SO_2 *via* sa formation constante par la fermentation alcoolique, l'oxydation de l'éthanol. On a observé divers autres aldéhydes et cétones pouvant avoir un rôle biochimique, organoleptique ou à l'égard du SO_2 (tableau 3.18).

Tableau 3.18 Combinaison du SO_2 par les aldéhydes et cétones neutres

Nom	Formule	g/mol	K_d (mmol/L)	Teneurs (mg/L)			C-L20 (mg/L)	
				Moyenne (vins secs)	Moyenne (vins liquoreux)	Maximum	Moyenne (vins secs)	Moyenne (vins liquoreux)
Éthanal	CH_3-**CHO**	44	**0,002**	50	100	250	72	144
Glycolaldéhyde	CH_2OH-**CHO**	60	**0,02**					
Glycéraldéhyde	CH_2OH-CHOH-**CHO**	90	**0,4**	3	20	30	1	6
Dihydroxyacétone	CH_2OH-**CO**-CH_2OH	90	**2,5**		50			4
Acétoïne	CH_3-**CO**-CHOH- CH_3	88	**100**					
Diacétyle	CH_3-**CO**-**CO**- CH_3	86	**0,2**					
Acétone	CH_3-**CO**-CH_3	58	**3,8**					
Furfural	C_4H_3O-**CHO**	96	**0,5**					
Hydroxyméthylfurfural	$C_5H_5O_2$-**CHO**	124	**0,3**					
Glyoxal	**CHO-CHO**	58	**0,15**	1	60	100	1	45
Méthylglyoxal	CH_3-CO-CH=O	72	**0,16**	2	20		1	12

Éthanal

C'est un produit intermédiaire de toute fermentation alcoolique résultant de la décarboxylation de l'acide pyruvique avant sa réduction en éthanol. Il est présent dans tous les vins à la dose de 20-50 mg/L en conditions normales, plus élevées en cas de fermentations languissantes, en cas de carence en thiamine. La teneur maximale est observée en début de fermentation, lors de la phase de croissance exponentielle de la population de levures. Elle est suivie d'une diminution, puis d'une remontée en cas de conservation en présence d'oxygène (figure 3.46). La teneur varie également selon les souches de levures, par exemple de 10 à 30 mg/L en fin de fermentation (O'Neil, 2009). Pour éviter des teneurs trop élevées, nuisibles à la qualité des eaux-de-vie, la station viticole de Cognac a agréé certaines souches de LSA à faible production d'éthanal (2012). On réduit son taux final par addition de thiamine (*cf.* chapitre 7). La fermentation malolactique peut dégrader une fraction d'éthanal.

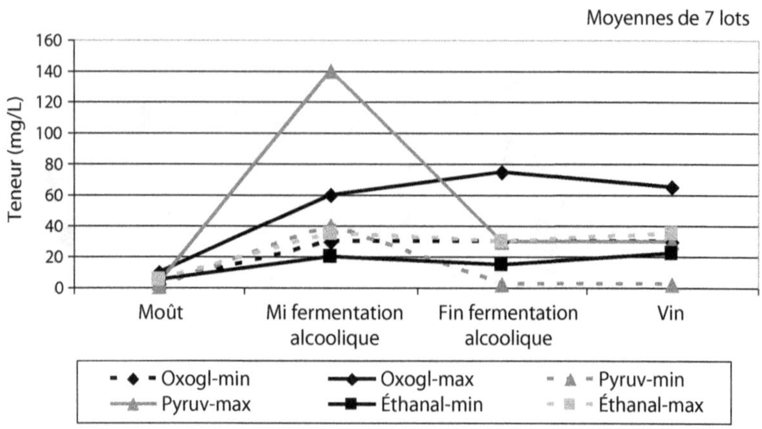

Figure 3.46 Évolution de l'éthanal, de l'acide pyruvique et de l'acide oxoglutarique en cours de fermentation alcoolique

Il y a aussi formation importante d'éthanal lors du mutage des vins moelleux, comme produit de réaction de la levure à la présence du SO_2 (*cf.* chapitre 4) avec des teneurs pouvant être très élevées, jusqu'à 100-200 mg/L.

La formation d'éthanal dans les vins, par oxydation directe de l'éthanol, est normalement limitée, négligeable ou nulle, sauf en cas de sulfitage insuffisant, d'oxygénations accidentelles ou provoquées excessives. L'emploi préventif raisonné du sulfitage, après fermentations, est l'outil le plus efficace pour empêcher cette accumulation d'éthanal exigeant des sulfitages ultérieurs curatifs pouvant se révéler excessifs. Les aérations, souvent utiles, sont à conduire et contrôler rigoureusement. Les récipients doivent être équipés de dispositifs d'inertage efficaces.

La formation d'éthanal d'origine oxydative est acceptée (« vieux » tokay...) ou même recherchée pour divers vins de « type oxydatif » (certains jerez, banyuls, portos, « rancios », vins jaunes...).

La constante de dissociation K_d **est très faible, d'environ 0,0024 mmol/L** comme pour l'ensemble des aldéhydes (méthanal, propanal...), absents ou très peu abondants dans les vins. Avec une teneur finale de 20 à 40 mg/L, il y a donc présence de 30 à 60 mg/L de SO_2 combiné dans tous les vins. Lorsque la différence entre SO_2 total et SO_2 libre est inférieure à ces valeurs, il convient de vérifier les dosages avant validation éventuelle. La combinaison SO_2-éthanal est alors très stable mais jamais totale (*cf.* § 3.6.2).

C-$L20$ = 145 mg/L pour 100 mg/L d'éthanal

Rappelons ici que, en **l'absence de SO_2 libre**, il y a présence d'éthanal libre et donc odeur caractéristique (pomme, fruit blet, « évent ») jugé désagréable dans la quasi-totalité des cas. Les figures 3.47 et 3.48 indiquent les fréquences des teneurs en éthanal de divers vins. On observe aussi la présence de nombreux autres composés aldéhydiques et cétoniques, à des doses très faibles. Ils ont un effet olfactif certain mais sans impact sur le bilan de la combinaison du SO_2.

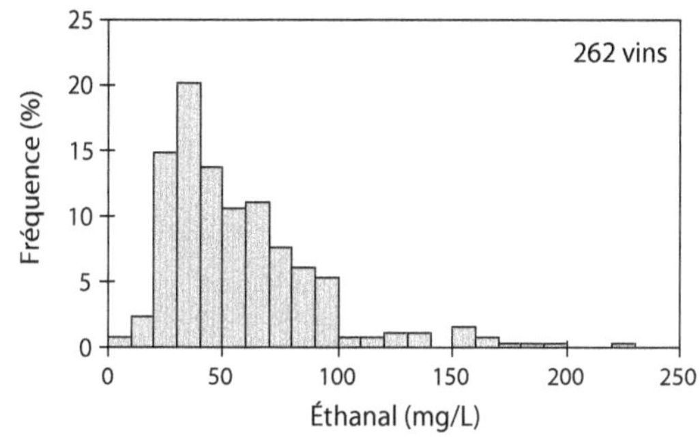

Figure 3.47 Répartition de la teneur en éthanal de différents vins
Source : Chambre d'Agriculture de la Gironde, 1986-1992

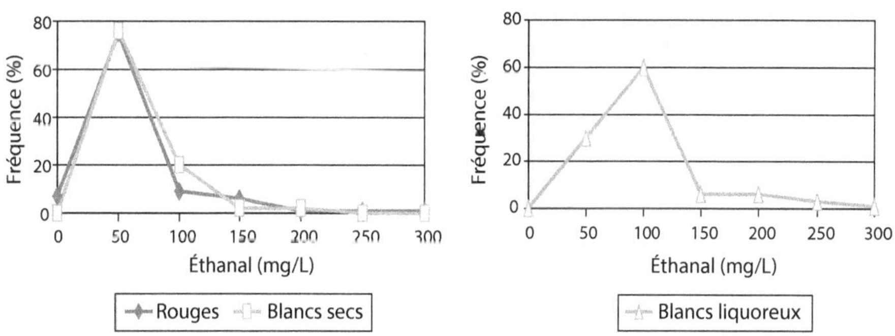

Figure 3.48 Teneurs en éthanal selon le type de vin
Source : Chambre d'Agriculture de la Gironde, 1995

Glycéraldéhyde et dihydroxyacétone

Le glycérol (CH_2OH-$CHOH$-CH_2OH) est oxydé en dihydroxyacétone (CH_2OH-CO-CH_2OH) par plusieurs espèces de bactéries acétiques (*Gluconobacter oxydans*, *Acetobacter aceti*, *A. pasteurianus*). Une fraction est transformée en son isomère, la glycéraldéhyde (CH_2OH-$CHOH$-CHO), moins abondante. Dans les deux cas, il y a une forte diminution d'environ 80 % lors de la fermentation alcoolique (tableau 3.19). Avec des valeurs de K_d assez faibles (*cf.* tableau 3.18), leur rôle dans la combinaison finale des vins devient important en cas de teneurs élevées observées dans certains vins issus de raisins très pourris.

Tableau 3.19 Répartition dans les moûts ou vins liquoreux de divers composés combinant le SO_2
Source : Barbe, 2000 (récolte 1997-1998)

Composé		Moûts (32)			Vins (41)			Vin/moût		
		1er décile	Médiane	9e décile	1er décile	Médiane	9e décile	1er décile	Médiane	9e décile
Glyoxal	mg/L	0,5	**1,4**	2,1	0,3	**0,9**	1,8	60	**64**	86
Méthylglyoxal	mg/L	3,5	**10,3**	29,0	1,0	**2,0**	3,4	29	**19**	12
Dihydroxyacétone	mg/L	4,2	**16,5**	73,0	1,0	**3,5**	8,0	24	**21**	11
Glycéraldéhyde	mg/L	9,1	**16,0**	42,9	1,0	**3,0**	10,0	11	**19**	23

Glyoxal et méthylglyoxal

Le glyoxal (CHO–CHO) et le méthylglyoxal (CH_3–CO–CHO) (figure 3.49) sont présents dans divers produits fermentés (yaourt, bière) mais aussi les moûts et vins. Ils sont produits à partir de glycéraldéhyde/dihydroxyacétone issue des sucres par les bactéries, le *Botrytis cinerea* et certaines levures oxydatives se développant sur les raisins.

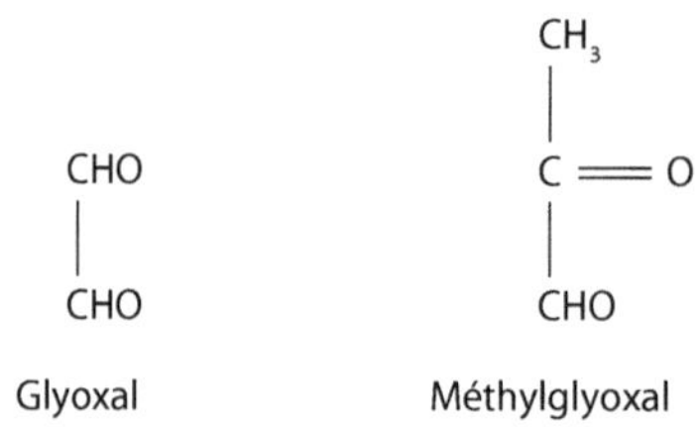

Figure 3.49 Formules du glyoxal et du méthylglyoxal

Le tableau 3.19 fournit les teneurs des moûts et celles, plus faibles, des vins. Ces deux composés ont un fort pouvoir de combinaison du SO_2 ($K_d \approx 0{,}15\text{-}0{,}16$ mmol/L) et jouent un rôle notable dans certains moûts et vins issus de raisins très pourris (Guillou-Largeteau, 1996 ; Barbe, 2000).

Acétoïne et diacétyle

La fermentation des sucres par les levures pour la production d'éthanol passe par la formation d'éthanal (CH_3–CHO). Une fraction est transformée en **diacétyle** (CH_3–CO–CO–CH_3) partiellement réduit en **acétoïne** (CH_3–CO–CHOH–CH_3). Les bactéries lactiques forment de l'acétoïne puis du diacétyle, à partir de l'acide citrique. C'est le mécanisme principal de formation du caractère « beurré » fréquent après fermentation malolactique, surtout dans les vins blancs. Les teneurs formées, ne dépassant pas quelques (fractions de) milligrammes par litre, sont sans influence sur la combinaison du SO_2.

Furfural et hydroxyméthylfurfural (HMF)

Furfural et hydroxyméthylfurfural sont des produits constants du chauffage des sucres, du brûlage de la lignine du bois... On en trouve dans les vins élevés en barriques fabriquées avec (fort) brûlage, jusqu'à 10-15 mg/L. Ils jouent un rôle important dans le caractère « brûlé, grillé, empyreumatique... », mais négligeable à l'égard de la combinaison du SO_2.

Glycolaldéhyde

La glycolaldéhyde ($CH_2OH-CHO$), probable dérivé de l'acide glycolique signalé dans les raisins et vins (G. Ribéreau-Gayon, 1964), a été observée et dosée à quelques milligrammes par litre de vin (Blouin, 1966). Son rôle vis-à-vis du SO_2 est très limité.

Divers

Le tableau 3.20 présente la combinaison du SO_2 et de divers composés.

Tableau 3.20 Combinaison du SO_2 par divers composés

Nom	g/mol	K_d (mmol/L)	Teneurs (mg/L)			C-L20 (mg/L)	
			Moyenne (vins secs)	Moyenne (vins liquoreux)	Maximum	Moyenne (vins secs)	Moyenne (vins liquoreux)
Malvidine 3 glucoside	510	**0,06**	500			(53)	
Tanins	(1 000)*	**0,4**	3 000			(84)	
Triosephosphate	170	**0,15**	1	1		0,3	0,3
Dihydroxyacétone-P							
Fructose phosphate 1,6	340	**300**	1	1			

* Valeur indiative, pour un dimère.
Chiffres entre parenthèses : valeurs indicatives.

Composés phénoliques

La réaction SO_2-composés phénoliques est directement perçue par la décoloration des anthocyanes et des tanins oxydés des vins blancs. L'aspect quantitatif de ces réactions est mal connu car la plupart de ces composés n'existent que sous forme de molécules complexes, évolutives dans le temps, peu ou pas disponibles dans un état pur et stable, correspondant à la diversité des vins.

Sur les vins blancs et leur brunissement, le SO_2 intervient en réduisant les formes oxydées des polyphénols (*cf.* § 4.3).

Dans les vins rouges, il y a réaction directe entre le SO_2 et les anthocyanes sous forme ionisée A^+ rouge vif (*cf.* § 4.4.1).

$$A^+ + SO_2 \overset{K_s}{\leftrightarrow} A\text{-}SO_2$$

La valeur de la constante de dissociation K_s a été mesurée par Burroughs (1975), Brouillard et Hage Chahine (1979), Boulton (2002) et calculée à partir des mesures de Glories (1984). Selon les produits examinés et les conditions de mesure, on a des valeurs de K_s comprise entre 0,01 et 0,17 mmol/L, le plus souvent vers 0,01-0,1 mmol/L.

Pour une teneur en anthocyanes de 500 mg/L (≈ 1 mmol/L), selon la valeur de la constante de dissociation utilisée pour le calcul, on a *C-L*20 = 48 à 62 mg/L (figure 3.50). La quantité de SO_2 combiné est beaucoup plus faible en considérant la seule forme ionisée A+, allant d'environ 10 à 20 % des anthocyanes totales entre pH 3,4 et 3,8.

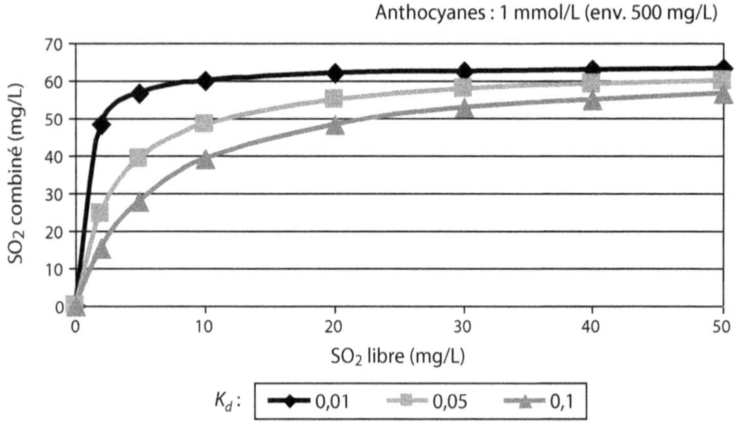

Figure 3.50 Combinaison SO_2-anthocyanes selon la valeur de la constante de dissociation K_d (mmol/L)

Les mesures de Glories montrent une augmentation de la valeur de K_d avec le pH, et donc une diminution de la combinaison SO_2-anthocyanes. Cette « libération » de SO_2 libre (figure 3.51) pourrait contribuer à expliquer la stabilité microbiologique des vins rouges de pH élevé et donc à teneur faible en SO_2 actif calculé.

Les calculs de constante de dissociation **SO_2-polyphénols** sont peu accessibles car on ne dispose pas de polyphénols « viniques » individualisés, stables. Dans les vins, ils sont en réactions continues entre eux et avec les produits d'oxydoréduction.

Sur une solution de « **tanin de raisin** », de structure mal définie, nous avons mesuré K_d = 0,4 mmol/L. À partir d'une teneur en « tanins » de 4 g/L (IPT ≈ 60) et une masse molaire de 1 000 (soit environ une molécule dimère), on a la valeur théorique *C-L20* = 112 mg/L. Cette valeur est probablement surestimée.

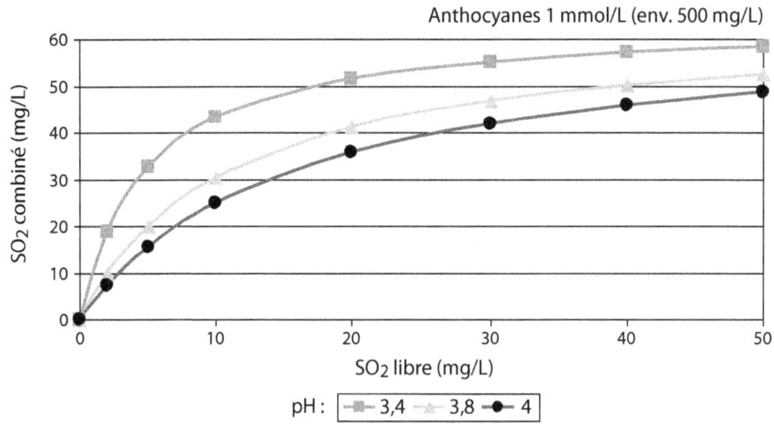

Figure 3.51 Combinaison SO_2-anthocyanes selon le pH
Source : Glories, 1984

Pour Vivas et Glories (1995), les composés phénoliques combinent de 20 à 48 % du SO_2 ajouté, majoritairement par les tanins-polysaccharides, soit **environ 30 à 75 mg de SO_2 par litre en présence de 150 mg/L de SO_2 total**. P. Ribéreau-Gayon et coll. (1998) indiquent une combinaison du même ordre de grandeur, de **20 mg/L de SO_2 combiné par gramme de « tanins »**.

Les bilans de SO_2 combiné avec des composés identifiés et dosés dans les vins rouges et rosés font apparaître des écarts importants, suggérant une probable interférence de réactions complexes SO_2-composés phénoliques-éthanal (*cf.* § 3.7.2).

Malgré les incertitudes de mesure sur ces composés très complexes et évolutifs, il apparaît que :

- **les composés phénoliques peuvent combiner plusieurs dizaines de milligrammes de SO_2 par litre de vin rouge, beaucoup moins dans les vins blancs** ;
- il y a intervention des anthocyanes, des « tanins » et de l'éthanal de façon interactive ;
- on ne peut pas réduire leurs teneurs en respectant le type de vin ;
- on doit prendre en compte leur rôle estimé avant tout sulfitage des vins rouges.

Dérivés phosphorylés

Lors de la fermentation, il se forme divers composés avec des liaisons chimiques phosphate-carbonyle, tel le fructose-1-6-phosphate (F-1-6-P) et la dihydroxyacétone-phosphate (DHA-P), facilement dosables par voie enzymatique. Peynaud, Sudraud et Lafon-Lafourcade (1973) ont montré que ces intermédiaires étaient pratiquement absents dans les vins après fermentation.

Acide dioxytartrique et autres dérivés de l'acide tartrique

L'acide tartrique en solution aqueuse et en présence de traces de fer, cuivre... fait l'objet de réactions complexes allant jusqu'à la libération de CO_2 après formation de nombreux composés intermédiaires ayant des fonctions carbonyles. Le phénomène est connu depuis très longtemps (Fenton, 1886 ; Warbug, 1914) et a été longuement étudié par Baraud (1954). Des études plus récentes (Blouin, 1966 ; Nivelle et Blouin, 1995) confirment ces résultats, en solutions simples d'acide tartrique.

Après 60 jours, des solutions de 5 g/L d'acide tartrique dans l'éthanol 12 % vol. (plus 2 à 4 mg/L de fer et/ou cuivre) sulfitées à 200 mg de SO_2 par litre ont de 7 à 83 mg/L de SO_2 combiné, une baisse d'acide tartrique de 0 à 1,2 g/L. La chromatographie montre la présence de divers composés carbonylés, confirmée par le dosage colorimétrique de l'acide glyoxylique. La figure 3.52 schématise les principales réactions chimiques proposées.

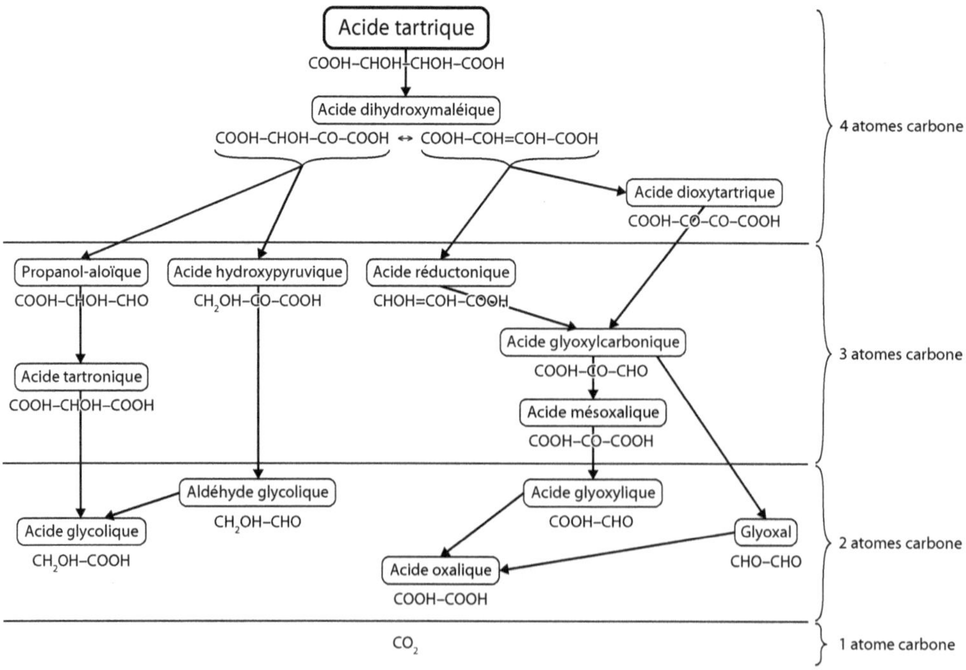

Figure 3.52 Réactions d'oxydation-décarboxylation de l'acide tartrique en solution
Source : Barraud, 1954

Ce mécanisme (peu étudié) n'a pas été confirmé directement dans les moûts ou vins. On pense que l'oxydation de l'acide tartrique y est profondément modifiée par la présence de divers composés plus oxydables jouant un rôle protecteur.

3.7 Évolutions et bilans du SO_2 dans les moûts et vins

Pour tous les vins, il est aujourd'hui facile d'établir un premier bilan du SO_2 libre/combiné à partir des dosages de l'éthanal, de l'acide pyruvique et de l'acide oxoglutarique par méthodes enzymatiques rapides et économiquement raisonnables avec les appareils automatisés. La différence entre le SO_2, combiné à ces trois composés, et le SO_2 combiné total fait apparaître le **« SO_2 résiduel », souvent très faible et techniquement négligeable pour les vins secs.** Ces dosages méritent d'être très usuels, y compris pour les vins rouges/rosés, avant ou après le premier sulfitage des vins.

Le « SO_2 résiduel » ne devient (souvent) important que pour les vins issus de raisins atteints par diverses formes de pourriture. Les dosages complets des composés intervenant dans ce cas sont plus complexes (chromatographie liquide...) et rares. La détermination simple du « **carbonyle équivalent** » **(CBE)** pallie facilement cette difficulté analytique en mesurant directement les conséquences sur la combinaison du SO_2.

3.7.1 Les vins blancs secs

Dans ces vins, le SO_2 est presque exclusivement combiné **à l'éthanal, à l'acide pyruvique et à l'acide oxoglutarique**. Le SO_2 combiné résiduel calculé pour 20 mg/L de SO_2 libre (*C-L20*) est très faible, parfois légèrement négatif par suite des incertitudes analytiques (tableau 3.21). À partir de raisins peu ou pas pourris, en l'absence d'accident œnologique, les teneurs habituelles indiquées dans le tableau 3.21 expliquent correctement environ 80-90 % des cas.

Tableau 3.21 Répartition comparée de divers composés combinant le SO_2 dans les vins secs[1] et liquoreux
Source : Chambre d'Agriculture de la Gironde, 1986-1992 (262 vins)

	Teneurs (mg/L)					SO_2 combiné, *C-L20* (mg/L)				*C-L20* calculé	SO_2 résiduel
	SO_2 libre	SO_2 total	Éthanal	Acide pyruv.	Acide oxogl.	Éthanal	Acide pyruv.	Acide oxogl.	Total		
Ensemble	26	164	57	53	85	83	20	14	117	129	12
Liquoreux	38	275	72	95	136	104	35	23	162	228	66
Secs	18	92	47	25	52	68	9	9	86	65	–21

1. Sur 127 vins blancs secs australiens (Jackowetz, 2013), on a : éthanal 40 mg/L ; acide pyruvique 25 mg/L ; acide oxoglutarique 31 mg/L.

Les tableaux 3.22 à 3.24 et la figure 3.53 donnent quelques exemples de ces teneurs des vins blancs secs en éthanal, acide pyruvique, acide oxoglutarique et *C-L*20 et leurs variations moyennes selon les levures, les millésimes et en comparaison avec les vins « liquoreux ». Il apparaît que le *C-L*20 moyen est de 65 mg/L.

Tableau 3.22 Effet de diverses LSA sur les taux d'éthanal, d'acide pyruvique et d'acide oxoglutarique
Source : Masneuf et coll., 2000 (4 LSA différentes)

	Teneur minimale (mg/L)	Teneur maximale (mg/L)
Éthanal	45	55
Acide pyruvique	39	115
Acide oxoglutarique	79	130
***C-L*50**	270	335

Tableau 3.23 Teneurs moyennes des composés combinant le SO_2 dans les vins blancs secs

	Teneur (mg/L)
Éthanal	20 à 100 mg/L
Acide pyruvique	5-10 à 30-50 mg/L
Acide oxoglutarique	20-30 à 80-100 mg/L
***C-L*20**	50 à 100 mg/L

Tableau 3.24 Répartition de divers composés combinant le SO_2 dans les vins blancs secs
Source : Chambre d'Agriculture de la Gironde, 1986-1991 (158 vins blancs secs)

	Teneurs (mg/L)					
	SO_2 libre	SO_2 total	Éthanal	Acide pyruvique	Acide oxoglutarique	*C-L*20
1986	19	84	44	23	37	67
1987	17	65	32	14	27	53
1988	13	66	33	19	40	63
1989	19	106	50	33	89	89
1990	20	111	57	34	68	91
1991	25	181	109	29	59	149
Moyenne	**19**	**102**	**54**	**25**	**53**	**85**

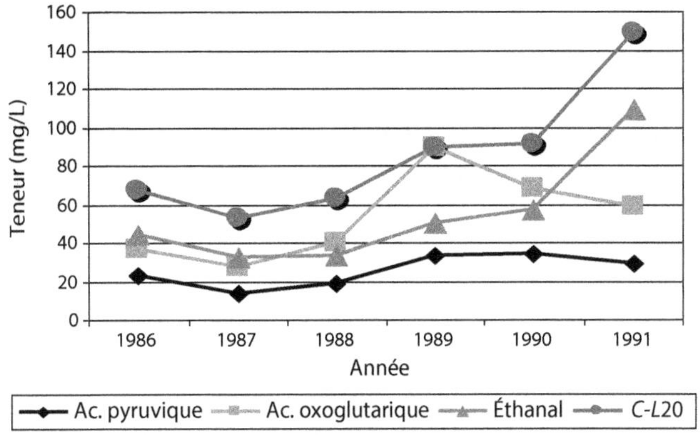

Figure 3.53 Exemples de teneurs en composés combinant le SO_2 dans les vins blancs secs selon le millésime
Source : Chambre d'Agriculture de la Gironde

3.7.2 Les vins rouges et rosés secs

Les bilans de SO_2 dans les vins rouges (secs sauf exception) font apparaître des teneurs moyennes en éthanal, acide pyruvique et acide oxoglutarique (tableaux 3.25 et 3.26) du même ordre de grandeur que pour les vins blancs secs, avec souvent des teneurs plus faibles en acide pyruvique et éthanal après certaines fermentations malolactiques. Pour le SO_2 combiné, le *C-L*20 moyen est ici de 97 mg/L.

Tableau 3.25 Exemple de teneurs en composés combinant le SO_2 dans les vins rouges[1] et rosés (cent 90 = 90e centile)
Source : Chambre d'Agriculture de la Gironde, 1989
(70 vins rouges et 14 vins rosés)

	Teneurs (mg/L)					SO_2 combiné, *C-L*20 (mg/L)			
	SO_2L	SO_2T	Éthanal	Acide pyruvique	Acide oxoglutarique	Éthanal	Acide pyruvique	Acide oxoglutarique	Total
Rosés									
Cent 90	23	171	126	33	179	183	13	33	221
Moyenne	**20**	**135**	**91**	**22**	**130**	**132**	**8**	**22**	**163**
Rouges									
Cent 90	14	223	141	20	131	205	6	16	231
Moyenne	**11**	**109**	**60**	**9**	**76**	**87**	**2**	**8**	**97**

1. Sur 110 vins rouges australiens (Jackowetz, 2013), on a : éthanal 25 mg/L ; acide pyruvique 14 mg/L ; acide oxoglutarique 74 mg/L.

Tableau 3.26 Exemple de teneurs en composants combinant le SO_2 dans les vins rosés
Source : ICV, 2001 (vins rosés de Provence)

	SO_2 combiné, *C-L20* (mg/L)			
	Éthanal	**Acide pyruvique**	**Acide oxoglutarique**	**Total**
Moyenne	39	14	6	59
Maximum	97	51	19	168

Remarque importante : On observe fréquemment des bilans de SO_2 avec un **SO_2 combiné résiduel fortement négatif**, correspondant à un « excédent » de SO_2 combiné calculé à partir des teneurs en composés carbonylés dosés par rapport au SO_2 combiné directement mesuré par différence entre SO_2 total et SO_2 libre, atteignant 100-150 mg/L.

Plusieurs hypothèses explicatives de ces écarts sont envisagées :

- surdosage du SO_2 libre et/ou sous-dosage du SO_2 total entraînant une diminution du SO_2 calculé : hypothèse peu explicative car les taux de SO_2 dosés restent (très) faibles ;
- surdosages des composés carbonylés : hypothèse peu probable car ces dosages enzymatiques sont très fiables ;
- surévaluation de la réaction des composés carbonylés : les chiffres obtenus pour les vins blancs confirment la fiabilité des constantes de dissociation utilisées dans les calculs ;
- **masquage de certains composés phénoliques** :

  Cette **hypothèse** semble en accord avec diverses observations. La réaction éthanal-tanins a été largement décrite par Pontalier (1981), Laborde (1987) pour expliquer le comportement de la couleur, de l'astringence… des vins rouges en cours d'élevage. Elle semble expliquer (au moins pour partie) les anomalies des bilans de SO_2 combiné dans ces vins. Une fraction de l'éthanal total dosé par chromatographie ou par voie enzymatique (donnant des résultats concordants sur des principes très différents) serait « masquée » pour une réaction avec le SO_2 car engagée dans une **réaction de combinaison (très) stable avec les polyphénols (tanins, anthocyanes)** (figure 3.54), d'où un SO_2 combiné à l'éthanal calculé se trouvant surévalué.

Cette hypothèse est confortée par le fait que l'excédent calculé de SO_2 combiné aux composés carbonylés, appelé ici SO_2 résiduel, s'avère pratiquement proportionnel à la teneur en éthanal dosé (figure 3.55).

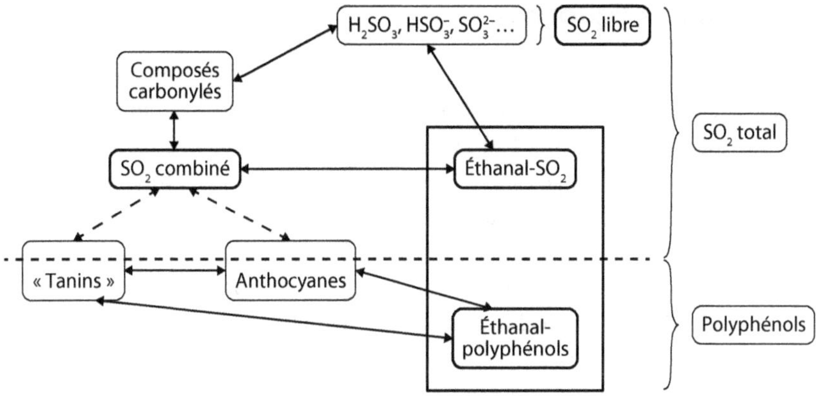

Figure 3.54 Hypothèses sur les combinaisons du SO_2 avec les composés phénoliques dans les vins rouges et rosés

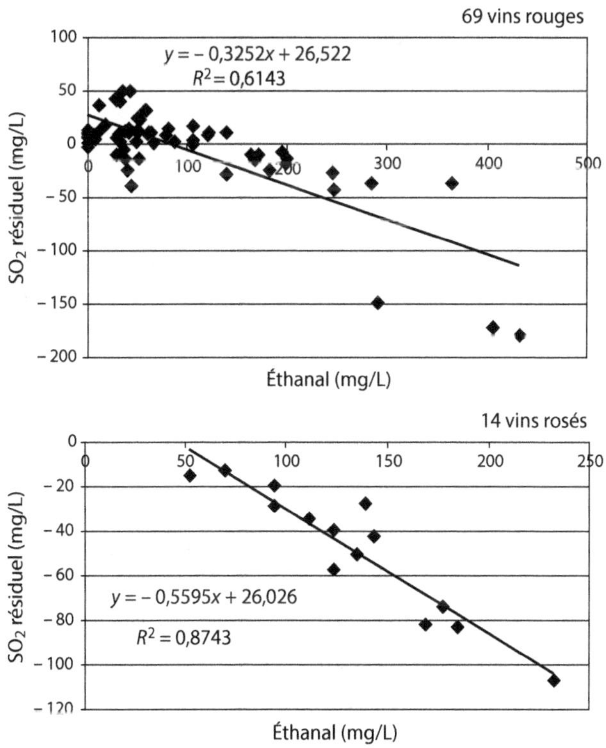

Figure 3.55 Teneur en SO_2 résiduel calculé des vins rouges ou rosés selon le taux d'éthanal

Source : Chambre d'Agriculture de la Gironde, 1989

3.7.3 Les vins « liquoreux »

Dans la plupart des vignobles, il y a une production, souvent très réduite et/ou rare, de vins (blancs) conservant un taux important de sucres fermentescibles, pouvant aller de 10-20 à 100-200 g/L. La réglementation européenne les dénomme vins « doux », les usages locaux parlent souvent de vins « moelleux », « liquoreux ». Ils sont habituellement issus de raisins volontairement « pourris » subissant une profonde transformation biochimique. On recherche parfois aussi une surmaturation par desséchement spontané ou provoqué (passerillage), par gel des raisins (« vins de glace », « *eiswein* », « *icewine* » selon les langues). Dans tous les cas, il y a de très grandes transformations des composants des raisins, puis des vins, notamment ceux combinant le SO_2, souvent plus abondant que dans les vins secs issus de raisins peu ou pas atteints par la pourriture.

Les pourritures du raisin

Traditionnellement reliée au développement du champignon *Botrytis cinerea*, la pourriture du raisin est en fait un phénomène complexe, très diversifié. On distingue habituellement :

« Pourriture grise »

La forme la plus fréquente, dans tous les vignobles du monde, directement causée par *Botrytis cinerea* seul. Il y a formation de la laccase (enzyme oxydative dégradant divers composés phénoliques dont les anthocyanes), de glucane (colloïde colmatant), de diverses enzymes dégradant les arômes variétaux (terpènes, thiols…) et les arômes fermentaires par des estérases.

L'aspect caractéristique de la « pourriture grise » avec les baies recouvertes de moisissures blanches-grises évolue avec le temps vers des baies desséchées pouvant n'avoir conservé qu'une très faible activité laccase résiduelle.

« Pourritures vertes, acides, aigres… »

Le *Botrytis* est souvent accompagné d'autres champignons, mais aussi de levures et de bactéries. Il apparaît diverses couleurs blanches, vertes, brunes… accompagnées d'odeurs plus ou moins intenses de vinaigre due à la formation d'acide acétique, d'acétate d'éthyle et de divers autres acides dérivés des sucres (acide gluconique jusqu'à 60 g/L dans les cas extrêmes, acides 2-, 5- et 2,5-oxogluconiques, 5-oxofructose… (tableaux 3.27 et 3.28, figure 3.56).

Nous avons pu montrer (Blouin, 1963) le rôle majeur de bactéries acétiques se développant à partir des sucres pour former divers composés à fort pouvoir de combinaison du SO_2. Ce rôle a été largement confirmé par la suite (Blackwood, Peynaud et Guimberteau, 1969 ; Barbe, 2000). Cette pourriture déviante est transmise par les drosophiles (« moucherons des vendanges ») d'une demi-douzaine d'espèces (*Drosophila melanogaster, D. simulans, D. suzukii* récemment identifiée…) se développant très rapidement sur les raisins en cours de maturation et qui sont actuellement impossible à maîtriser. Les traitements insecticides seraient beaucoup trop près de la récolte. La lutte biologique, les répulsifs naturels… n'ont pas (encore ?) montré une efficacité suffisante.

Tableau 3.27 Fréquence des souches de bactéries acétiques produisant des acides cétogluconiques
Source : Blackwood, Guimberteau et Peynaud, 1969

Bactérie	Nombre de souches	Production	
		Acide 2-cétogluconique	Acide 5-cétogluconique
Acetobacter oxydans	16	14	5
Acetobacter mesoxydans	6	5	5
Acetobacter suboxydans	21	18	18
Pseudomomas	8	6	3

Tableau 3.28 Disparition des souches de bactéries acétiques du raisin pendant la fermentation
Source : Blackwood, Guimberteau et Peynaud, 1969

	Souches cétogènes	Souches non cétogènes
Raisins sains	30	8
Moût en fermentation	0	3

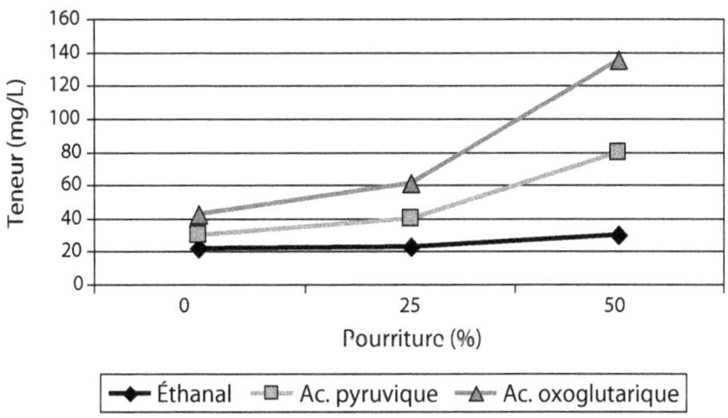

Figure 3.56 Influence du taux de pourriture des raisins sur la teneur en éthanal, acide pyruvique et acide oxoglutarique
Source : Chambre d'Agriculture de la Gironde, 1992

À titre d'anecdote, ces altérations ont reçu des noms locaux comme « *bouyroc* », « *escarbouille* » nettement péjoratifs mais montrant leur ancienneté.

Ces bactéries cessent leur activité dans le vin car elles sont sensibles à l'alcool.

La présence, la diversité et les métabolismes de ces bactéries « cétogènes » ont été précisés (Guillou-Largeteau, 1996 ; DuHail, 1999 ; Barbe, 2000).

« Pourriture noble »

Le développement exclusif de *Botrytis cinerea* sur des raisins mûrs, riches en sucres, à pellicule épaisse, produit la « pourriture noble » provoquant une forte concentration des sucres, une baisse d'acidité et, surtout, le développement de caractères aromatiques et gustatifs, incomplètement identifiés mais caractéristiques, réunis dans l'expression « goût de rôti » familière en Sauternais et son voisinage, la principale région productrice de ce type de raisin. L'évolution optimale s'étend :

- du raisin « *vert* », c'est-à-dire simplement mûr,
- au raisin « *pourri plein* », c'est-à-dire avec la pellicule envahie par le *Botrytis* sans formation de moisissure apparente,
- puis au raisin « rôti », c'est-à-dire au stade final où il est récolté.

Cette description idéale est plus ou moins perturbée par quelques développements d'autres champignons, levures, bactéries cités à propos de la « pourriture aigre ». Les figures 3.56 à 3.59 et le tableau 3.29 schématisent les principales évolutions de composition selon les types de pourritures. Concernant le SO_2, on retiendra surtout les apparitions de composés combinant le SO_2, décrits dans le paragraphe 3.6.

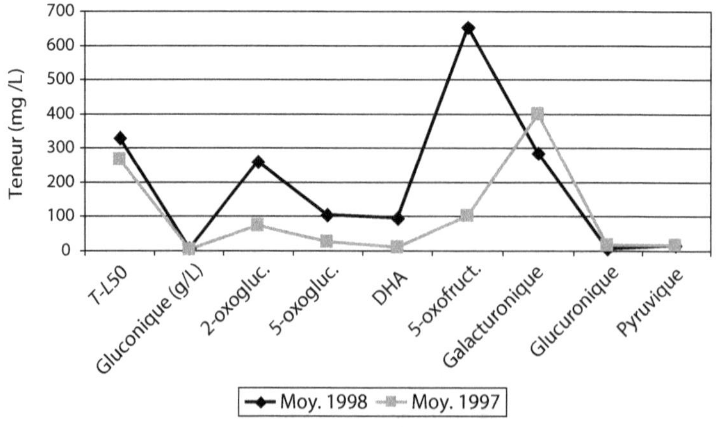

Figure 3.57 Variabilité des teneurs moyennes en composés combinant le SO_2 selon le millésime

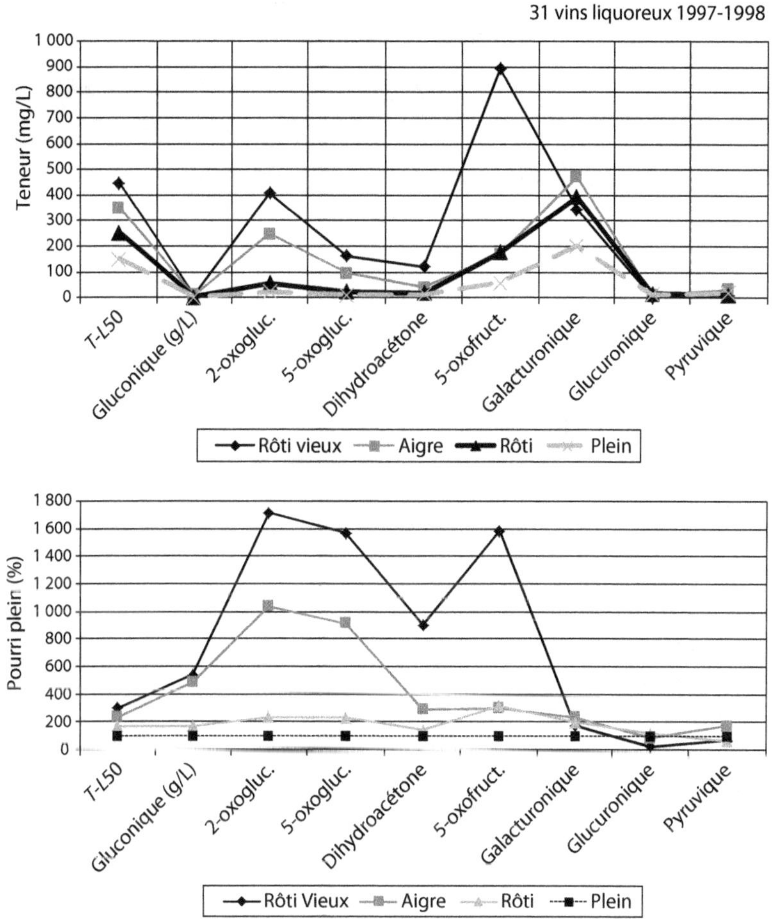

Figure 3.58 Composés combinant le SO_2 selon le type de pourriture : teneurs et écarts relatifs aux raisins « pourri plein »
Source : Barbe, 2000

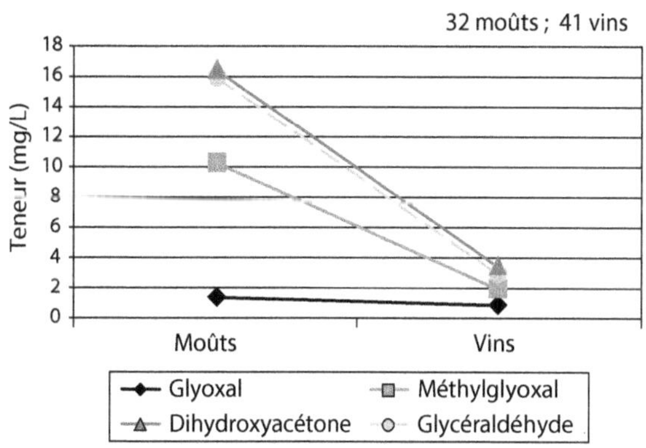

Figure 3.59 Évolution de composés carbonylés combinant le SO_2 des moûts aux vins
Source : Barbe, 2000

Tableau 3.29 Récapitulatif des conséquences des différents types de pourriture des raisins (en **gras**, les composés combinant le SO_2)

	Pourriture					
	Grise		Aigre		Noble	
	Jeune	Vieille	Jeune	Vieille	Jeune	Vieille
Sucres – quantités	– (–)	– – –	– –	– – –	– (–)	– – –
Sucres – concentration					+	+ + (+ +)
Acidité totale	+/–	(+)	++	+++		(– –)
Acide acétique			+ +	+ + +		
Acétate d'éthyle			+ +	+ + +		
Géosmine	+			+ +		
Ochratoxine A (OTA)	+			+ +		
Laccase	+ + +	(+)		(+ + +)		
Glucanes	+	+ (+ +)	+	(+ + +)		
« Goût de pourri »	(+ +)		+	(+ + +)		
Thiamine	↘			↘	↘	↘↘
Sotolon					+	+ (+ +)
Acide pyruvique				+ +		
Acide oxoglutarique				+ +		
Acide gluconique		+ +	+ +	+ + (+ +)		
Acide 2-oxogluconique				+ +		+ +
Acide 5-oxogluconique				+ +		+ +
5-oxofructose				+ +	+	+ + +
Combinaison SO_2	+	+ +	+ +	+ + + +	(+)	(+ +)

L'obtention de vins « liquoreux » par « tries successives » selon le vocabulaire local français (ou « doux » selon les règles communautaires) passe nécessairement par ce développement de « pourriture noble » et ses risques de déviations en cas de mauvaise évolution par climat défavorable. Dans ces conditions, il est nécessaire de pratiquer systématiquement la récolte « par tries[1] successives » en cueillant exclusivement les grappes et grains en état optimal. Elle est réglementairement imposée dans diverses AOC françaises et les « bons usages » de quelques autres vignobles mondiaux, traditionnellement producteurs de ces types de vins (Allemagne, Autriche, Hongrie...).

Le tableau 3.29 résume quelques effets majeurs des divers types de pourritures des raisins, avec ou sans lien direct avec le SO_2.

1. L'usage et la réglementation écrivent « trie », au féminin, et non « tri », au masculin en français usuel.

En cas de pourritures des raisins, on note les très graves modifications observées en cas de pourriture aigre et/ou vieille. Seules les interventions préventives, au vignoble, et les tris, à la récolte, permettent de maîtriser (partiellement) ces inconvénients multiples.

Les figures 3.57 et 3.58 indiquent les teneurs en divers composés combinant le SO_2 et leurs variations selon les types de pourriture. Le « rôti vieux » et l'« aigre » manifestent des compositions très différenciées, à très fort pouvoir de combinaison du SO_2 par rapport au « pourri plein », le début de la pourriture apparente.

Un cas particulier : le rôle de la fermentation malolactique sur certains composés

Le tableau 3.30 met en évidence le rôle du développement des bactéries lactiques dans le vin, avec forte réduction des taux d'acides cétoniques (comme pour les vins rouges), et donc du SO_2 combiné. Ce développement n'est pas toujours sans risques car il peut dévier vers une formation d'acide acétique à partir des sucres, vers une piqûre lactique.

Tableau 3.30 Influence de la fermentation malolactique sur les combinaisons du SO_2
Source : Chambre d'Agriculture de la Gironde, 1994-1995 (103 vins blancs liquoreux)

	Teneurs (mg/L)						Teneurs (g/L)	
	SO_2L	SO_2T	Éthanal	Acide pyruvique	Acide oxoglutarique	C-L50	Acide gluconique	Acide malique
« Sans » acide malique (16)								
Cent 10	13	86	48	10	26	89	0,4	0
Cent 90	34	250	79	90	99	231	4,6	1
Moyenne	**21**	**148**	**64**	**35**	**50**	**142**	**2,0**	**0,4**
« Avec » acide malique (16)								
Cent 10	50	328	129	175	173	299	7,8	3,3
Cent 90	14	120	55	40	41	121	0,7	2
Moyenne	**32**	**250**	**88**	**111**	**121**	**227**	**3,7**	**2,6**

La figure 3.60 montre les différences de taux de divers composés dans les vins secs ou doux, et les figures 3.61 et 3.62 les conséquences sur les combinaisons du SO_2.

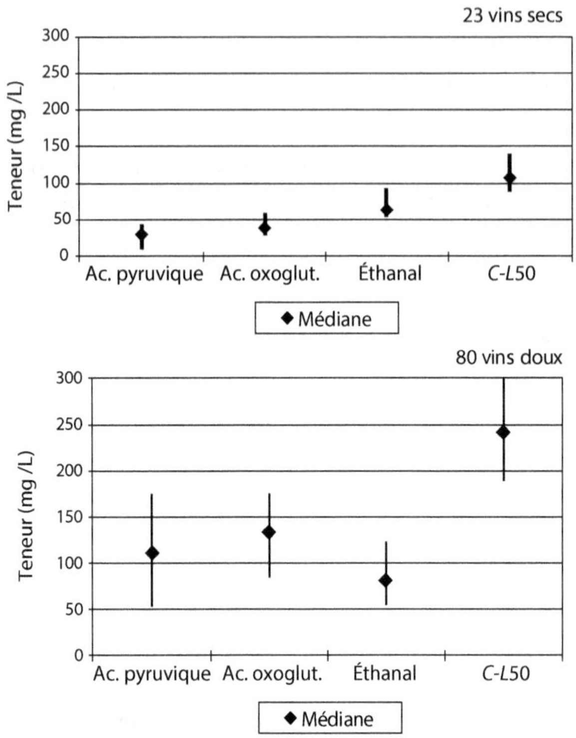

Figure 3.60 Variabilité des teneurs en composés combinant le SO_2 selon le type de vin, sec ou liquoreux
Source : Chambre d'Agriculture de la Gironde, 1994-1995

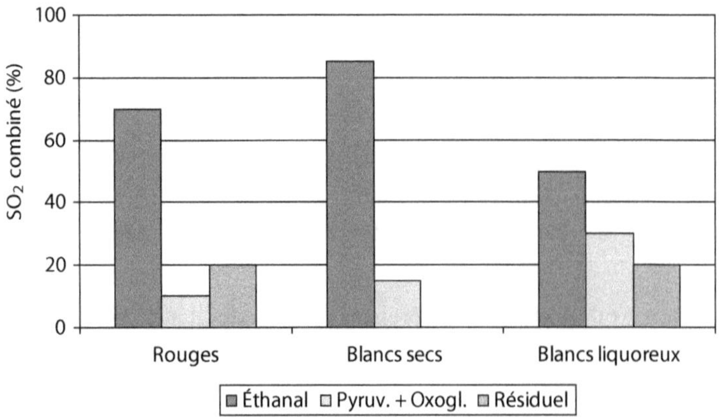

Figure 3.61 Répartition du SO_2 combiné par composé combinant selon le type de vin
Source : Chambre d'Agriculture de la Gironde

On observe des teneurs beaucoup plus importantes des composés majeurs combinant le SO_2, et donc du *C-L*50 pour les vins « liquoreux ». La répartition de la combinaison du SO_2 fait apparaître le rôle majeur de l'éthanal pour les vins secs, blancs ou rouges.

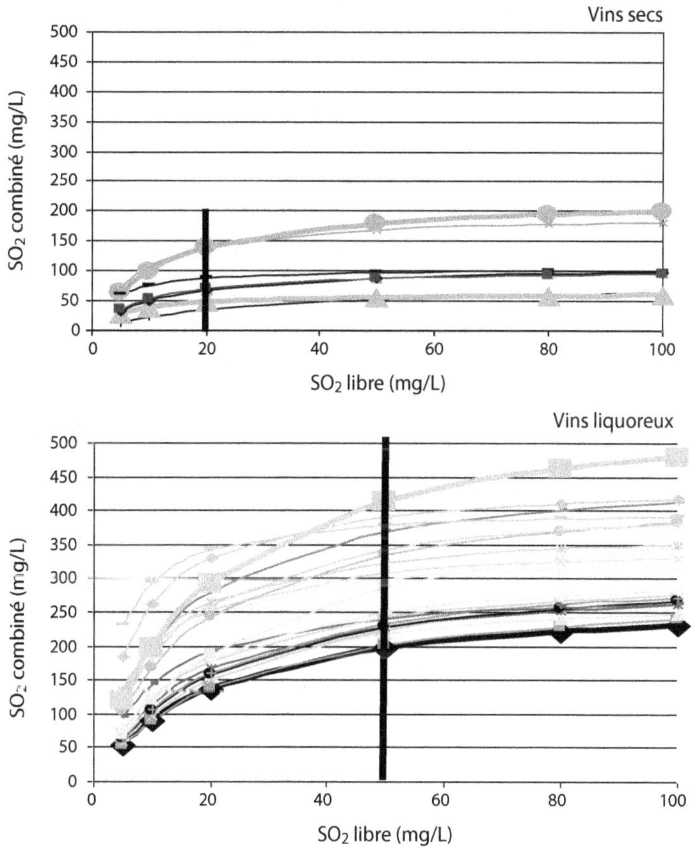

Figure 3.62 Exemples de courbes de combinaison du SO_2 pour les vins secs et liquoreux, à la même échelle : le *C-L*50 est 2 à 3 fois plus élevé dans le 2e cas
Source : Chambre d'Agriculture de la Gironde, 1994-1995

Ces dernières courbes permettent de visualiser les combinaisons du SO_2 concernant divers vins blancs secs ou liquoreux. Elles confirment les teneurs inévitablement plus élevées en SO_2 combiné et donc total dans le cas des vins liquoreux pour avoir une stabilité microbiologique satisfaisante, soit 40-50 mg/L de SO_2 libre.

En résumé

- Le SO_2 combiné dans les **moûts issus de raisins sains** est de l'ordre de 5-30 mg/L, essentiellement à l'**acide pyruvique** et à l'**acide oxoglutarique**.
- Les **fermentations normales** font varier le taux de ces composés et ajoutent toujours de l'éthanal, à hauteur de quelques dizaines de milligrammes par litre. Le SO_2 combiné pour 20 mg/L de SO_2 libre (*C-L*20) oscille environ de 50 à 100 mg/L, plus en cas de fermentation difficile.
- La **fermentation malolactique** tend à diminuer les taux de composés combinant le SO_2, de 20 à 50 %. Sa généralisation est limitée par les styles de vins et par les niveaux d'acidité recherchés ainsi que par les risques de piqûre lactique en présence de sucres.
- Le **développement de la pourriture**, surtout des « pourritures acides », provoque la formation de très nombreux composés absents ou très rares dans les raisins sains : **gluconolactone, 5-oxofructose, acides 2 et 5-cétogluconiques, dihydroxyacétone-glycéraldéhyde**. Dans ces conditions, le ***C-L*50 atteint 200-250 mg/L**, parfois beaucoup plus.
- Ces combinaisons très fortes du SO_2 découlent du développement sur le raisin de diverses **moisissures autres que le *Botrytis cinerea* et surtout de bactéries acétiques** (Blouin, 1963). Leur maîtrise relève d'une protection sanitaire du vignoble (lutte contre les vers de la grappe, les pourritures du raisin) et lors des tris des raisins.
- Les mécanismes détaillés de la combinaison du SO_2 avec les **polyphénols** dans les vins rouges restent partiellement inconnus, mais la gestion générale du sulfitage reste opérationnelle.
- En conditions normales, **ces teneurs varient peu lors de l'**élevage des vins, sauf formation accidentelle ou mal maîtrisée d'éthanal par (micro-)oxydation de l'éthanol, refermentations levuriennes ou altérations bactériennes.
- Aujourd'hui, il est possible d'établir un « bilan SO_2 » pratiquement complet. Ce bilan est facile pour les vins issus de raisins sains, à partir des seuls dosages de l'éthanal[1], de l'acide pyruvique et de l'acide oxoglutarique qui méritent d'être généralisés par les méthodes enzymatiques automatiques. Dans tous les cas, on fait apparaître le SO_2 libre, le SO_2 combiné et le SO_2 résiduel permet-

1. Le dosage de l'éthanal seul est utile mais souvent très insuffisant.

tant ensuite un **calcul précis du SO_2 à ajouter, ou non**, pour une bonne gestion de l'élevage de chaque vin.

- Ce bilan détaillé est analytiquement plus complexe dans les vins issus de raisins très pourris. On peut facilement le remplacer par la mesure du « **carbonyle équivalent** » **(CBE)** exprimant la quantité de composé combinant et la constante de dissociation globale du vin vis-à-vis du SO_2.

L'ensemble des origines et causes des combinaisons du SO_2 est schématisé par la figure 3.63, rappelant les origines de produits inactivant le SO_2 par diverses combinaisons récapitulées dans le tableau 3.31.

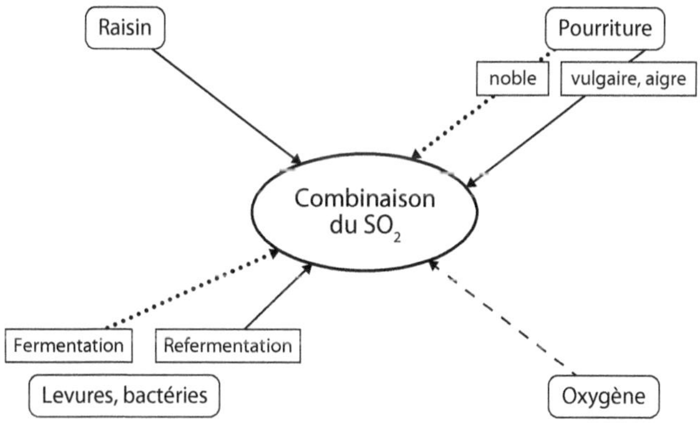

Figure 3.63 Origines de la combinaison du SO_2

Tableau 3.31 Constantes de dissociation des combinaisons du SO_2 et leurs conséquences

Famille	Nom	Formule	g/mol	K_d (mmol/L)	Teneurs (mg/L)			C-L20 (mg/L)	
					Moyenne (vins secs)	Moyenne (vins liquoreux)	Maximum	Moyenne (vins secs)	Moyenne (vins liquoreux)
Sucres et dérivés	Arabinose	CH_2OH-$(CHOH)_3$-**CHO**	150	**40**	500	500		1,7	1,7
	Fructose	CH_2OH-$(CHOH)_3$-**CO**-CH_2OH	180	**15 000**	1 000	50 000		0,0	0,4
	Glucose	CH_2OH-$(CHOH)_4$-**CHO**	180	**900**	1 000	50 000		0,1	6,2
	Rhamnose	CH_3-$(CHOH)_4$-**CHO**	164	**165**	100	100		0,1	0,1
	Ribose	CH_2OH-$(CHOH)_3$-**CHO**	150	**30**	100	100		0,4	0,4
	Saccharose	$C_{12}H_{22}O_{11}$	342	**5 400**	0	0		0,0	0,0
	Xylose	CH_2OH-$(CHOH)_3$-**CHO**	150	**80**	100	100		0,2	0,2
	Ac. galacturonique	COOH-$(CHOH)_4$-**CHO**	212	**17**	200	300	600	1,1	1,6
	Ac. glucuronique	COOH-$(CHOH)_4$-**CHO**	194	**50**	10	10		0,0	0,0
	Glucurone (D+)		176	**2,5**				0,0	0,0
	Ac. gluconique	COOH-$(CHOH)_4$-COOH	174	**20**	200	3 000	20 000	1,1	17,0
	Gluconolactone		178	**4**	20	300	2 000	0,5	7,8
	Ac. oxogluconique 2	COOH-**CO**-$(CHOH)_3$-CH_2OH	194	**0,4**	5	100	400	0,7	14,5
	Ac. oxogluconique 2,5	COOH-**CO**-$(CHOH)_2$-CO-CH_2OH	192	**0,4**				0,0	0,0
	Ac. oxogluconique 5	COOH-$(CHOH)_3$-**CO**-CH_2OH	194	**0,4**	5	20	100	0,7	2,9
	Oxofructose 5	CH_2OH-**CO**-$(CHOH)_2$-**CO**-CH_2OH	178	**0,4**	20	100	1 000	3,2	15,8
	Xylosone	CHO-**CO**-$(CHOH)_2$-CH_2OH	148	**1,5**				0,0	0,0
Acides carbonyliques	Ac. pyruvique	CH_3-**CO**-COOH	88	**0,3**	50	150	300	18,6	55,7
	Ac. oxoglutarique	COOH-**CO**-CH_2-CH_2-COOH	146	**0,5**	100	150	300	16,9	25,3
	Ac. oxalacétique	COOH-**CO**-CH_2-COOH	132	**0,2**					
	Ac. glyoxylique	**CHO**-COOH	74	**0,008**	5	5		4,2	4,2
	Ac. dihydroxymaléique	COOH-CHOH-**CO**-COOH	148	**0,1**					
	Ac. dihydroxytartrique	COOH-**CO**-**CO**-COOH	146	**200**					

Famille	Nom	Formule	g/mol	K_d (mmol/L)	Teneurs (mg/L)			C-*L*20 (mg/L)	
					Moyenne (vins secs)	Moyenne (vins liquoreux)	Maximum	Moyenne (vins secs)	Moyenne (vins liquoreux)
Aldéhydes et cétones neutres	Éthanal	CH_3-**CHO**	44	**0,002**	50	100	250	72,3	144,5
	Glycolaldéhyde	CH_2OH-**CHO**	60	**0,02**					
	Glycéraldéhyde	CH_2OH-CHOH-**CHO**	90	**0,4**	3	20	30	0,9	6,2
	Dihydroxyacétone	CH_2OH-**CO**-CH_2OH	90	**2,5**		50			4,0
	Acétoïne	CH_3-**CO**-CHOH- CH_3	88	**100**					
	Diacétyle	CH_3-**CO**-**CO**- CH_3	86	**0,2**					
	Acétone	CH_3-**CO**-CH_3	58	**3,8**					
	Furfural	C_4H_3O-**CHO**	96	**0,5**					
	Hydroxyméthylfurfural	$C_5H_5O_2$-**CHO**	124	**0,3**					
	Glyoxal	**CHO-CHO**	58	**0,15**	1	60	100	0,7	44,7
	Méthylglyoxal	CH_3-CO-CH=O	72	**0,16**	2	20		1,2	11,8
Divers	Malvidine 3 glucoside		510	**0,06**	500			(52,6)	
	Tanins			**0,4**	3 000			(84)	
	Triosephosphate		170	**0,15**	1	1		0,3	0,3
	Dihydroxyacétone-P								
	Fructose phosphate 1,6		340	**300**	1	1			

Chiffres entre parenthèses : valeurs indicatives.

4 Effets du SO_2

La diversité des effets du SO_2 en œnologie comme dans divers domaines (désinfection des bâtiments, blanchiment des tissus…) est connue et exploitée depuis des siècles. Un document déjà ancien (1953) présente ces **principaux effets œnologiques**, sur la base des meilleures connaissances et contraintes du moment. La trentaine d'effets cités peut encore servir de cadre à une présentation actuelle, même si certains sont de moindre actualité. Nous les regroupons tous autour de quelques thèmes : effet antiseptique, antioxydant, antioxydasique, organoleptique, physiologique.

Ces principaux effets du SO_2 sont aujourd'hui de mieux en mieux connus et méritent d'être schématiquement décrits, pour de meilleures interventions pratiques.

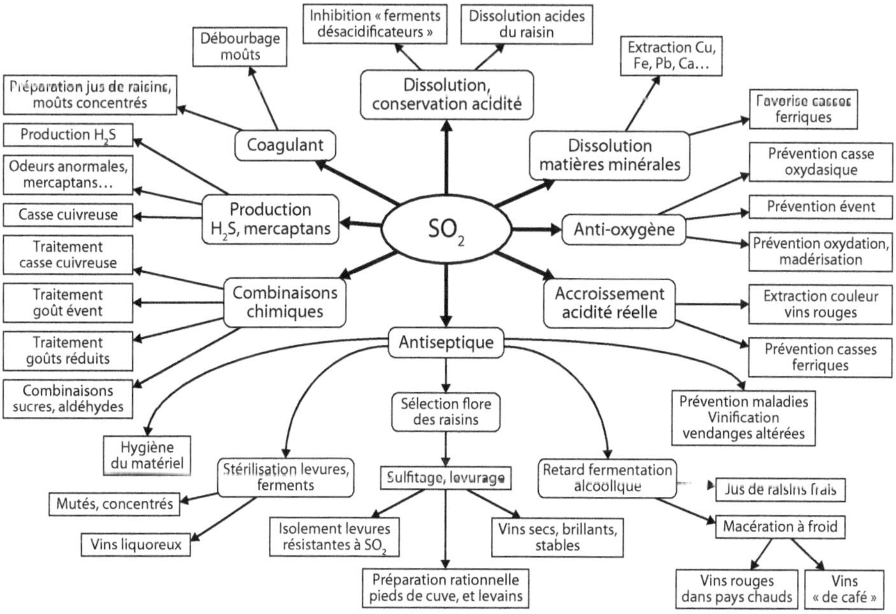

Figure 4.1 Les divers effets du SO_2
Source : P. Françot, 1953 / ITV

4.1 Effets antiseptiques

L'effet antiseptique[1] (fongicide et bactéricide, fongistatique et bactériostatique) du SO_2 est utilisé depuis longtemps. Il permet, selon les cas, une sélection des espèces, un ralentissement ou une suppression de leur activité, une destruction complète. Il permet ainsi des développements microbiens maîtrisés.

4.1.1 Les mécanismes généraux de l'activité antiseptique du SO_2

L'observation nous montre des effets apparents du SO_2 très variables selon les circonstances. Les mécanismes exacts, complets, ne sont ni parfaitement connus ni parfaitement maîtrisables mais on en connaît l'essentiel.

L'effet antiseptique dépend à la fois de la **concentration** en SO_2, de la **durée d'action** et de divers facteurs extérieurs tels que **température**, composition du milieu, nature et nombre des micro-organismes, autres activités du SO_2... On le mesure par le nombre de germes (levures, bactéries...) vivants avant, pendant et/ou après le traitement.

Remarque importante sur la numération

La numération des germes vivants fait appel à des techniques de principes et résultats différents.

On parle souvent d'**« UFC » (unité formant colonie)** par millilitre, par litre... : c'est-à-dire du nombre de germes se développant sur milieu de culture approprié où ils forment une colonie visible à l'œil nu, habituellement sur « boîte de Petri ».

Il existe aussi des germes dits **« ANC » (actifs non cultivables)** ou « VNC » (viables non cultivables) parfois quantifiables par d'autres techniques, telle l'épifluorescence correspondant à une activité enzymatique.

Par exemple, dans des vins blancs liquoreux après mutage, on observe des populations quasi nulles d'UFC alors que l'épifluorescence montre la présence de 1 à 10 millions d'ANC par millilitre (Divol, 2004). Ces germes ANC peuvent se développer lorsque les conditions de milieu leur (re)deviennent favorables (oxygène, température...). La figure 4.2 montre un exemple d'évolution des levures dans un vin après mutage selon la méthode de numération.

Pendant la fermentation active, les deux méthodes donnent des résultats comparables ; après mutage, il ne reste que très peu de levures actives (UFC sur boîte de Petri) mais une quantité importante de levures viables non cultivables (VNC), pouvant devenir la cause de refermentation.

1. « Antiseptique » vient du grec « *anti* » (« contre ») et « *sepsis* » (« moisissure », par extension « germes », « microbes »).

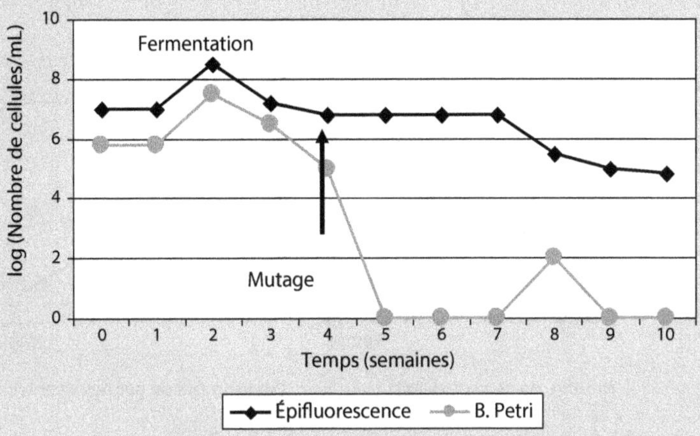

Figure 4.2 Différenciation entre levures viables non cultivables (VNC) par épifluorescence et vivantes (UFC – unités formant colonies – sur boîte de Petri)
Source : Divol, 2004

La numération des UFC est la méthode la plus usuelle pour mesurer l'activité du SO_2, avec des résultats exploitables au bout de quelques jours, selon les germes. Elle peut différencier les levures des bactéries lactiques ou acétiques.

Le **dosage très rapide, sur site, de l'ATP** (adénosine triphosphate, enzyme caractéristique de la vie) est un bon indicateur de **l'ensemble des germes actifs**, par exemple pour vérifier l'effet global d'un traitement antiseptique sur le vin, la propreté microbiologique d'un matériel.

La numération précise, avec **identification des espèces**, des souches, est plus complexe, plus chère, mais réalisable dans les situations à risques (caractérisation de l'ADN…).

Par ailleurs les numérations sont inévitablement moins précises pour des populations très faibles (par exemple moins de 10-1 000 germes/litre). C'est sans importance œnologique, car il n'existe **aucun germe pathogène dans les vins** et des populations très faibles ne présentent que peu ou pas de risques techniques.

Les populations importantes, de plusieurs millions de cellules par millilitre, sont souvent exprimées par leur logarithme (ex. : 1 000 000 = 10^6) et on parle de traitements ayant une activité de « 1 log », « 2 log » pour indiquer des populations divisées respectivement par 10 ou 100.

Pour représenter l'action du SO_2, il est d'usage de tracer deux types de courbes, appelées « **courbes de survie** » indiquant le nombre de germes vivants en fonction :

- soit du taux de SO_2 selon le temps d'action ;
- soit un temps d'action selon le taux de SO_2, avec des conditions connues.

Le plus souvent, ces « courbes » deviennent des (presque) « droites » en utilisant des coordonnées logarithmiques (figure 4.3).

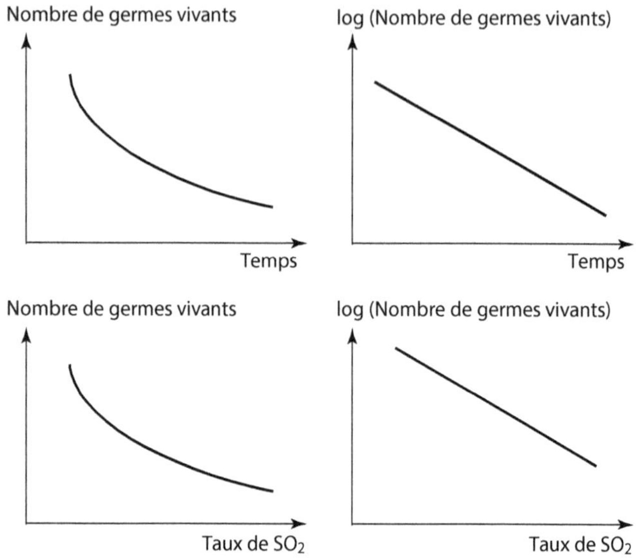

Figure 4.3 Aspects schématiques des courbes de survie après sulfitage

Depuis les travaux de Madsen et Nyman (1907), Chick (1908)... sur les désinfectants chimiques puis de Begelow (1928)... sur l'action de la température, on sait que ces courbes correspondent souvent aux équations suivantes :

$$\log Y = a\,X + \text{constante}$$

$$\text{ou parfois} \qquad \log Y = \log X + \text{constante}$$

Avec :

Y : nombre de germes ;

X : temps ou taux de SO_2.

Les courbes réelles observées sont fréquemment (un peu) différentes de cette équation (figure 4.4) et correspondent à d'autres lois (Weibull, Grompetz, sigmoïde, logistique...) sans modifier profondément les conclusions pratiques. On parle de courbes à épaulement (*cf.* figure 4.4, courbes B et C), sigmoïde (courbe D).

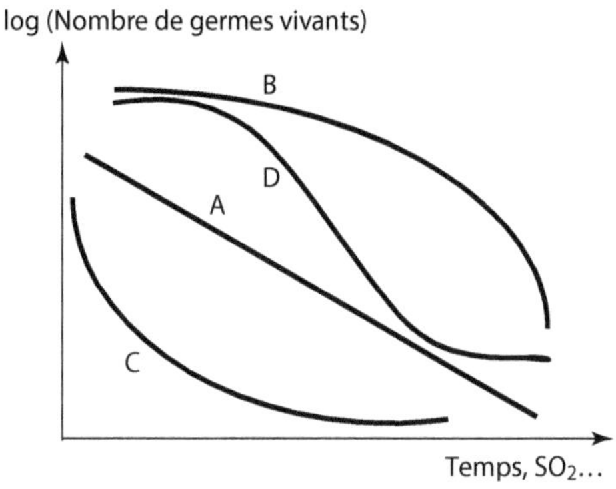

Figure 4.4 Quelques aspects schématiques des courbes de survie après sulfitage

Cette relation logarithmique signifie qu'une concentration donnée en SO_2, pendant un temps donné, entraîne la **destruction d'un pourcentage de la population présente**, et donc de quantités différentes (ex. : 10 % de 1 000 ou 10 000, soit 100 ou 1 000 selon les cas), et non des quantités absolues.

Les modifications des courbes de destruction des germes découlent de divers mécanismes agissant simultanément dans les milieux complexes que sont les moûts, les vins :

- résistance variable au SO_2 selon les espèces, les souches d'une espèce, les individus, leur état physiologique ;
- action du SO_2 sur un ou plusieurs sites sensibles des cellules, avec intensité et vitesse variable ;
- germes isolés ou en amas ;
- modification du degré de résistance des germes en cours de traitement ;
- hétérogénéité de répartition du SO_2, des germes ;
- composition du milieu ayant un effet « protecteur » (ex. : sucres, nutriments...) ou « destructeur » (ex. : alcool, acidité pour les bactéries...).

Ces principes de calcul ont été appliqués au SO_2 par Macris et Marakis (1974), Dubernet (1974), Devèze (1977), la Chambre d'Agriculture de la Gironde (1974)..., à partir des équations de type logarithmique aptes à fournir des résultats opérationnels.

Pratiquement, on a deux types principaux de « courbes de survie » avec les conclusions qui en découlent (figure 4.5).

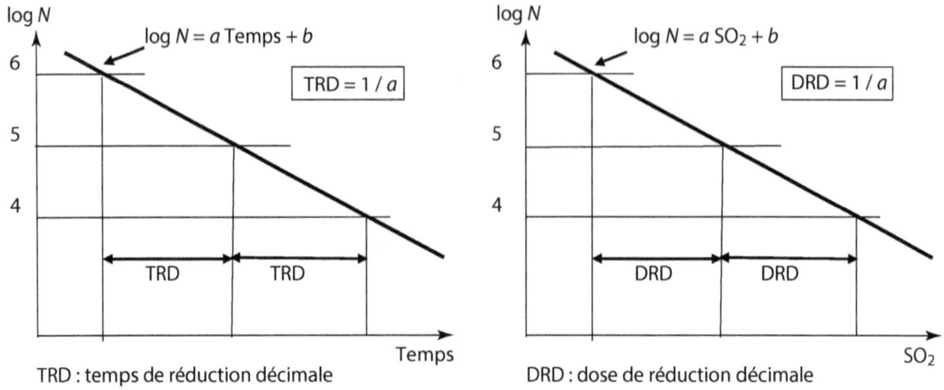

Figure 4.5 Courbes de survie pour quantifier l'effet antiseptique du SO_2 (log N= logarithme de la population survivante) selon la dose de SO_2 ou le temps d'action

Connaissant l'équation de la courbe, on calcule directement des valeurs d'intérêt technologique, dénommées TRD ou DRD :

- la courbe du nombre de germes en fonction du temps permet de calculer le **temps de réduction décimale (TRD)**, qui est le temps nécessaire pour diviser par 10 la population initiale. Pour diviser par 100 il faut 2 TRD… ;
- la courbe du nombre de germes en fonction du taux de SO_2 permet de calculer la **dose de réduction décimale (DRD)**, par analogie avec le TRD.

Pour diviser par 100 une population initiale (ex. : passer de 1 000 à 10), on a trois solutions (figure 4.6) :

- 2 fois le TRD avec le « taux de base » du SO_2 ;
- 2 fois la DRD avec le « temps de base » pour l'action du SO_2 ;
- 1 TRD ET 1 DRD.

	Nombre de TRD			
Nombre de DRD	0	1	2	3
0	1 000	100	10	1
1	100	10	1	0,1
2	10	1	0,1	0,01
3	1	0,1	0,01	0,001

Figure 4.6 Grille d'estimation de l'effet du temps et du taux de SO_2 : évolution du nombre de germes selon le nombre de TRD et DRD (en grisé, pour passer de 1 000 à 10 germes)

Ces trois solutions présentent différents avantages et contraintes :

- le SO_2 total étant stable, on peut préférer « dose faible » et « temps long » ;
- cette approche est imparfaite car des doses (trop) faibles favorisent la sélection et/ou la formation de souches résistantes au SO_2, d'où une efficacité insuffisante ;
- le SO_2 libre et le SO_2 actif diminuent avec le temps par combinaison ;
- une dose (trop) forte peut aboutir à des effets collatéraux gênant sur la couleur, l'odeur…

L'intérêt de cette **réflexion sur les mécanismes d'action** antiseptique est d'amener à penser systématiquement à l'ensemble des contraintes du milieu, avant d'adopter le meilleur taux de sulfitage (ou non-sulfitage), avec l'aide d'outils simples opérationnels comme OPTI-SO2 (*cf.* annexe 3).

4.1.2 Quelques exemples pratiques

On présente ici quelques-uns des très nombreux résultats, anciens ou récents, sur l'effet antiseptique du SO_2 dans de nombreuses situations. Selon les cas, les taux de SO_2 sont exprimés en SO_2 total, SO_2 libre ou SO_2 actif, de valeurs absolues très différentes. Les résultats demeurent exploitables car, lors d'observations sur un même lot de moût ou vin, il existe une relation directe entre le SO_2 total, le SO_2 libre et le SO_2 actif, même s'il demeure que le SO_2 « actif » (le SO_2 moléculaire sous la forme H_2SO_3) est (presque) la seule forme active.

Vitesse d'action du SO_2

La figure 4.7 indique, pour une population de levures en activité, l'influence du taux de SO_2 actif sur le TRD et le logarithme du TRD. Une relation très linéaire apparaît entre TRD et log (SO_2 actif), avec un coefficient de corrélation très élevé (R^2 = 0,9995), meilleur qu'entre TRD et SO_2 actif.

Figure 4.7 Temps de réduction décimale selon le SO_2 actif
Source : Devèze, 1977

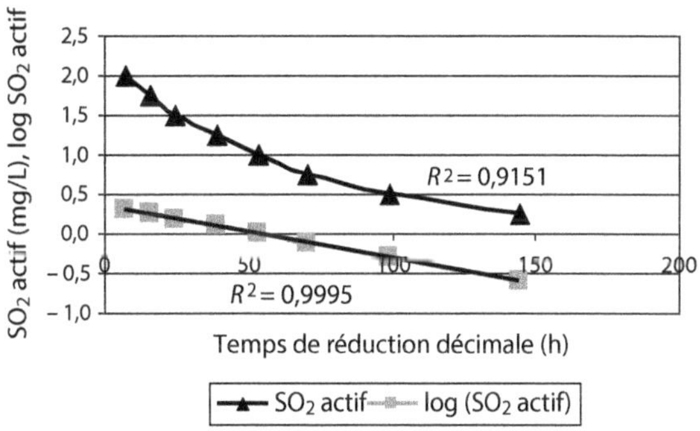

La figure 4.8 confirme ce phénomène sur la population levurienne, après divers sulfitages apportant de 0,5 à 6,5 mg/L de **SO_2 actif**. La relation est pratiquement linéaire (R^2 = 0,9816) entre SO_2 actif et log (nombre de levures résiduelles), contrairement à la relation avec le nombre de levures par millilitre.

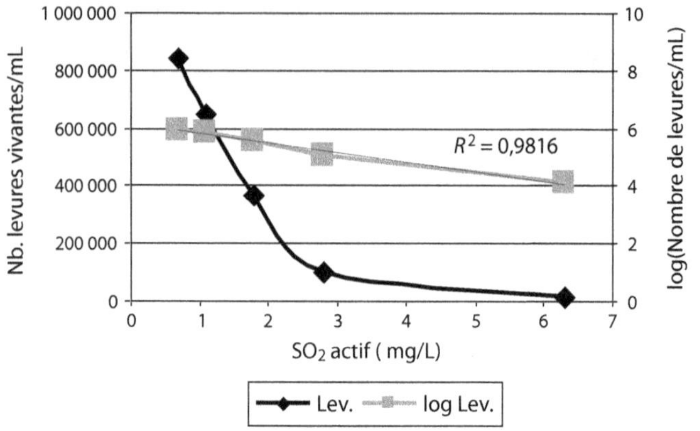

Figure 4.8 SO_2 actif et population de levures après sulfitage
Source : Paronetto

La figure 4.9 montre que la population levurienne, après sulfitage d'un vin en fermentation active, chute très vite, en quelques heures. Elle tend ici vers une valeur très faible, ici avec 200 ou 300 mg/L de SO_2 ajouté. Mais, avec seulement 100-150 mg/L de SO_2, elle se stabilise à une valeur importante (environ 1 000 à 1 000 000 levures/mL), d'où des risques de refermentation. Ce type de cinétique d'action est général.

Effet de la température

La figure 4.10 montre que l'efficacité du SO_2, estimée ici par le retard de départ en fermentation après sulfitage, est fortement réduite avec des températures élevées. C'est la conséquence de l'effet favorable de l'élévation de température sur le développement des levures, beaucoup plus important que la (probable) augmentation d'activité du SO_2. Ainsi, **le sulfitage doit être raisonné en fonction de la température** du moût ou du vin, plus important en cas de température plus haute.

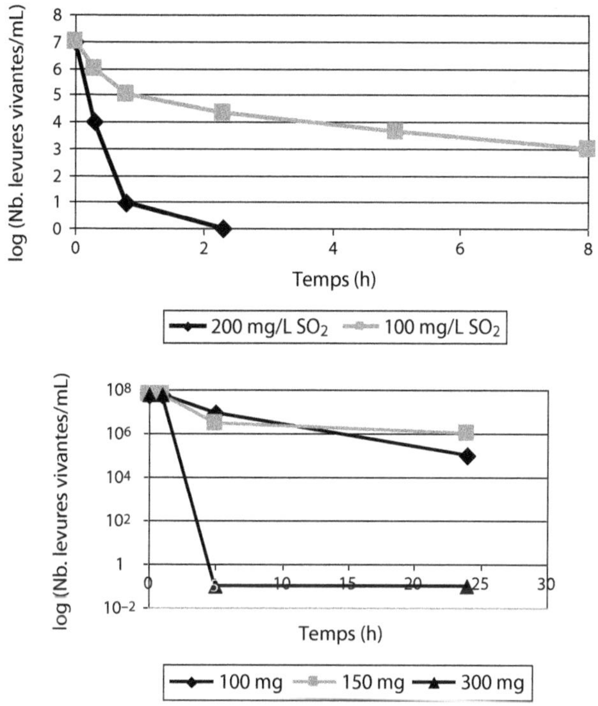

Figure 4.9 Vitesse d'action levuricide du SO_2 lors d'un mutage
Source : Chambre d'Agriculture de la Gironde, 1995 (en haut)
et P. Ribéreau-Gayon, 1998 (en bas)

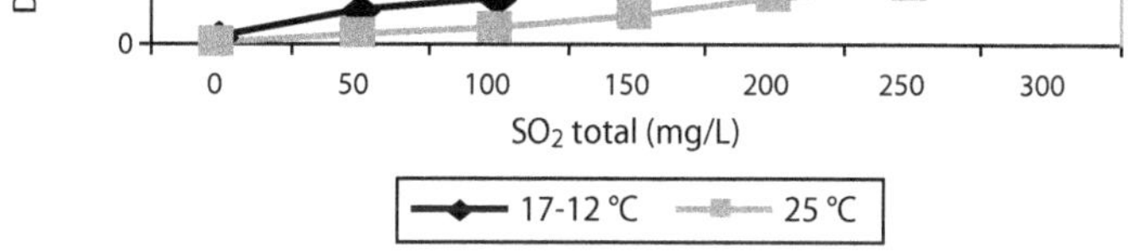

Figure 4.10 Retard de fermentation après sulfitage du moût selon la température
Source : Ventre, 1930

Par ailleurs, on observe que la chaleur est plus active dans le vin, contenant de l'alcool, que dans le moût, riche en sucres (tableau 4.1).

Tableau 4.1 Différences de sensibilité à la chaleur selon les levures dans le moût ou le vin
Source : Chambre d'Agriculture de la Gironde, 1977

Levure	Milieu	TRD-60 (min)	Z (°C)
Saccharomyces cerevisiae	Moût	26,5-38	9,2-10
Saccharomyces bayanus	Moût	32	10,3
Saccharomyces cerevisiae	Vin	1,3-2	9,3-10,3
Saccharomyces bayanus	Vin	1,5-1,6	9,2-9,3

Z : augmentation (ou diminution) de température entraînant une augmentation (ou diminution) d'efficacité d'un coefficient 10.

Effet de la composition du milieu

Les levures sont détruites beaucoup plus rapidement en milieu simplement aqueux qu'en présence de **sucres jouant à la fois un rôle protecteur** vis-à-vis des levures et combinant une partie du SO_2 ajouté (figure 4.11). C'est le cas lors du sulfitage du moût.

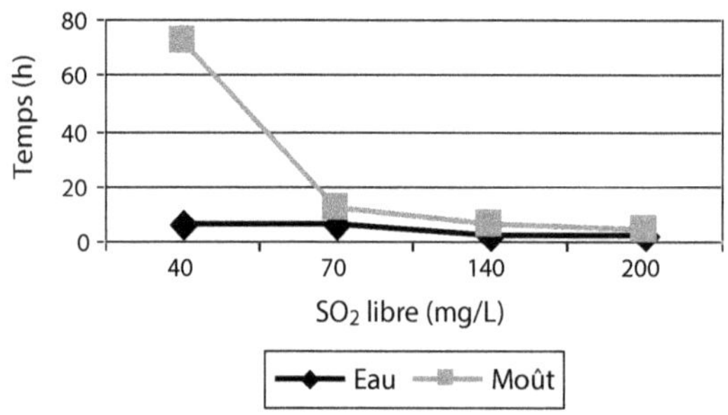

Figure 4.11 Destruction des levures selon le milieu
Source : Ventre, 1930

En présence d'anthocyanes, l'effet retardateur de fermentation du SO_2 est réduit d'environ 8 h (sur 25 à 55 h), vraisemblablement par suite d'une combinaison rapide SO_2-anthocyanes, facilement visible à l'œil nu.

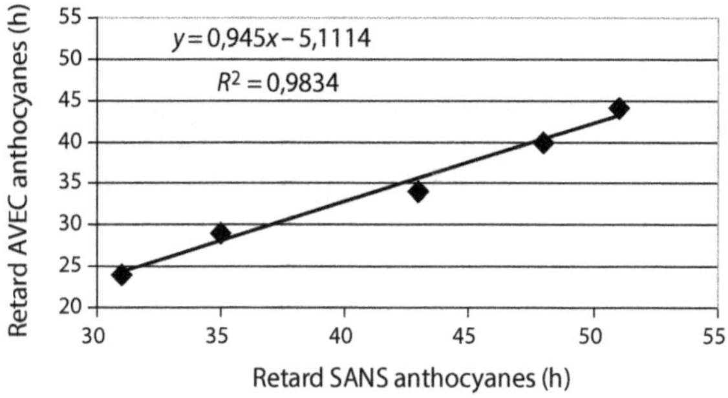

Figure 4.12 Influence des anthocyanes sur l'efficacité du SO_2 observée par le retard à la fermentation
Source : Usseglio-Tomasset, 1995

On retrouve un effet différent vis-à-vis des bactéries acétiques (tableau 4.2) : les **tanins renforcent la protection du SO_2** contre l'augmentation d'acidité volatile (Callede, Chambre d'Agriculture de la Gironde, 1983), indépendamment de leur combinaison avec le SO (*cf.* § « Divers » du 3.6.3).

Tableau 4.2 Influence des polyphénols sur l'évolution de l'acidité volatile : essai de tenue à l'air pendant 15 jours, SO_2 libre initial = 10 mg/L

Indice polyphénols totaux (IPT)	Augmentation acidité volatile (g/L)
39	0,35
49	0,17
59	0,03

Le SO_2 semble bloquer leur croissance sans détruire leur viabilité. Cette croissance peut reprendre avec des circonstances plus favorables, par exemple après les soutirages.

Garcia-Ruiz et coll. (2009-2014) montrent que certains composés phénoliques (extraits d'eucalyptus, d'amande) ont des effets bactéricides sur diverses bactéries de la fermentation malolactique. Ils agissent en déstructurant les parois cellulaires. Le tableau 4.3, indiquant les valeurs des *IC*-50[1] observées sur six souches de bactéries lactiques isolées de vins, montre que certains polyphénols viniques ont un effet bactéricide net, particulièrement les flavonols (myricétine, quercétine, kaempférol...), assez proche de celui du SO_2, et très supérieur à la lysine autorisée en œnologie. Des essais en cours avec divers extraits polyphénoliques semblent confirmer ces activités, même si leur utilisation pratique en œnologie n'est pas (encore) d'actualité.

1. *IC*-50 : concentration inhibitrice médiane (*half maximal inhibitory concentration*), concentration réduisant de 50 % l'activité dans des conditions standardisées.

Tableau 4.3 Pouvoir bactéricide de divers composés phénoliques du vin
Source : Garcia-Ruiz et coll., 2011

	Concentration inhibitrice médiane *IC*-50 (mg/L)	
	Lactobacillus, Pediococcus	***Oenococcus***
Acides hydroxybenzoïques	2 500-3 300	1 000-3 400
Acides hydroxycinnamiques	1 000-2 100	500-1 600
Alcools phénoliques	s.e.	s.e.
Stilbènes	700-800	300-700
Flavan-3-ols	s.e.	s.e.
Flavonols	**100-300**	**s.e.-148**
SO_2	**270-290**	**19-68**
Lysine	s.e.	2 400-3 100

s.e. : sans effet

Influence de l'espèce et souche de levure ou bactérie

L'efficacité du SO_2 est très variable selon les types de micro-organismes (levures, bactéries), les espèces et les souches dans chaque espèce. Le tableau 4.4, par exemple, indique le taux de SO_2 actif nécessaire pour retarder le départ en fermentation de 50 heures (Usseglio-Tomasset, 1995).

Tableau 4.4 SO_2 actif nécessaire selon les espèces de levures
Source : Garcia Usseglio-Tomasset, 1995

Levure	SO_2 actif (mg/L) pour 50 h de mise en fermentation
Saccharomyces bayanus	0,3
Saccharomyces cerevisiae	0,5
Saccharomycodes ludwigii	1,3
Saccharomyces uvarum	3,5

La différence systématique de sensibilité entre levures / bactéries lactiques / bactéries acétiques (souvent signalée) n'est plus reconnue comme générale, mais très variable selon les souches et/ou les conditions de milieu.

Quelques exemples de valeurs du TRD (temps de réduction décimale)

Les calculs à partir des courbes de la figure 4.13 permettent de calculer le TRD, lors d'un mutage avec 100 ou 150 mg/L de SO_2 ajouté :

- si ajout de 100 mg/L : TRD = 15 h ;
- si ajout de 150 mg/L : TRD = 9 h ;
- si ajout de 300 mg/L : TRD estimé ≈ 0,1 h (non calculable).

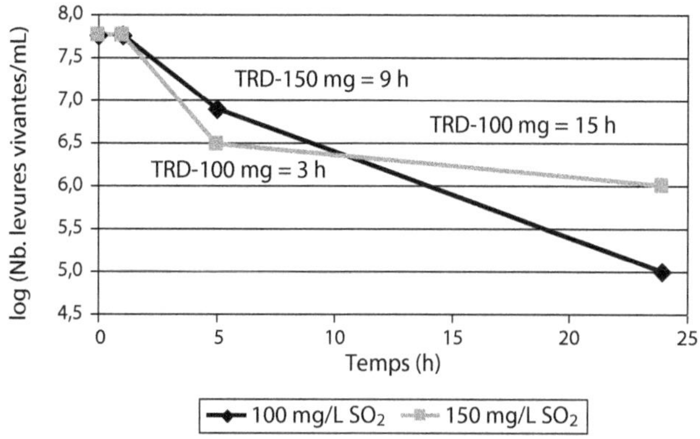

Figure 4.13 Vitesse de destruction des levures
Source : P. Ribéreau-Gayon

Les calculs directs limités aux premières heures d'action donnent des valeurs différentes :

- si ajout de 100 mg/L : TRD = 3 h ;
- si ajout de 200 mg/L : TRD = 0,7 h.

Les TRD des levures actives, lors de mutages, s'évaluent **en heures**. À partir de populations initiales de l'ordre de 1-10 millions de levures par millilitre, il faut donc de plusieurs heures à quelques jours pour arriver à une population résiduelle limitée, au-dessous des risques probables de refermentation. Ce temps est évidemment plus long avec des doses de SO_2 trop faibles, avec des risques croissant de forte combinaison du SO_2, de sélection de levures résistantes et d'instabilité fermentaire.

Quelques exemples de valeurs de DRD (dose de réduction décimale)

Les exemples des figures 4.14 à 4.16 et du tableau 4.5 permettent de calculer la DRD du SO_2 dans quelques cas.

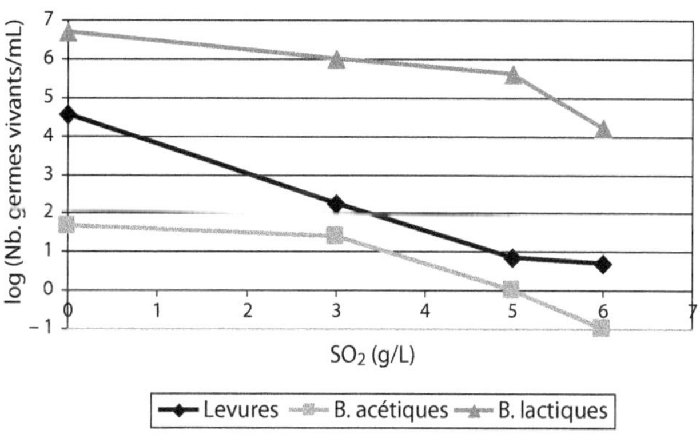

Figure 4.14 Doses de SO_2 et action antiseptique sur levures et bactéries
Source : Millet, 2000

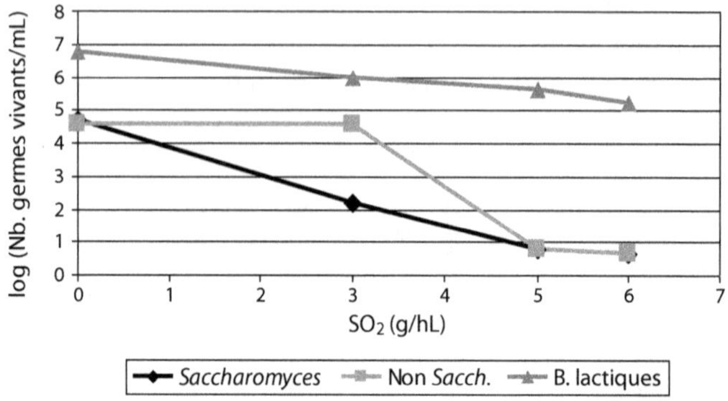

Figure 4.15 Doses de SO_2 et action antiseptique sur levures et bactéries, après 14 jours
Source : Lonvaud et coll., 2010

Tableau 4.5 Doses de réduction décimale (DRD) de SO_2 pour divers micro-organismes

	Dose de réduction décimale (DRD) en mg/L de SO_2 ajouté	
	Millet, 2000	**Lonvaud, 2010**
Levures *Saccharomyces*	15	14
Levures non *Saccharomyces*		14
Bactéries lactiques	28	40
Bactéries acétiques	23	

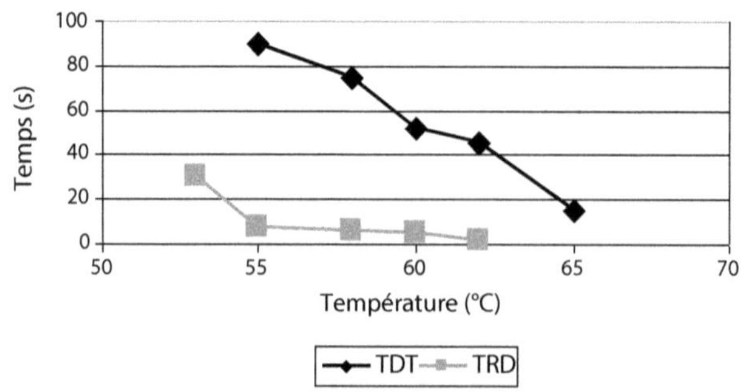

Figure 4.16 Influence de la chaleur sur le temps de destruction totale (TDT) et le temps de réduction décimale (TRD) des levures du vin
Source : Chambre d'Agriculture de la Gironde, 1975

On observe une bonne concordance entre les résultats, avec des écarts selon les espèces. Dans tous les cas observés ici, la DRD varie de 14 à 40 mg/L de SO_2 ajouté. Pour une destruction (quasi) totale et (très) rapide des germes, il faudrait des doses (très) élevées ; d'où la nécessité de **maîtriser simultanément dose de SO_2 et durée d'action**.

Dans certains cas, le SO_2 semble bloquer la croissance des levures ou bactéries sans détruire totalement leur viabilité. Cette croissance peut reprendre avec des circonstances plus favorables, par exemple après les soutirages. Des analyses par épifluorescence (du Toit, Pretorius et Lonvaud-Funel, 2005), déterminant les germes actifs non cultivables (ANC) mais réactivables en conditions favorables, donnent un TRD de 80 min pour les levures *Brettanomyces* en présence de 0,64 mg/L de SO_2 actif, et des DRD de 0,15 mg/L pour les *Brettanomyces bruxellensis* et 0,6 mg/L pour des bactéries *Acetobacter pasteurianus.*

Face à la diversité de ces résultats importants, on peut dégager quelques idées concrètes.

Pratiquement

La dose de SO_2 à utiliser dépend :

- de la population initiale. Théoriquement, une population microbienne, après stérilisation parfaite, permettrait la suppression ultérieure totale du SO_2 comme antiseptique. Pratiquement, c'est irréalisable dans l'immense majorité des cas ;
- de la composition de la flore : levures et/ou bactéries, souches de levures et/ou bactéries... ;
- du stade de développement des levures et bactéries ;
- de la population finale acceptée ;
- de la vitesse de destruction souhaitée.

Ainsi, l'efficacité réelle précise dépend largement d'un **ensemble de facteurs** difficiles à déterminer au cas par cas, *a priori*. Ils peuvent et doivent cependant être **estimés et pris en compte** avant tout sulfitage, pour en déterminer l'utilité, la dose. Le **module de calcul OPTI-SO2** est conçu pour aider à trouver la solution optimale (*cf.* annexe 3). Nous verrons plus loin quelques valeurs pratiques de référence de SO_2 « efficace » selon les circonstances (*cf.* chapitre 5).

4.1.3 Mécanismes physiologiques de l'effet antiseptique du SO_2

L'activité antiseptique à l'égard des levures ou bactéries relève d'un ensemble complexe de mécanismes, d'où les différences de comportements observés. Elle est directement liée au **taux de SO_2 actif H_2SO_3,** mais on a signalé depuis longtemps

(Fornachon, 1963) une certaine activité du SO_2 sur les bactéries lactiques, confirmée par O'Neil (2009), signalant aussi une plus grande résistance des bactéries *Pediococcus sp.* Une possible explication est une décombinaison progressive du SO_2 combiné par les bactéries utilisant l'éthanal.

Le SO_2 pénètre très rapidement dans la cellule en traversant la membrane en quelques minutes comme le montre le suivi de SO_2 radioactif (Macris et Markakis, 1974). Stratford et Rose (1985) observent une **absorption de 100 % en 5 minutes**, plus rapide si le pH initial du milieu est plus bas, la température plus grande.

Cette pénétration est considérée comme passive, par simple diffusion (Stratford, 1985) et/ou active, enzymatique par intervention d'une perméase (Markis, 1974). Il y a intervention d'une protéine membranaire spécifique, jouant le rôle de « pompe à sulfite » et contrôlant entrée et sortie du SO_2 dans la cellule. Cette protéine est sous la dépendance d'un gène spécifique SSU1, plus ou moins actif selon les souches de levures, ce qui contribue à expliquer les différences de sensibilité au SO_2 des différentes souches de levures (Lonvaud, Divol et coll., 2010).

Le **SO_2 pénètre dans la cellule sous la forme H_2SO_3 (SO_2 actif)**. Il est ionisé sous la forme HSO_3^-, très majoritaire dans la cellule de levure ayant un pH d'environ 5 à 6 (Conway et Downey, 1949). Il y a forte libération d'ions H^+ car une millimole de SO_2 total entrant (64 mg/L) accroît de 100 fois la quantité d'ions H^+ dans la cellule, soit une très forte **acidification du contenu cellulaire** avec baisse (ponctuelle) de pH de 2 unités.

Il y a **chute très rapide du taux d'ATP et d'autres enzymes** intervenant directement dans l'activité des levures lors de la fermentation des sucres (phospho-glycéraldéhyde, alcool-déshydrogénase...), entraînant un blocage de l'éthanal qui ne peut être transformé en éthanol et qui s'accumule, combinant du SO_2 qui devient inactif (tableau 4.6).

Tableau 4.6 Taux d'éthanal interne à la levure (en mg/L/UFC), selon le taux de sulfitage
Source : Divol, 2004

SO_2 (mg/L)	Taux d'éthanal (mg/L/UFC)	
	Après 18 h	Après 72 h
0	4×10^{-7}	$2,3 \times 10^{-7}$
10	1×10^{-6}	$3,4 \times 10^{-7}$
50	$1,45 \times 10^{-6}$	6×10^{-7}

Ce mécanisme a été confirmé (Bakalinsky, 2000) et précisé en indiquant que la résistance au SO_2 correspondant à une augmentation de la **production d'éthanal** joue un rôle de **détoxifiant vis-à-vis du SO_2**. Ce phénomène est bien connu en œnologie pratique où les sulfitages trop limités, ne maîtrisant pas suffisamment la population de levures, sont accompagnés de taux plus élevés d'éthanal ; d'où une combinaison-inactivation accrue, d'où une nécessité d'ajouter du SO_2... Ce cercle vicieux doit absolument être maîtrisé dès son origine (*cf.* chapitre 5).

Le SO_2 agit aussi par **réaction-blocage sur le NAD** (nicotinamide adénine dinucléotide), co-enzyme de la plupart des enzymes, par combinaison-blocage des fonctions carbonyles fréquentes dans le cycle normal des fermentations, par clivage de la molécule de thiamine (*cf.* § 7.2.1).

Dupuy (1959) a montré que l'action du SO_2 sur les bactéries acétiques était due à un **blocage des équilibres entre les fonctions S–S et S–H des acides aminés soufrés** des protéines. Ce mécanisme se retrouve dans l'action destructrice du SO_2 sur l'épicéa (Grill et coll., 1979), sur d'autres plantes, sur les levures.

Le résultat global du sulfitage est une chute de population vivante accompagnée d'une forte **réduction de taille moyenne des cellules de levures**, passant de 4-5 µm à 1,5 µm (Divol, 2004), significative de leur perte de vitalité.

L'ensemble de ces principaux mécanismes physiologiques de l'activité antiseptique du SO_2 dans la cellule de la levure peut être schématisé selon la figure 4.17.

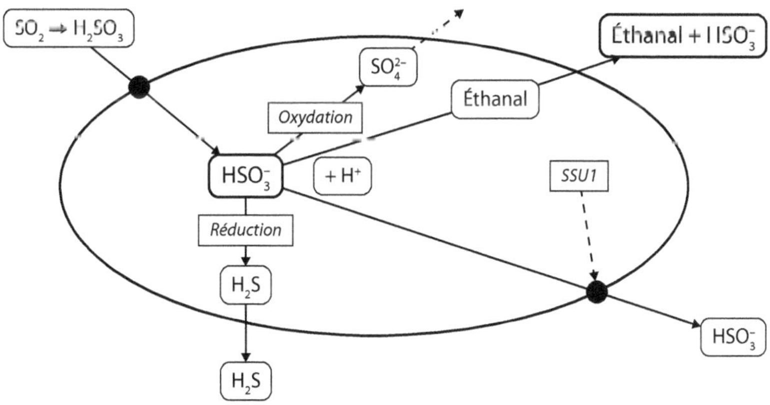

Figure 4.17 Activité schématique du SO_2 dans la cellule de levure
Source : Lonvaud, Divol

4.1.4 « Effet retard » du SO_2

Études scientifiques et observations de chai montrent que le SO_2 a un premier effet retardateur, inhibiteur... assez rapide qui cesse ensuite de se manifester. Il y a blocage de la fermentation alcoolique des moûts, du brunissement... puis démarrage en fermentation et, souvent, brunissement. Ces effets limités dans le temps correspondent à une **inhibition progressive du SO_2 apporté** par inactivation chimique (combinaison du SO_2) ou par **destruction** par oxydation. Presque toujours, le moût inhibé par le SO_2 connaît ensuite une fermentation spontanée très active, très probablement par suite du développement des levures plus robustes, celles ayant résisté au SO_2. Cette simple observation doit toujours être prise en compte pour optimiser le taux de SO_2 selon l'avenir connu ou prévisible de chaque lot de moût ou vin.

Pratiquement

- L'activité antiseptique du SO_2 découle de nombreux mécanismes internes à la cellule.
- Un « bon sulfitage » doit prendre en compte et exploiter les principes de ces diversités.

4.2 Effets antioxydants

Le rôle protecteur du SO_2 vis-à-vis de l'oxydation est classiquement cité, observé, quantifié par la chimie classique. Des études en solutions modèles, sur moûts, sur vins, anciennes (J. Ribéreau-Gayon, 1933) ou plus récentes (Dubernet, 1973 ; Pontalier, 1981 ; Laborde, 1987 ; Vivas, 1999, 2007…), ont mis en évidence la diversité des mécanismes et facteurs influents en œnologie. La teneur inadaptée en SO_2, excessive ou insuffisante, est une cause majeure des défauts observés dans les vins à la consommation, plus fréquente même que le « goût de bouchon » (tableau 4.7).

Tableau 4.7 Principales causes de défauts dans les vins à la consommation
Source : Teissedre-ISVV, pour International Wine Challenge, 2010

	2006	2007
% vins à défaut	7,1	5,9
Causes des défauts		
– « Bouchon »	27,8 %	31,1 %
– « Oxydé »	**24,3** %	**19,1** %
– « Réduit »	**29,2** %	**28,9** %

4.2.1 Mécanismes généraux

L'équation générale schématique reste la base de cet effet du SO_2 :

$$SO_2 + 1/2\ O_2 \rightarrow SO_3$$

Ou plus exactement, en solution :

$$H_2SO_3 + 1/2\ O_2 \rightarrow H_2SO_4$$

Elle indique que 16 mg d'oxygène oxydent 64 mg de SO_2, soit environ 32 mg de SO_2 consommé par environ 8 mg d'oxygène par litre, en cas de saturation d'un moût ou vin en oxygène.

La figure 4.18 montre cette action : elle met en évidence le « **temps *t*** » s'écoulant entre l'apport de SO_2 et la fin de consommation d'oxygène. Ce temps varie environ de 1-2 min dans les moûts de raisins sains (sans pourriture grise) à 4-20 min pour des moûts issus de raisins très pourris.

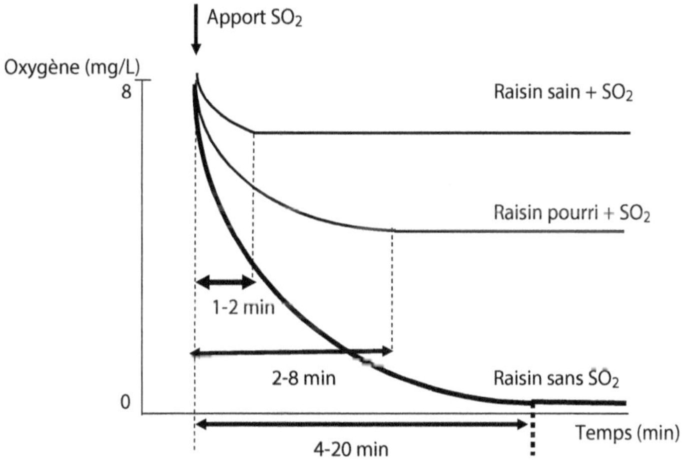

Figure 4.18 Évolution schématique du taux d'oxygène après addition de SO_2
Source : Dubernet, 1974

On peut retenir les données pratiques suivantes :

- Le SO_2 est **très peu oxydable directement par l'oxygène**.
- Cet **effet antioxydant serait lié à la forme SO_3^{2-}** (Boulton, 2002).
- La consommation d'oxygène est accélérée par la présence d'acide ascorbique, de composés phénoliques, de fer, de cuivre. Elle est ralentie par l'éthanol, le glycérol, les sucres, les acides organiques, la cystéine…
- Le **temps de consommation de 50 % de l'oxygène** à saturation peut ainsi varier **de 30 jours** (solution modèle) à **35 min** en présence d'acide ascorbique.
- La vitesse de consommation dans les moûts est beaucoup plus grande dans les moûts à cause de la présence **d'enzymes oxydatives**. La consommation totale de 7-8 mg O_2/L, correspondant à la saturation, est totale en 0,5 à 4,6 min, pour une moyenne de 2 min, après sulfitage.

- Ces modifications d'activité antioxydante découlent de la consommation concurrentielle d'oxygène (acide ascorbique), de la formation de complexes avec les métaux lourds, de la réaction avec les quinones issues d'oxydations antérieures de composés phénoliques.
- La production intermédiaire de composés de type **peroxydes** (H_2O_2) joue un rôle décisif, par exemple lors de l'action de l'oxygène sur les polyphénols. Les figures 4.19 et 4.20 schématisent les réactions polyphénols/oxygène/SO_2. La figure 4.21 indique l'oxydation du SO_2 selon la composition du milieu.

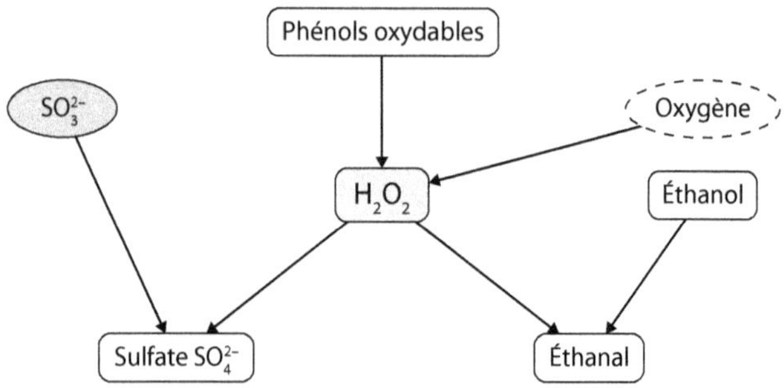

Figure 4.19 Exemple de schéma de l'oxydation chimique de polyphénols oxydables, de l'alcool et du SO_2
Source : Boulton, 2002

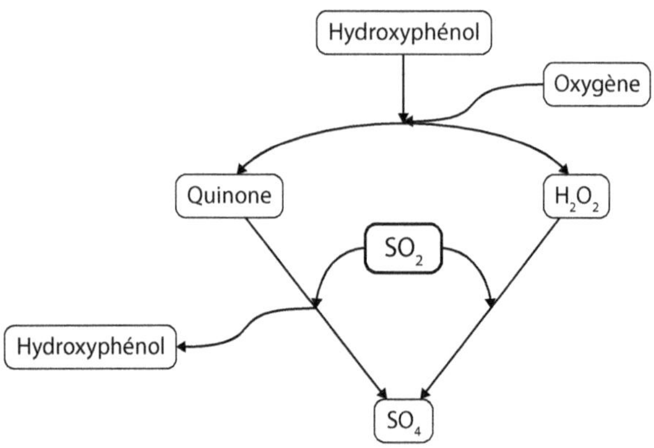

Figure 4.20 Mécanisme de l'oxydation du SO_2 en présence de polyphénols

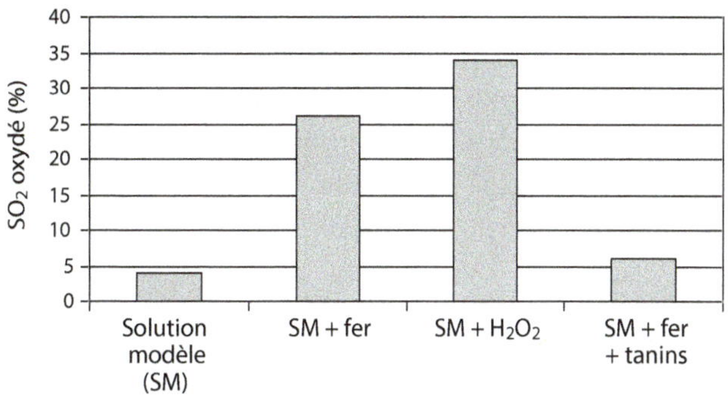

Figure 4.21 Oxydation du SO_2 (après 10 jours) selon la composition du milieu
Source : Vivas, 1999

Dans les vins rouges, l'interaction la plus importante est celle entre **SO_2 et polyphénols** (Pontalier, 1981 ; Laborde, 1987...). Elle doit contribuer à expliquer la bonne efficacité technologique de doses faibles de SO_2 libre aboutissant à des doses très faibles de SO_2 actif aux pH élevés souvent observés dans les vins rouges (ex. : 0,28 mg/L de SO_2 actif, à pH 3,8, pour 20 mg/L de SO_2 libre). On peut ainsi utiliser des doses de SO_2 libre très inférieures à la valeur théorique d'environ 100 mg/L de SO_2 libre calculée pour la seule protection du vin vis-à-vis des oxydations (Vivas, 1999). Plus oxydables, les polyphénols jouent le rôle de « **protecteurs du SO_2** » et permettent donc d'en réduire les niveaux nécessaires. On préconise parfois le tanisage dans cette intention, mais il faut alors s'assurer que les autres effets des **tanins** restent acceptables, notamment sur la « dureté » gustative. Le **glutathion**, naturel ou issu de produits qui en contiennent (*cf.* chapitre 7), réduit les quinones et prévient ou corrige les brunissements.

4.2.2 Vitesse de consommation de l'oxygène

La consommation d'oxygène est très différente pour les moûts et les vins, atteignant **2 mg/L/min** pour les moûts et seulement **2 mg/L/jour** pour les vins (P. Ribéreau-Gayon, 1998).

La vitesse de consommation de l'oxygène par le SO_2 est de type exponentiel :

$$[O_2] = [O_2 \text{ initial}]\ e^{-kT}$$

Avec :

$[O_2]$ et $[O_2$ initial$]$: concentrations en oxygène à l'instant T et à l'origine ;

T : temps en secondes ;

k : constante.

On a calculé la constante k (Poulton, 1970) pour une solution simple de SO_2 ($k = 2{,}66 \times 10^{-7}\ s^{-1}$), pour une solution d'acide ascorbique ($k = 3{,}27 \times 10^{-4}\ s^{-1}$) et pour un vin blanc ($k = 6{,}51 \times 10^{-6}\ s^{-1}$). On en déduit les courbes de consommation du SO_2 au cours du temps (figure 4.22) et donc le temps nécessaire pour une consommation de 50 % du taux d'oxygène à saturation (environ 8 mg/L) :

- solution simple de SO_2 : 30 jours ;
- vin blanc : 1,25 jour ;
- vin + acide ascorbique : 35 minutes.

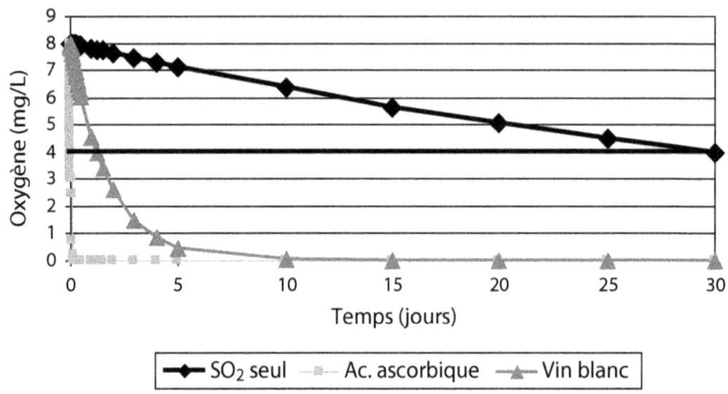

Figure 4.22 Vitesses de consommation de l'oxygène dans différents milieux
Source : Poulton, 1970

Ces valeurs indicatives montrent l'**extrême variabilité de consommation de l'oxygène**, largement modifiée par les teneurs en autres composés oxydables comme les polyphénols, les métaux (fer, cuivre...) (tableau 4.8).

Tableau 4.8 Oxydation du SO_2 en solution simple selon conditions
Source : Vivas, 1999

	SO_2 oxydé en 10 jours (%)
Eau	12
Eau + alcool	4
Eau + alcool + fer	26
Eau + alcool + H_2O_2	34
Eau + alcool + fer + tanins	6-7

Par ailleurs cette vitesse de consommation de l'oxygène est très sensible à la **température**, comme montré par J. Ribéreau-Gayon (1933) (figure 4.23), d'où la possibilité de réduire le sulfitage sur des vins conservés à température plus basse. L'oxygène y est plus soluble mais le temps pour réduire le taux d'oxygène de 50 % double lorsque la température baisse d'environ 5,5 °C.

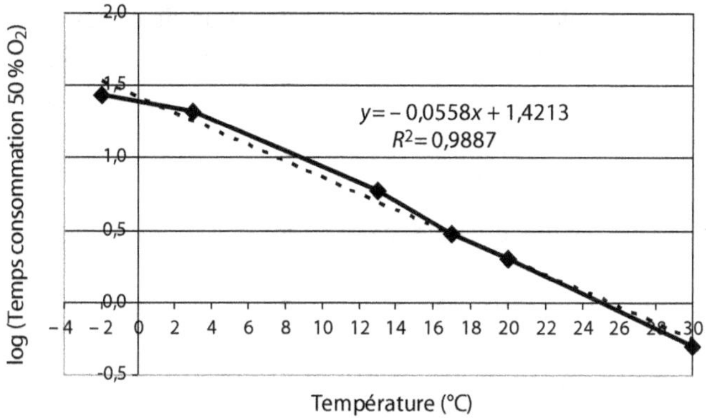

Figure 4.23 Vitesse de consommation de l'oxygène selon la température
Source : J. Ribéreau-Gayon, 1933

Cette vitesse de consommation d'oxygène dépend aussi de la dose de SO_2, comme montré par Vivas (1999) (figure 4.24).

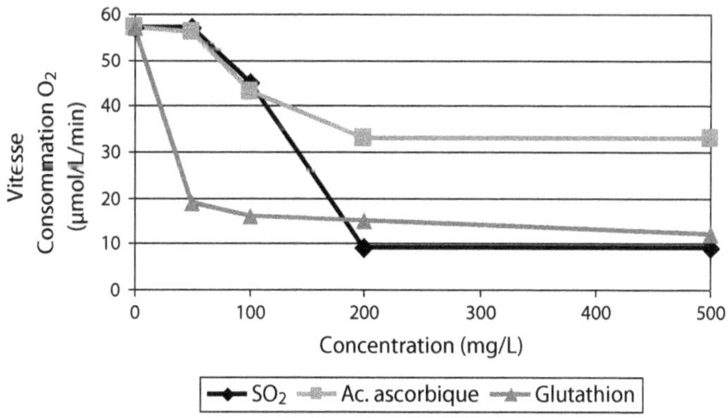

Figure 4.24 Vitesse de consommation du SO_2 selon le taux de divers antioxydants
Source : Vivas, 1999

On observe aussi l'effet protecteur vis-à-vis de l'oxydation du **glutathion**, qui consomme très rapidement l'oxygène.

4.3 Effets antioxydasiques

Tous les raisins présentent une « activité oxydasique » entraînant une consommation d'oxygène par voie enzymatique, avec oxydation de certains composés des moûts et vins. Cette activité a été attribuée aux polyphénol-oxydases, aux peroxydases, catalases, crésolases... On distingue aujourd'hui l'activité omniprésente dans tous les raisins due à une **tyrosinase** et celle liée au développement de la pourriture par *Botrytis cinerea* due à la **laccase**.

Le tableau 4.9 résume quelques caractères importants de ces deux oxydases.

Tableau 4.9 Propriétés comparées des oxydases des moûts et vins
Source : Dubernet, 1974

	Tyrosinase	Laccase
Noms	o-diphénol-oxydoréductase, crésolase, catécholase	p-diphénol-oxydoréductase
Propriétés	Issu du raisin Peu soluble Très spécifique des seuls o-diphénols, sans effet sur anthocyanes	Issu de *Botrytis* Soluble Peu spécifique, dégrade anthocyanes et tanins
Stabilité	Peu stable vers pH 3,0 Assez résistante à la chaleur	Très stable vers pH 3,4 Sensible à la chaleur

L'action protectrice du SO_2 vis-à-vis des moûts et vins issus de raisins pourris a été l'une de ses premières activités mises en évidence scientifiquement (Bouffard, 1894). Elle est une des plus importante et **la plus difficilement remplaçable**, sauf par des températures élevées pas toujours utilisables. La consommation d'oxygène (et les risques d'altération de la couleur, des arômes...) est en relation directe avec l'intensité de l'activité laccase (figure 4.25)

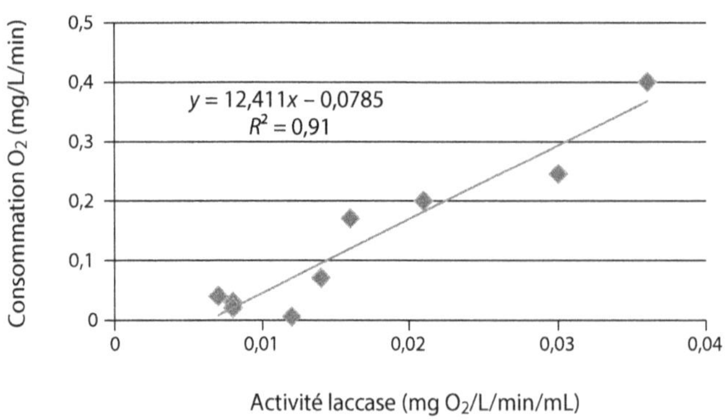

Figure 4.25 Laccase et consommation d'oxygène
Source : Devèze, 1977

Le SO_2 inhibe et/ou détruit ces enzymes.

La figure 4.26 montre deux exemples de la différence de sensibilité au SO_2 des deux enzymes sur des moûts de raisins sains (≈ activité tyrosinase) ou pourris (≈ activité laccase). La laccase s'avère beaucoup plus résistante au SO_2, mais sa présence limitée est peu dangereuse.

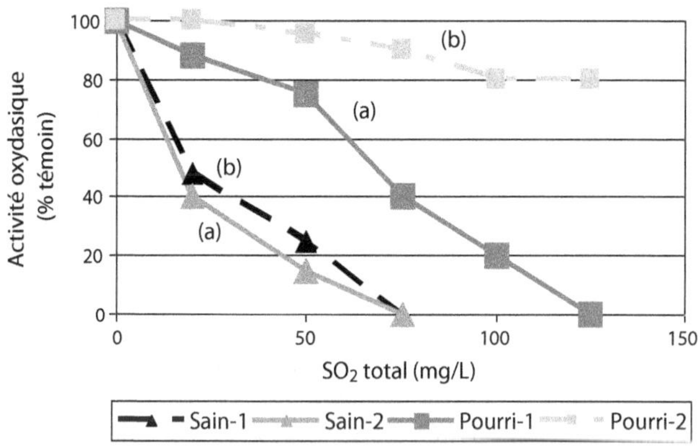

Figure 4.26 Différence de sensibilité des oxydases au SO_2
Source : Kovac, 1979 (a), et Dubernet, 1974 (b)

Comme vis-à-vis des micro-organismes, l'activité du SO_2 sur les enzymes est mesurée par la vitesse de destruction, exprimée par le temps nécessaire pour réduire l'activité de 90 % (TRD, temps de réduction décimale) (figure 4.27), ou TR-50 % correspondant à une baisse d'activité de 50 %.

Cette activité croît avec le taux de SO_2 selon une loi « log/log » (figure 4.27). Dans cet exemple, **le TRD est divisé par 2 pour une addition de SO_2 d'environ 8 mg/L.**

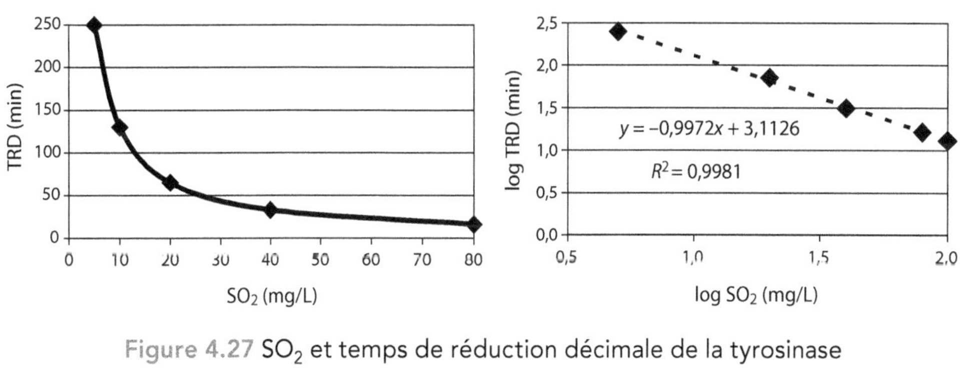

Figure 4.27 SO_2 et temps de réduction décimale de la tyrosinase
Source : Dubernet, 1974

Le dosage des activités oxydasiques

- **L'activité tyrosinase** peut se mesurer par la vitesse de consommation de l'oxygène, la vitesse de brunissement ou à l'aide de divers réactifs... On observe des différences très importantes selon les cépages, le niveau de maturité des raisins... Ce dosage est peu important car les effets de la tyrosinase sont sans réel danger.
- **L'activité laccase** peut aussi être mesurée par la consommation d'oxygène mais on pratique surtout le dosage direct par un réactif spécifique (syringaldazine). On a un dosage précis en laboratoire et une estimation « technique » souvent suffisante pour les vendanges et moûts frais, par divers outils de terrain (Botrytest®, Botrykit®, Botrymat®).
- Le dosage précis d'**activité laccase résiduelle**, au laboratoire, par exemple à l'occasion du premier soutirage, doit être **systématique sur tous les vins issus de raisins pouvant avoir été atteint par le *Botrytis***. Sauf exception[1], on doit avoir une activité résiduelle nulle. Dans les cas contraires, il convient d'intervenir (*cf.* chapitre 7).
- On apprécie aussi les attaques de pourriture « grise » ou « acide » indirectement par dosage de l'**acide gluconique** ou divers programmes adaptés sur analyseurs IRTF. Ces outils ne sont pas spécifiques de la laccase dont la production est indépendante des autres composants, généralement issus de germes autres que le *Botrytis cinerea*, notamment les bactéries acétiques se développant sur raisins. Ils peuvent être de bons indicateurs des dégâts globaux imputables aux diverses formes de pourriture.
- L'estimation directe de la présence de *Botrytis* (ex. : QuickStix™ Botrytis) ne renseigne qu'indirectement sur les risques liés à la laccase.

La destruction totale de la laccase peut demander des quantités importantes de SO_2 dans le cas de raisins très atteints par le *Botrytis cinerea* et/ou dans le cas de mauvais mélange du SO_2. Il peut alors rester une activité oxydative résiduelle. Même (très) faible, elle entraîne des oxydations sérieuses au bout de plusieurs mois. Cette oxydation tardive, sur vins, explique l'évolution gustative parfois flatteuse des vins jeunes très tanniques issus de raisins légèrement pourris, suivie d'un vieillissement accéléré pouvant être destructif de la couleur et de la qualité générale.

La **forme « active » serait ici HSO_3^-** (Boulton, 2002) et non le « SO_2 actif » moléculaire H_2SO_3 calculé par ailleurs (*cf.* § 4.4.2).

Les activités oxydasiques sont détruites par la chaleur (tableau 4.10) couramment utilisée à cette fin (*cf.* § 7.3). La laccase est plus sensible à la chaleur que la tyrosinase, moins dangereuse mais omniprésente.

1. Exemple : recherche d'obtention rapide de vins oxydés, de type rancio.

Tableau 4.10 Action de la chaleur sur les oxydases : temps de réduction décimale TRD et Z

Source : Chambre agricole de la Gironde, 1977

	TRD-60 (min)	Z (°C)
Laccase	46	8,9
Tyrosinase	66	14,4

On a aussi montré (Ruiz-Hermandez, 1993), à titre expérimental, que l'addition de soufre pur S à la dose de 50 mg/L suivie d'une filtration après 24 h, réduisait sensiblement la casse oxydasique.

4.4 Effets organoleptiques

4.4.1 SO_2 et couleur des vins

L'effet décolorant du SO_2, exploité depuis des millénaires pour les tissus, est directement observable sur moûts et vins, blancs et rouges. Cet effet résulte de la réduction chimique des composés bruns issus des oxydations (ex. : quinones) et/ou un changement de structure des anthocyanes, des tanins. Ces effets sont progressifs, plus ou moins rapides et réversibles. Le SO_2 joue ainsi le rôle de « protecteur de la couleur » à long terme.

SO_2 et anthocyanes-polyphénols

Les anthocyanes du vin sous diverses formes sont schématisées dans la figure 4.28 : AO de couleur mauve, AOH incolore et C jaunâtre, A^+ colorée en rouge vif et réagissant avec le SO_2 pour former une combinaison incolore (*cf.* § « Divers » du § 3.6.3). Cette décoloration est couramment utilisée pour doser les anthocyanes (Stonestreet et P. Ribéreau-Gayon, 1965).

On a proposé plusieurs valeurs des constantes de dissociation des différentes constantes d'équilibres K_a (0,001 à 0,0389), K_h (0,000125 à 0,0025) et K_t (0,12 à 0,61). Ces différences de valeurs découlent de la complexité des anthocyanes dans les vins, plus ou moins engagées dans des complexes avec les « tanins ». Au cours du vieillissement des vins rouges, la couleur rouge est de moins en moins due aux anthocyanes libres et de plus en plus aux anthocyanes combinées avec d'autres polyphénols, constituant des molécules plus grosses, moins réactives.

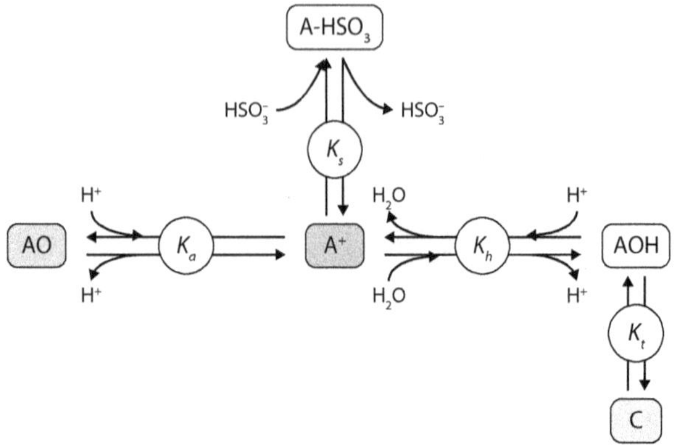

Figure 4.28 Formes et couleurs des anthocyanes selon le pH et le SO_2 (K_s, K_a, K_h, K_t : constantes de dissociation des réactions)
Source : Glories

Schématiquement, dans le cas des vins de pH 3,0 à pH 4,0, le pourcentage de la forme AO (mauve) augmente alors que la forme A^+ (rouge vif et principale responsable de la couleur des vins rouges) diminue fortement. On passe de 15-40 % de forme A^+ à pH 3,0 à 2-5 %, à pH 4,0, avec une baisse d'environ 80 %.

Dans l'exemple de la figure 4.29, à pH 3,5, le pourcentage de forme rouge A^+ est d'environ 10 % des anthocyanes libres dosées. **Cette forme A^+, rouge vif, se combine avec le SO_2** en se décolorant (*cf.* § 3.6)

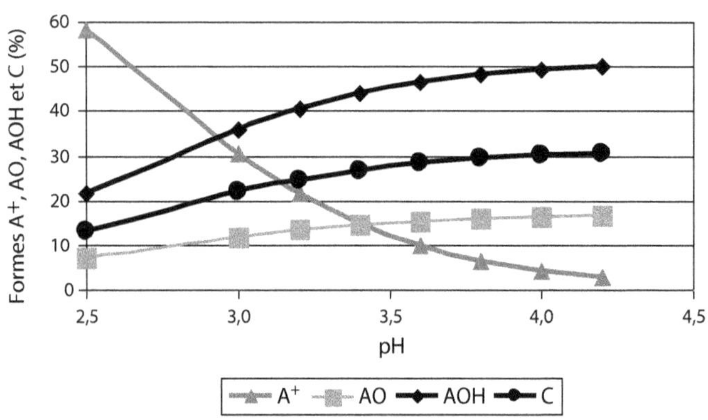

Figure 4.29 Pourcentages des formes colorées et incolores des anthocyanes (A^+ : forme rouge, AO : forme mauve, AOH : forme incolore, C : forme jaunâtre)
Source : Glories

Pratiquement, l'effet décolorant du SO_2 croît avec la dose de SO_2 et décroît avec le pH (figure 4.30). La vitesse de réaction est plus rapide après fort sulfitage, plus lente en présence de tanins (figure 4.31).

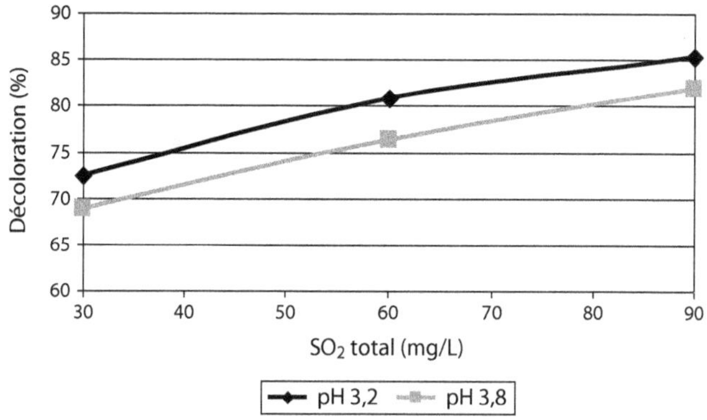

Figure 4.30 Décoloration des anthocyanes selon le SO_2, le pH
Source : Usseglio-Tomasset, 1995

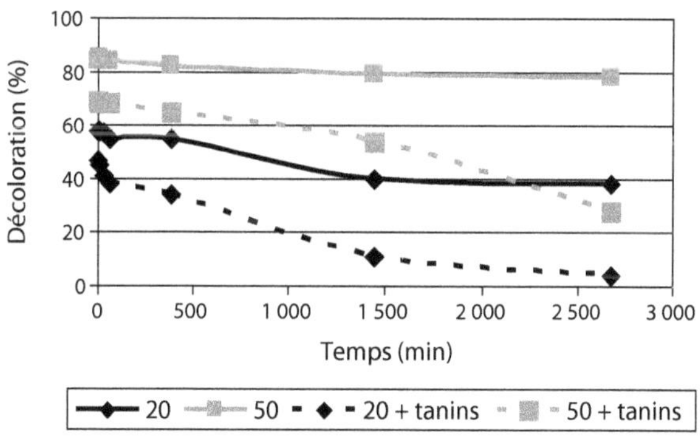

Figure 4.31 Vitesse de décoloration des anthocyanes selon le SO_2 (20-50 mg/L) et la présence de tanins
Source : Glories

Laborde (1987) a montré que l'effet décolorant du SO_2 était à l'équilibre au bout de 5-10 h. Son action est beaucoup plus lente que celle de l'acidification libérant la forme rouge vif A^+ en quelques microsecondes, ou que la transformation en forme incolore AOH qui demande quelques secondes (Glories, 1984).

Pontalier (1981) a montré **l'impact du sulfitage sur divers aspects phénoliques des vins** rouges en cours d'élevage (tableau 4.11). Plus récemment, on a préconisé divers tanins, dont certains issus de pellicules ou de pépins de raisins, pour stabiliser la couleur, améliorer le « corps » des vins par utilisation de ces réactions complexes entre anthocyanes-tanins-SO_2, avec des résultats variables. L'apport de tanins de chêne, châtaignier..., beaucoup moins chers mais d'une tout autre nature, n'a pas les mêmes effets positifs sur cette stabilisation de la couleur.

Tableau 4.11 Effet du SO_2 sur la structure des tanins
Source : Pontalier, 1981

	SO_2 faible ou nul	SO_2 « fort »	Effet du SO_2
Tanins (g/L)	2,56	2,83	+ 12 %
Anthocyanes (mg/L)	103	140	+ 36 %
IPT	43	43	0 %
Teinte	0,96	0,92	–4 %
Indice de dialyse *	24	14	–45 %
Indice de gélatine *	71	67	–5 %

Moyenne de 3 vins.
* La baisse des indices de dialyse et gélatine exprime la réduction du taux de condensation et d'astringence des tanins.

SO_2 et couleur des vins rouges

Le tableau 4.11 et la figure 4.32 donnent des exemples des effets du SO_2 dans les vins rouges vis-à-vis de quelques caractéristiques de la couleur.

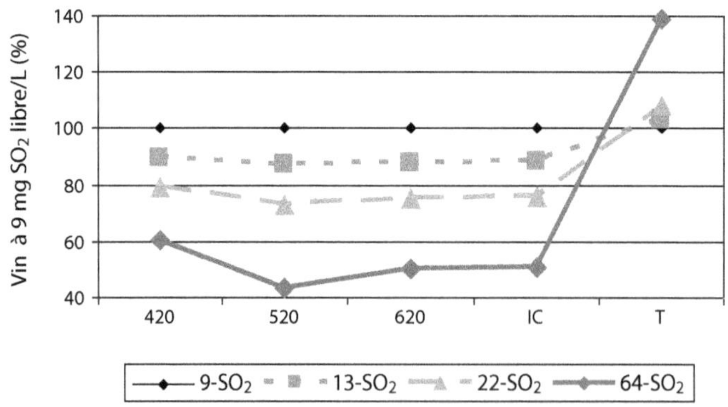

Figure 4.32 Effet décolorant du SO_2 dans les vins rouges (absorbances à 420/520/620 nm, intensité colorante IC et teinte T)
Source : Blouin et Vidal, 1976

Le SO_2 réduit fortement l'absorbance à 420 nm (couleur jaune), 520 nm (couleur rouge) et 620 nm (couleur bleue) et donc l'intensité colorante, ici d'environ 50 % pour 54 mg/L de SO_2 libre par rapport à 9 mg/L. La teinte (rapport couleur jaune/rouge) augmente.

L'indice de polyphénols totaux (IPT) n'est pas modifié.

Lorsque le SO_2 disparaît, par oxydation ou par combinaison avec un autre composé plus réactif (constante de dissociation vis-à-vis du SO_2 plus faible), la coloration initiale revient. C'est le cas usuel de la réaction avec l'éthanal se formant à partir de l'éthanol au cours de la fermentation alcoolique puis par réaction entre oxygène et polyphénols. Le blocage partiel du SO_2 libre par un aldéhyde (propanal, à titre expérimental) réduit l'effet décolorant du SO_2 (figure 4.33).

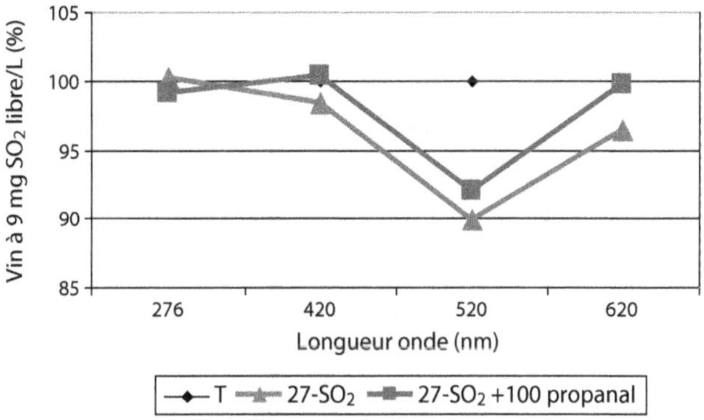

Figure 4.33 Effets du SO_2 et du propanal sur la décoloration des vins rouges (absorbances à 276 (IPT), 420, 520 et 630 nm)

Source : Blouin et coll., 2000

SO_2 et extraction de la couleur des vins rouges/rosés

Le sulfitage de la vendange rouge a un **effet décolorant immédiat** bien visible, suivi d'une **extraction améliorée des anthocyanes (et des tanins)** se manifestant par des vins plus colorés lorsque le SO_2 ajouté a été oxydé et/ou combiné à l'éthanal formé lors de la fermentation alcoolique. Le tableau 4.12 et les figures 4.34 et 4.35 donnent quelques exemples d'origines variées des effets solubilisant du SO_2 vis-à-vis de la couleur des vins rouges.

Tableau 4.12 Effets du sulfitage sur la couleur des vins rouges (IPT : indice de polyphénols totaux ; IC : intensité colorante ; teinte : rapport couleur jaune/couleur rouge)

SO_2 ajouté (mg/L)	IPT	IC (sous 1 cm)	Teinte
0	32	5,3	0,76
100	41	6,3	0,42
200	45	8,3	0,43

Source : Sudraud, 1963

.../...

SO_2 libre (mg/L)	Tanins (g/L)	Anthocyanes (mg/L)	Indice dialyse	Indice gélatine
0	2	58	31	70
10	2,7	106	17	69
60	2,8	197	12	54

Source : Pontalier, 1981

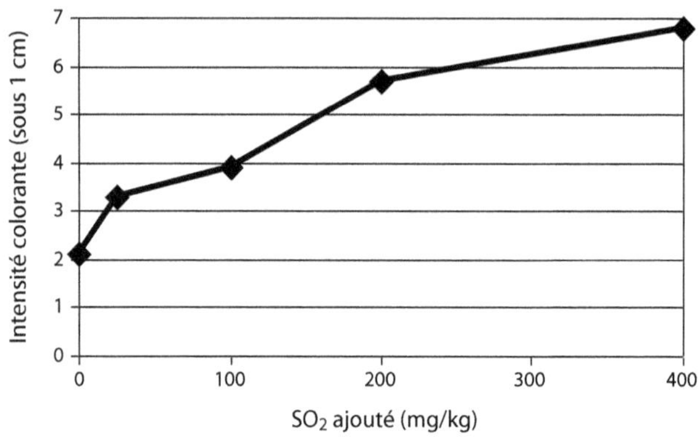

Figure 4.34 Effets du sulfitage de la vendange sur la couleur des vins rouges
Source : Marteau, 1967

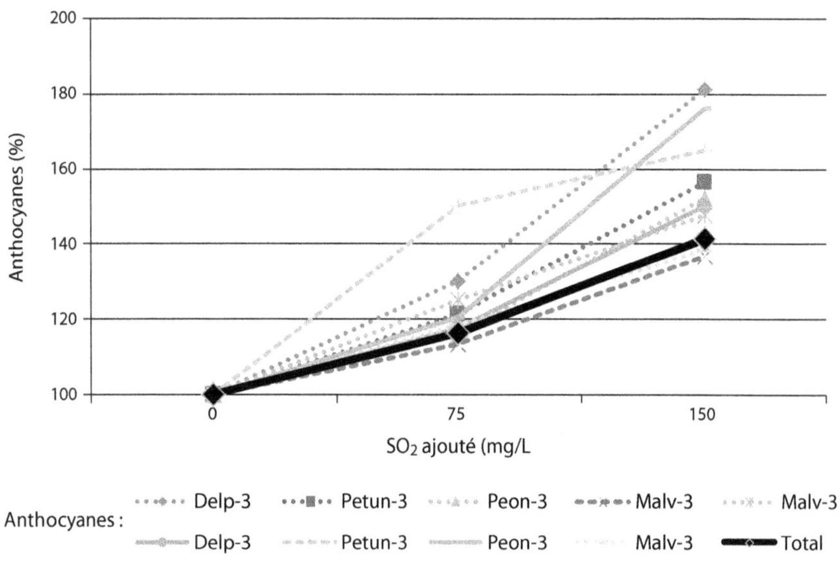

Figure 4.35 SO_2 et extraction des anthocyanes sans sulfitage
Source : Dallas et Laureano, 1994

La technique du fort sulfitage des vendanges rouges était développée dans la fabrication de l'œnocyanine (E163) par macération des pellicules de raisins riches en anthocyanes dans des solutions très concentrées en SO_2 qui était ensuite éliminé par distillation. On a aussi proposé des « macérations sulfitiques » préfermentaires pour élaborer certains vins rosés ayant ensuite une coloration plus intense, plus stable.

SO_2 et stabilisation de la couleur des vins rouges

Un essai d'élevage de vin rouge de quatre mois, avec une aération par semaine, donne les résultats exposés dans le tableau 4.13, selon la dose de SO_2 libre (Pontalier, 1981).

Tableau 4.13 Effets du sulfitage sur la stabilisation des composés phénoliques
Source : Pontalier, 1981

	Anthocyanes (mg/L)	Intensité colorante	Tanins	Indice gélatine
Témoin	58	0,61	2,01	70
7-10 mg SO_2 libre/L	106	0,64	2,67	69
35-40 mg SO_2 libre/L	197	0,34	2,82	54

Le SO_2 libre protège les anthocyanes, les tanins et réduit l'astringence estimée par l'indice de gélatine, mais il diminue l'intensité colorante à dose (trop) élevée.

SO_2 et couleur des vins blancs

L'action « dissolvante » du SO_2 se retrouve dans les vinifications en blanc, lors des contacts entre vendange sulfitée et jus, entre la récolte et l'extraction des moûts. C'est habituellement un inconvénient, mais il y a en même temps extraction favorable des composés aromatiques des pellicules et défavorable des composés phénoliques apportant dureté, amertume. Le bon usage du SO_2 doit trouver l'équilibre entre ces effets contradictoires.

Remarque : Le dosage des composés phénoliques totaux des moûts-vins blancs permet d'estimer leur importance. L'absorbance à 280 nm (IPT) avant et après fixation des polyphénols sur mini-colonne de PVPP constitue un bon indice pour comparer moûts et vins et leurs traitements.

Par ailleurs, le **SO_2 prévient, ou corrige, le brunissement** des vins blancs selon un mécanisme complexe entre composés phénoliques, oxydases, oxygène, composés réducteurs du raisin et SO_2 (figure 4.36).

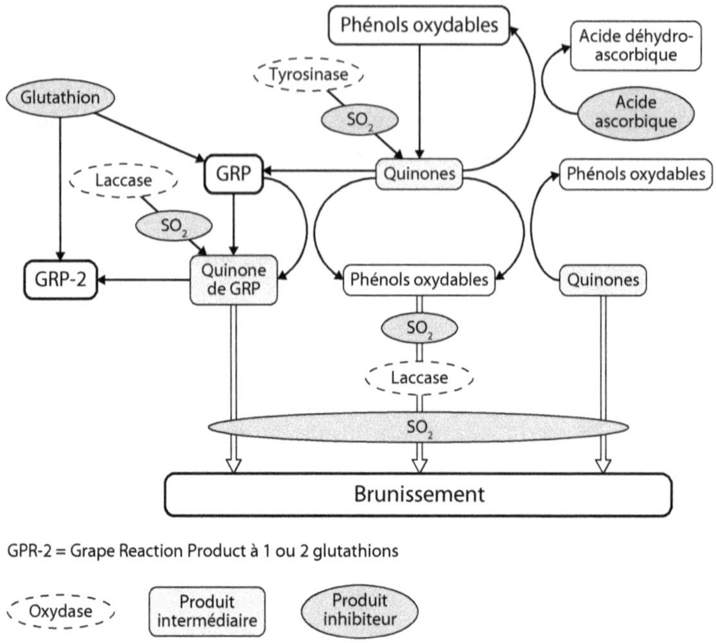

Figure 4.36 Exemple de schéma de l'oxydation enzymatique et chimique des polyphénols oxydables (dérivés tartriques des acides cinnamiques)
Source : P. Ribéreau-Gayon, 1998 ; Flanzy, 1998 ; Roland, 2010

Pratiquement, on observe cet effet du SO_2 lors de l'évolution de la couleur des (très vieux) vins blancs en bouteilles, à l'abri de l'oxygène, passant de « blond » au « doré » puis au « chocolat » après quelques heures dans le verre ou en bouteille entamée, à l'air.

Remarque : Le SO_2 agit **indirectement** sur la couleur, de façon importante, en bloquant ou détruisant les activités oxydasiques et en empêchant la destruction des polyphénols.

4.4.2 « Odeur de soufre »

Le SO_2 possède une odeur caractéristique, malencontreusement appelée « odeur de soufre », alors que le soufre seul est très peu odorant. Cette odeur est directement proportionnelle au taux de gaz SO_2 dans l'air inhalé.

SO_2 inhalé, dans l'air

Selon la concentration de gaz SO_2 dans l'air, on distingue différents seuils :

- **perception : 0,1 à 5 ppm** ;
- irritation : environ 2 ppm ;

- « piquant » : environ 3-4 ppm ;
- **limite d'exposition humaine : 2 à 5 ppm sur courte durée** ; 1,5 ppm pendant 7 h.

Pour les asthmatiques, on a des seuils acceptables plus bas :

- « fatigue » : 0,4 ppm ;
- spasmes possibles : 1 ppm.

Les valeurs et normes environnementales habituellement retenues sont les suivantes (selon American Conference of Governmental Industrial Hygienists, Occupational Safety and Health Administration, National Institute for Occupational Safety an Health…) :

- air de qualité : 0,172 ppm pendant 1 h ; 0,057 ppm pendant 24 h ; 0,030 ppm pendant l'année ;
- **air ambiant : taux très variable, en moyenne 0,001 à 0,01 ppm** ;
- « pollution » : à partir de 0,02 à 0,2 ppm ;
- **toxicité : à partir de 2 ppm.**

À titre de comparaison, le « seuil de sensibilité » du SO_2 est environ deux fois plus élevé que celui de l'éthanal, vingt fois plus élevé que celui du H_2S (hydrogène sulfuré).

Rappel : 1 ppm = 1 partie par million = 1 mL/m^3 ; 1 ppm de SO_2 = 2,86 mg/m^3.

La grande diversité des valeurs proposées découle des différences de sensibilité entre individus, des autres éléments de l'atmosphère, des risques sanitaires admis, des pays…

Le **seuil de sensibilité « moyen » se situe vers 0,5-1 ppm de SO_2 dans l'air** (soit 1,43-2,86 mg/m^3).

Rappelons que l'odeur du SO_2 liée au vin est directement proportionnelle au **seul « gaz SO_2 »** présent dans l'air inhalé, lui-même en équilibre directement avec le SO_2 moléculaire H_2SO_3 (SO_2 actif) dissous dans le vin, selon la loi de Henry (*cf.* § 3.1.3). En appliquant cette loi, on calcule :

$$\begin{gathered}1\ \text{mg/L de } SO_2 \text{ moléculaire } H_2SO_3 \text{ dans vin}\\ \rightarrow 14{,}7\ \text{ppm } SO_2 \text{ dans air} = 42{,}2\ \text{mg/m}^3\end{gathered}$$

Il est possible d'estimer le flux d'évaporation[1] du SO_2, avec un calcul plus détaillé. Par exemple, dans un verre à dégustation légèrement agité (2 rotations par seconde) contenant un vin avec 1 mg/L de SO_2 actif, à 20 °C, on a la valeur de 0,39 mg de SO_2

1. D'après Evans, Jones et Overstreet, 1993.

évaporé par heure. En inhalant 10 mL de cette atmosphère du verre en 1 seconde, on a une valeur calculée de 3,5 ppm de SO_2 inhalé, très au-dessus du seuil de sensibilité.

Odeurs du SO_2 dans les vins

La perception de l'odeur de SO_2 dans les vins est variable selon les individus, les vins, le contexte. Le seuil de détection, assez mal connu, est souvent plus bas pour les vins blancs ou les vins « doux » que pour les vins rouges, notamment pour des raisons psychologiques découlant d'une réputation de « vins soufrés » qu'avaient, parfois à juste titre, certains de ces vins blancs, autrefois.

Selon les études, on propose des **seuils de perception allant de 20 à 50-60 mg/L de SO_2 libre**. Ces seuils méritent d'être exprimés en « SO_2 moléculaire » H_2SO_3, seule source du SO_2 perçu « au nez ». On a alors des **seuils de perception de 0,2 à 0,5-0,6 mg/L de SO_2 moléculaire** (SO_2 actif), d'où des quantités de SO_2-gaz dans l'atmosphère proche du vin allant d'environ 3 à 10 ppm.

À titre indicatif, le tableau 4.14 donne un exemple de **description** détaillée de cette perception du SO_2 dans les vins.

Tableau 4.14 Exemple de description détaillée de perception du SO_2 dans les vins
Source : Paronetto et Dal Cin, 1954

Vins blancs		
SO_2 (mg/L)	Odeur	Saveur
20	Imperceptible	Imperceptible
50	À peine perceptible, très tolérable	À peine perceptible
100	Commence à gêner	Nettement perçu, commence à gêner
150	Ingoûtable	Ingoûtable, solution de SO_2
Vins rouges		
SO_2 (mg/L)	Odeur	Saveur
20	Presque imperceptible	Imperceptible
50	Perçu mais pas gênant	Nettement perçu, commence à gêner
100	Perçu mais acceptable	N'est plus tolérable
150	Ingoûtable	Ingoûtable, solution de SO_2

La perception de l'odeur de SO_2 varie ainsi, selon la teneur dans l'air inspiré, la sensibilité exercée ou non des individus, le contexte mais aussi selon la **richesse olfactive des vins** créant synergie ou masquage de l'« odeur de SO_2 ».

Cette odeur spécifique déplaisante est un inconvénient évident à l'égard du plaisir de la dégustation et de la consommation. Elle constitue aussi un **instrument de**

limitation de l'usage excessif et de détection des éventuels risques pour les utilisateurs de SO_2 en chais.

4.4.3 Blocage des aldéhydes

En l'absence de SO_2 libre, l'éthanal des vins issus de la fermentation alcoolique et/ou de l'oxydation de l'alcool manifeste son odeur spécifique d'« évent », de pomme trop mûre, « d'oxydation »..., désagréable et rédhibitoire pour la quasi-totalité des vins.

Connaissant la constante de volatilité de l'éthanal (constante de Henry K_H = 11 mol.L/atm), on calcule sa teneur dans l'air au-dessus d'un milieu liquide en contenant.

Exemple : éthanal dans liquide = 1 mg/L → éthanal dans air = 0,001/44/11 = **2,07 ppm** = 2,07 × 44/22,4 = **4,06 mg/m³**.

Cette teneur est supérieure au seuil de sensibilité, en milieu synthétique, mesuré de 0,015 à 0,12 ppm, moyenne 0,5 ppm[1] (2 mg/m³). Nous avons vu (*cf.* § 3.6.1) que des vins (très) pauvres en SO_2 libre pouvaient avoir quelques milligrammes d'éthanal libre par litre, et donc libérer des quantités perceptibles olfactivement. La présence de nombreux composés volatils, dont l'éthanol dix fois plus volatil (K_H = 150) et cent mille fois plus abondant, modifie beaucoup cette perception.

Ce blocage spécifique de l'éthanal (et autres aldéhydes volatils très peu abondants) est irremplaçable et s'impose à tous les vins, à l'exclusion des rares vins dits « oxydatifs », tels certains vins de Jerez, Porto, Banyuls, Madère, « vins jaunes »... Il n'y a **pas de solution alternative à cette fonction de blocage de l'éthanal par le SO_2**, parfois ignorée.

Remarque

Cette nécessité de bloquer les aldéhydes explique l'impossibilité pratique d'élaborer des « vins sans SO_2 » qui restent de dégustation agréable (*cf.* § 7.5).

Ces effets antagonistes du SO_2 sur l'odeur des vins (masquée par un excès ou déformée par un déficit) sont une réponse à la question initiale de l'introduction de cet ouvrage. « J'aime bien ce vin, mais il est beaucoup moins bon après quelques minutes (ou heures) à l'air. » « Ce vin ne me plaisait pas, mais il est devenu très bon le lendemain de l'ouverture de la bouteille ! »

1. *www.epa.gov/ttn/atw/hlthef/acetalde.html*

4.4.4 Protection des arômes et de la couleur

Les activités antioxydantes et antioxydasiques de l'ensemble des moûts et vins expliquent la nécessité de teneurs suffisantes en SO_2 pour éviter la dégradation de nombreux composés aromatiques et/ou phénoliques directement sensibles à l'oxydation (*cf.* chapitre 2).

Le SO_2 a une **action protectrice directe sur certains arômes de type « thiols »**, par exemple le 4-MMP (4-mercapto-4-méthyl-pentan-2-one) à l'odeur de buis-genêt jouant un rôle positif important dans l'arôme variétal du cépage sauvignon et d'autres cépages (tableau 4.15).

Tableau 4.15 Effet protecteur du SO_2 sur l'arôme de sauvignon
Source : Dubourdieu, 1990

	4-MMP (ng/L)	% moût sulfité
Sulfitage à 50 mg/L	2 200	100 %
Pas de sulfitage	1 350	61 %
Hyperoxygénation	950	43 %

A contrario, le taux de SO_2 libre doit être suffisamment bas, ou nul, dans l'élaboration de vins de type rancio où l'on accélère parfois les oxydations par assemblage avec des vins ayant conservé une légère activité laccase et activant ces transformations, en conditions contrôlées.

Ces effets antagonistes du SO_2 sur l'« odeur » des vins, masquée par un excès ou déformée par un déficit, sont la réponse à la question initiale de l'introduction, confirmée par l'observation des vins à la consommation[1] (*cf.* § 4.2) :

- « J'aime bien ce vin, mais il est beaucoup moins bon après quelques minutes (ou heures) à l'air », car il n'était **pas assez sulfité** ;
- « Ce vin ne me plaisait pas, mais il est devenu très bon le lendemain de l'ouverture de la bouteille ! », car il était **trop sulfité.**

Le SO_2 bien employé est plus qu'un simple adjuvant technologique, c'est un « améliorateur de qualité gustative ».

1. Exemple : Lors d'une double dégustation de deux séries de vins liquoreux (club toulousain In Vino Veritas, 2008), à l'ouverture des bouteilles et 5 h après, on a observé les résultats suivants : série A : 11 vins/16 « moins bons » après 5 h ; série B : 3 vins/16 « moins bons » et 8 vins/16 « meilleurs ». La perte de qualité peut être imputée à un manque de SO_2 libre, l'amélioration à un SO_2 libre initial trop fort.

4.5 Effets physiologiques

Comme tous les autres produits « naturels » ou « chimiques », eau pure comprise, le SO_2 a une certaine toxicité variable selon la **dose** et les **individus**, entraînant des doses maximales autorisées. La toxicité aiguë est définie par la **DL50** (dose létale, en mg/kg de poids, entraînant la mort de 50 % des animaux étudiés). La toxicité chronique est définie par le **DSE** (doses sans effet, en mg/kg de poids/jour), qui sert à déterminer la **DJA** (dose journalière admissible, en mg/kg de poids/jour) par application d'un coefficient de sécurité de 100 à 1 000, voire 5 000.

Le « SO_2 œnologique » présente des risques par inhalation et/ou ingestion.

4.5.1 SO_2 inhalé

L'activité humaine (minerais soufrés, charbon, hydrocarbures…) complétée par les volcans, les eaux sulfureuses…, libère chaque année de grandes quantités de SO_2 (150 à 200 millions de tonnes dans le monde) aboutissant à des taux atmosphériques très variables de 0,03 ppb à 50 ppm. Habituellement négligeables, ces teneurs peuvent provoquer, localement, des éternuements, irritations, rougissements, maux de tête, mais pas de véritables allergies car **le SO_2 n'induit pas la formation d'immunoglobulines caractéristiques des allergies**.

On a étudié les effets du SO_2 chez les personnes asthmatiques (environ 5 à 20 % de la population à des niveaux très variables). Environ 1,7 % d'entre eux ont une réaction au SO_2 atmosphérique inhalé (Bush et coll., 1986), soit de 0,9 à 3 pour mille habitants.

La gêne liée au SO_2 inhalé est irritante et très désagréable mais cela constitue aussi un signal d'alerte.

Ces teneurs acceptables en SO_2 atmosphérique sont encadrées par diverses normes sensorielles, techniques et/ou réglementaires indiquées (*cf.* § 4.4.2). Dans la pratique des chais, il faut noter que le **seuil de détection olfactive (0,5 à 1 mg/L air)** est un peu inférieur ou proche du seuil d'alerte sanitaire (0,6 à 2 mg/L) et aux valeurs limites d'exposition.

Il ne faut cependant pas sous-estimer les risques d'accidents graves par exposition ponctuelle à des teneurs très élevées pouvant aller jusqu'à la cécité, la mort. Ces risques aigus sont très rares (ex. : fuite brutale de récipients contenant du SO_2 gazeux en atmosphère confinée) mais très intenses. Les risques semi-chroniques sont plus fréquents avec le méchage ou les solutions sulfureuses libérant du SO_2 gazeux et exigent des précautions d'emploi. Cet effet sur les personnes fait l'objet de recherches en cours, en réaction à des projets d'interdiction réglementaire de l'emploi de cette immémoriale « mèche soufrée ». Divers dispositifs limitent efficacement de tels taux de SO_2 dans l'atmosphère des chais (*cf.* chapitre 5 et chapitre 6).

Remarque : L'exposition prolongée à des teneurs élevées en SO_2 peut entraîner des grillures des végétaux, avec pertes de récolte (ex. : région de Lacq, Pau) avant la mise en place ultérieure de dispositifs adaptés.

4.5.2 SO_2 ingéré

Les sulfites sont utilisés dans de **nombreux aliments** (et environ deux cents médicaments français) pour prévenir leurs altérations microbiennes et/ou oxydatives. Le vin constitue la principale source de SO_2 dans l'alimentation « moyenne » occidentale.

La **toxicité aiguë** définie par une DL50 de 1,5 g/kg est à peu près identique à celle du sel de cuisine ou du bicarbonate de sodium, soit la catégorie des produits « dangereux-peu dangereux » selon la classification de l'OMS.

La **toxicité chronique** est définie par la **DJA de 0,7 mg/kg/jour**, soit **49 mg/jour pour une personne de 70 kg**. Cette dose est déterminée à partir d'un coefficient de sécurité de 100. En appliquant ce coefficient au sel de cuisine, consommé sur la base moyenne de 1-2 g/jour, il faudrait démontrer l'innocuité totale d'une consommation quotidienne de 100-200 g/jour ! La consommation moyenne de sel de cuisine est d'environ 8-9 g/jour et la consommation conseillée de 5-6 g/jour seulement[1] avec, alors, un coefficient de sécurité très inférieur à celui du SO_2.

Les effets physiologiques du SO_2 peuvent se manifester par la destruction de la thiamine vers pH 6,0 mais elle est **nulle au pH de 2 à 3 de l'estomac**. L'effet mutagène ne se manifeste qu'à très forte concentration (64 g/L), uniquement *in vitro*. Il n'a été observé **aucun effet tératogène ni cancérigène**. On ne peut parler d'action allergisante car il n'y a pas production d'allergènes provoquée par le SO_2.

Les réactions de certaines personnes à la consommation des vins rouges ont des causes diverses, notamment la présence d'histamine et autres **amines biogènes** essentiellement produites par des développements bactériens mal maîtrisés, **par manque de SO_2**, et accentuées par la présence ultérieure de SO_2 (Dahl et coll., 1986), d'où la nécessité d'un emploi réfléchi.

À partir des teneurs en SO_2 total moyennes et/ou médianes observées dans de très nombreuses situations, on calcule les quantités moyennes de SO_2 ingérées en France par consommation de vin.

1. *Le sel : comment limiter sa consommation ?*, Inpes (*www.inpes.sante.fr/CFESBases/catalogue/pdf/1181.pdf*).

Consommation de vin et SO_2 en France

La consommation de vin en France est de 56,6 L/an/habitant de plus de 14 ans (source : FranceAgriMer, 2011), dont 60 % de vins rouges, 23 % de vins rosés et 17 % de vins blancs (source : Vin et Société), dont 12 % de vins blancs secs et 5 % de vins blancs doux. À partir des chiffres du paragraphe 5.2, on peut calculer la quantité moyenne de SO_2 ingéré issu du vin (tableau 4.16).

À partir des teneurs moyennes et/ou médianes de 60 à 200 mg de SO_2 total par litre et selon les types de vins rouges, rosés, blancs secs et blancs doux, on a une absorption moyenne de **11,4 à 13,7 mg/jour/habitant** pour un volume total consommé de 50 ou 60 L/an/habitant. Soit environ 25 % de la dose admise de 49 mg/jour.

Tableau 4.16 Quantité moyenne de SO_2 ingéré issu du vin

Type de vin	SO_2 moyen (mg/L)	Consommation (%)	SO_2 total (mg/jour/hab)	
			Consommation de 50 L/an/hab	Consommation de 60 L/an/hab
Rouges	60	60	4,9	5,9
Rosés	110	23	3,5	4,2
Blancs secs	100	12	1,6	2,0
Blancs doux	200	5	1,4	1,6
Total		100	**11,4**	**13,7**

Dans l'hypothèse improbable de consommation exclusive de vins ayant des teneurs atteignant 90-95 % des teneurs maximales observées, soit de 110 à 270 mg/L, on a une absorption moyenne de **16,7 à 20,1 mg SO_2/jour/habitant.**

A contrario, la consommation régulière de vins « pauvres en SO_2 » permet d'ingérer moins de 8-10 mg de SO_2/jour.

Dans tous les cas, on est **2 à 5 fois au-dessous de la DJA** de $0,7 \times 50$ kg = 35 mg à $0,7 \times 80$ kg = 56 mg SO_2/jour.

Le vin demeure une source importante de SO_2 ingéré mais limitée à environ 40 % du total alimentaire (Aguilar, AFSSA, 2006).

Le SO_2 de toutes origines est rapidement détoxifié dans l'organisme humain par transformation en sulfates. Chaque jour, l'organisme métabolise l'ensemble des composés soufrés ingérés ou transformés (acides aminés...) pour une quantité équivalente à 1,5-2 g de SO_2 par jour (sauf pour une personne sur 100 000 carencée en sulfite-oxydases[1]). Le « mal de tête » souvent signalé **n'est pas mis en évidence**

1. Enquête Australie – Nouvelle-Zélande.

de façon significative par les enquêtes épidémiologiques (États-Unis, Australie, Nouvelle-Zélande).

4.6 SO_2 endogène

En l'absence de tout sulfitage des moûts, les vins contiennent du **SO_2 dit « endogène »**. Le phénomène est connu depuis longtemps (Haas, 1889) et largement étudié depuis une cinquantaine d'années (Kielhöfer, 1958), particulièrement en zones viticoles froides où il est plus intense.

Les systèmes enzymatiques de la levure transforment le soufre élémentaire S (peu abondant), les acides aminés soufrés (cystéine/cystine, méthionine, glutathion) et leurs dérivés, les sulfates. Il y a production d'autres acides aminés, de sulfures et d'autres composés volatils odorants, puis de sulfates et de sulfites.

La production de SO_2 endogène varie de **quelques milligrammes par litre à 30-40 mg/L et plus de 150 mg/L** dans certaines situations rares. Cette production est proportionnelle à la consommation de sucres. Elle est plus importante à basse température, en anaérobiose, en milieu fermentaire très limpide (donc pour les moûts blancs très débourbés), ainsi qu'en cas de carence en méthionine, cystéine. Elle varie avec les souches de levures, elle est importante avec les levures SO_2-sensibles, normalement éliminées par le sulfitage des moûts.

On doit limiter cette production de SO_2 endogène, pouvant être importante et qui devient gênante au-delà de 20-40 mg SO_2/L. Dans ces situations à risques (moûts blancs, très limpides, en situations froides), on obtient des teneurs limitées et sans risques en SO_2 endogène avec un **sulfitage initial normal** (qui, paradoxalement, permet l'obtention de vins avec des teneurs en SO_2 endogène et donc total plus réduites) et par l'utilisation de levures sèches actives (LSA) sélectionnées pour leur faible production de SO_2. En leur absence, il y a risque d'une teneur en SO_2 total en fin de fermentation très élevée, supérieure à celle obtenue par sulfitage « normal ». Ceci est particulièrement gênant pour les vins effervescents destinés à une deuxième fermentation lors de la « prise de mousse ».

La correction des éventuelles carences est aléatoire, habituellement inutile et interdite.

En résumé

On peut reprendre le schéma initial (*cf.* figure 4.1) sur les effets du SO_2, l'origine des combinaisons... sous la forme simplifiée suivante (figure 4.37), proposée il y a quelques années, et souvent reprise voire déformée (avec ou sans citation des sources !).

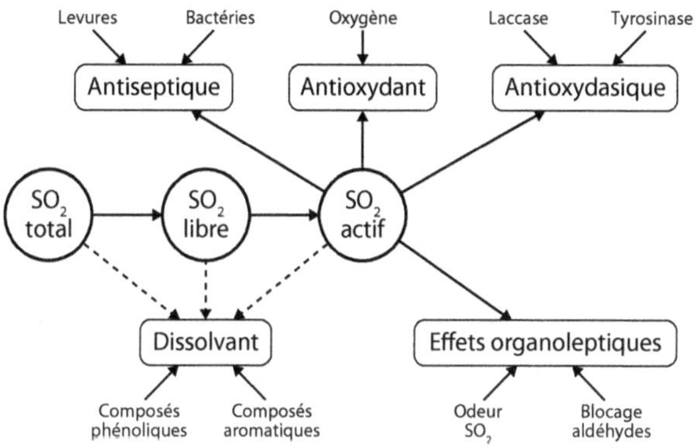

Figure 4.37 Les effets du SO_2

5 Utilisation du SO_2

Au travers des époques, les connaissances sur l'utilisation du SO_2 ont évolué. Ce chapitre met en lumière les différents usages actuels.

5.1 Petite histoire de la pratique du sulfitage

Le SO_2 a une longue histoire que l'on peut illustrer et préciser par quelques citations qui nous informent des usages d'autrefois, de leurs causes et des leçons à en tirer. Les mécanismes d'action alors indiqués peuvent surprendre, ils reflètent simplement les connaissances de leurs temps et la façon de les formuler, leurs évolutions qui se poursuivent et sont à prendre en compte.

En 1759, Bidet explique dans le *Traité sur la nature et la culture de la vigne ; sur le vin, la façon de le faire, et la manière de le bien gouverner* :

> *« Dans le premier tirage au clair, de peur que le vin ne prenne l'**évent**, il est d'usage de faire couler dans le tonneau un petit bout de **mèche soufrée** large d'un demi-pouce, et long d'un pouce et demi [soit 5,5 cm² ou 1/17 de mèche]. »*

Cette mèche est constituée par un mélange de soufre et divers aromates.

> *« Il serait dangereux que le vin prît le goût de soufre ; c'est pourquoi il faut faire attention de **ne pas trop en mettre**. »*

En 1801, dans le *Traité sur la culture de la vigne*, II, J. A. Chaptal écrit :

> *« Soufrer ou **muter** les vins, c'est les imprégner d'une **vapeur** sulfureuse qu'on obtient par la combustion des mèches soufrées. »*

À Marseillan (Hérault), on appelle ce **vin** « ***muet*** » qui sert à soufrer les autres..., à raison de deux ou trois bouteilles par tonneau.

> *« Le soufrage rend d'abord le vin trouble et sa couleur vilaine... **décolore** le vin rouge..., a le très précieux avantage de **prévenir la dégénération acéteuse**. »*

On peut concevoir cet effet sous deux aspects car :

> *« 1°. (...) on déplace l'air (...) qui se mêlerait au vin et déterminerait la fermentation acide (...) 2°. On produit quelques atomes d'un acide violent qui suffoque, maîtrise et s'oppose au développement d'un acide plus faible. »*

En 1822, dans le *Manuel du sommelier ou Instruction pratique sur la manière de soigner les vins*, A. Jullien explique :

> *« Lorsque l'on a vidé un tonneau, il faut bien l'égoutter, y brûler un morceau de **mèche** soufrée d'environ un pouce carré... De cette manière, il ne peut contracter **aucun mauvais goût**. »*

> *« Quand il s'agit de rétablir des vins qui ont un principe de dégénération acide, ou qui subissent une fermentation accidentelle (...) on a recours à l'opération nommée **soufrer sur vin**, ou à celle de **muter**. »*

> *« Le sulfite de chaux paraît susceptible de remplir ce but [le mutage]. »*

Pour L. Pasteur, dans *Études sur le vin* (1866) :

> *« Le méchage des fûts est **une des plus anciennes pratiques de l'art de faire le vin** (...) L'action de l'acide sulfureux offre des inconvénients, et son effet n'a qu'une durée limitée. »*

5.2 Teneurs des vins en SO_2

Connu depuis plus d'un siècle, le dosage du SO_2 fut cependant peu pratiqué pendant de longues décennies. De nombreuses observations prises dans divers documents originels le montrent.

En 1911, E. Dubourg analyse le taux de SO_2 libre de 66 vins blancs « doux » de **Bordeaux**. Il trouve une teneur moyenne de 33 mg/L, avec 48 % de vins ayant moins de 20 mg/L, 73 % moins de 40 mg/L et seulement 11 % avec plus de 60 mg de SO_2 libre par litre.

Parmi plus de 300 vins examinés dans les archives du laboratoire de la Répression des fraudes de **Beaune** entre 1907 et 1931, l'analyse de SO_2 n'apparaît que deux fois, pour deux moûts sans SO_2 ou avec 58 à 115 mg/L de SO_2 libre et total.

Le manuel pratique d'analyses chimiques *Vins* d'U. Gayon et J. Laborde (1912) ne donne que 21 résultats d'analyses de SO_2, parmi plusieurs centaines de résultats divers, dont de nombreux dosages de sulfates. Seuls huit vins sont notés comme ayant 40 à 221 mg/L de SO_2 total. De même, il n'y a que très peu de données sur le SO_2 dans *Analyse et contrôle des vins* de J. Ribéreau-Gayon et É. Peynaud (1958).

Plus tard, en 1978, P. Jaulmes (*Effets sur la santé humaine de l'anhydride sulfureux ingéré par différents apports alimentaires et particulièrement lors de la consommation de vin*, rapport à la direction Santé et Sécurité de la CEE) fait un état détaillé des taux de SO_2 total dans les vins, en examinant plus de 40 000 vins issus de 43 sources différentes, à la production et au commerce :

- **à la production**, pour 32 287 vins de France métropolitaine et du Maghreb des récoltes 1974-1977 (96 % de vins rouges), la teneur **moyenne générale est de 56 mg/L** de SO_2 total, alors que la moyenne des minimums des différents groupes selon les origines est de 12 mg/L et celle des maximums de 226 mg/L ;
- **au commerce** (figure 5.1 et tableau 5.1), les teneurs moyennes sont plus élevées pour un ensemble de 8 061 vins blancs et rouges : on en a 10 % à moins de 75 mg/L, **50 % à moins de 115 mg/L** et 10 % à plus de 190 mg/L pour une teneur moyenne de 130 mg/L.

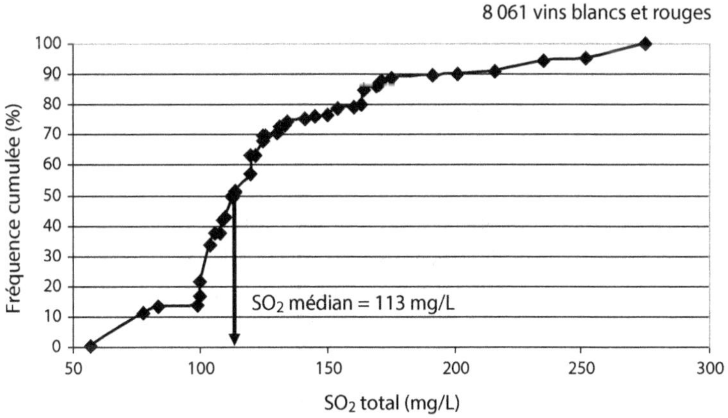

Figure 5.1 Répartition des teneurs en SO_2 total de 32 287 vins au négoce
Source : Jaulmes, 1978

Tableau 5.1 Teneurs en SO_2 total selon la couleur des vins
Source : Jaulmes, 1973-1977

Vins	Nombre	Moyenne	Médiane	9e décile
Blancs	2 275	176	170	265
Rouges	4 175	104	110	125
Rosés	1 611	133	125	200
Ensemble	**8 061**	**130**	**115**	**190**

Rappel : La valeur du 9e décile est la valeur incluant 9/10 des vins.

Plus récemment, Brun et Cabanis (1992) donnent les résultats du tableau 5.2.

Tableau 5.2 Répartition des teneurs en SO_2 total de différents vins
Source : Brun et Cabanis, 1992

Vins	Type	Teneur (mg/L) pour x % des vins	
		50 %	90 %
Blancs	AOC	100	145
	Table	110	165
	Sucre > 5 g/L	120	185
Rosés	AOC	80	135
Rouges	Table	65	120
	Divers	80	135

90 % des vins ont moins de 120 à 185 mg/L, selon les catégories.

Dupuy (1992) présente la synthèse de très nombreuses études. Il indique que le **SO_2 total moyen** des vins, majoritairement rouges, analysés par l'Institut coopératif du vin entre 1976 et 1990 varie entre 40 et 80 mg/L, avec une **moyenne de 53 mg/L**. Pour la récolte 1990, 60 % des vins rouges (10 millions d'hectolitres) contiennent moins de 80 mg/L de SO_2 total. À l'INRA-Narbonne, de 1961 à 1971, selon les années, 74 à 80 % des vins ont moins de 80 mg/L de SO_2 total et 1 % plus de 160 mg/L. Sur environ 10 000 vins blancs d'Alsace, 21 à 75 % ont une teneur supérieure à 160 mg/L. Une enquête (OIV, 1972) observe que 10 à 29 % des vins contiennent plus de 200 mg/L de SO_2 total.

Lambion (1973) donne les résultats suivants, en Belgique, pour les moyennes de teneur en SO_2 total :

- vins rouges en bouteilles : 144 mg/L (92 % < 200 mg/L) ;
- vins blancs secs et doux en bouteilles : 232 mg/L (85 % < 300 mg/L) ;
- vins rouges et blancs en vrac : 167 mg/L (71 % < 200 mg/L).

La DGCCRF (1990) observe, dans les vins à la consommation, des **teneurs moyennes de 58 à 199 mg/L** selon les catégories, avec une valeur plus élevée de 283 mg/L pour les vins « liquoreux ». Pour plus de 8 000 vins examinés par six laboratoires de la DGCCRF, la teneur médiane est de 85 mg/L, 90 % des vins ont moins de 120 mg/L et 95 % moins de 175 mg/L. En 1990-1991, il est observé une **teneur moyenne de 43 à 60 mg/L**.

Une étude australienne conduite sur 20 ans (Stockley, 2005) donne des résultats un peu différents, avec une montée récente des taux de SO_2 total et surtout de SO_2 libre, initialement très bas (tableau 5.3).

Tableau 5.3 Teneurs en SO_2 libre et total selon la couleur des vins australiens
Source : Stockley, 2005

Vins	Nombre	SO_2 libre (mg/L)		SO_2 total (mg/L)	
		1984	2004	1984	2004
Blancs	9 477	16 ± 4	29 ± 1	100 ± 10	130 ± 12
Rouges	18 421	6 ± 2	22 ± 2	30 ± 15	50 ± 10

Une enquête sur la composition générale des vins de Gironde de 1997 à 2001 sur près de 10 000 échantillons donne les résultats du tableau 5.4.

Tableau 5.4 Taux de SO_2 libre, total et combiné sur divers types de vins de Gironde (mg/L)
Source : Chambre d'Agriculture de la Gironde

	Nombre	Valeur médiane				SO_2 total - 9e décile
		SO_2 libre	SO_2 total	SO_2 combiné	C-L20 moyen	
Rouges	6 197	23	72	49	44	93
Blancs	3 252	22	115	93	89	189
Rosés	430	21	104	83	81	147
Ensemble	**9 879**	21	76	55	53	145
1997	2 504	21	88	67	65	140
1999	2 171	20	87	67	67	140
2000	2 763	22	84	62	59	123
2001	2 441	25	104	79	72	159

Le SO_2 total de l'ensemble est, pour **50 % des cas, inférieur à 76 mg/L** et, pour 90 % des cas, inférieur à 145 mg/L. Les teneurs sont un peu plus élevées pour les vins blancs secs et plus basses pour les vins rouges. On note aussi quelques différences entre millésimes.

Les résultats observés sur environ 10 000 vins tranquilles issus d'une trentaine de pays vinicoles (Concours Des Vins, CDV, 2003-2008) donnent une bonne image des taux actuels de SO_2 total dans le monde. La **teneur médiane est de 90 mg/L pour les vins blancs et de 66 mg/L pour les vins rouges** ; elle est plus réduite pour les vins secs, majoritaires, et plus élevée pour les vins « sucrés », (très) minoritaires. 95 % des vins blancs ont moins de 162 mg/L de SO_2 total et 95 % des vins rouges moins de 113 mg/L. La figure 5.2 et le tableau 5.5 montrent les répartitions de ces teneurs en SO_2 total selon les types de vins.

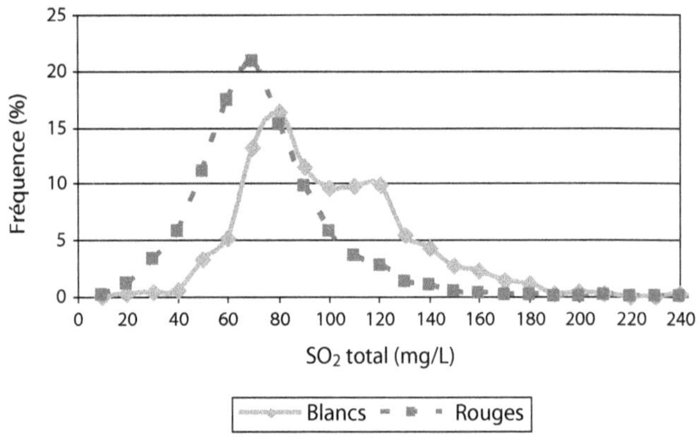

Figure 5.2 Fréquences des teneurs en SO_2 total de vins blancs et rouges du monde
Source : Concours Des Vins, 2003-2008

Tableau 5.5 Répartition des teneurs en SO_2 total selon le taux de sucres

	Teneurs en sucres (g/L)				
	Ensemble	**SR ≤ 1**	**SR 1 à 3**	**SR > 3**	**SR > 20**
Blancs					
Médiane	**90**	**79**	**87**	**108**	**104**
95 % des vins inf. à	162	131	150	165	385
Rouges					
Médiane	**66**	**61**	**70**	**74**	
95 % des vins inf. à	113	87	119	122	

SR : sucres réducteurs.

Nous avons procédé pendant de nombreuses années[1] à une étude systématique détaillée de l'évolution du taux de SO_2 total dans la région traditionnellement productrice de la majorité des vins blancs « liquoreux » du monde (Sauternes, Barsac, Cérons, Loupiac, Ste Croix du Mont, Cadillac...) sur environ 10 000 vins analysés les mois de décembre, janvier et février qui suivent la récolte.

De 1966 à 1991, on observe les **variations en 25 ans** suivantes :

- vins blancs « liquoreux »[2] : **-1,4 mg/L/an**, soit une diminution totale de 35 mg/L ;
- vins blancs secs : **-1,9 mg/L/an**, soit une diminution totale de 48 mg/L.

Cette forte diminution a tendance à ralentir sur les dernières années. C'est la conséquence du fait que tous les vins contiennent une quantité minimale, inéluctable, de produits combinant le SO_2, plus importante dans les vins « liquoreux » issus de « tries[3] » successives de raisins atteints par la pourriture.

Ceci est confirmé par l'évolution du taux de vins situés au-dessous des seuils de 150 ou 350 mg/L de SO_2 total. Ce pourcentage de vins plus faiblement sulfités augmente puis plafonne, surtout pour les vins « liquoreux » (figures 5.3 et 5.4).

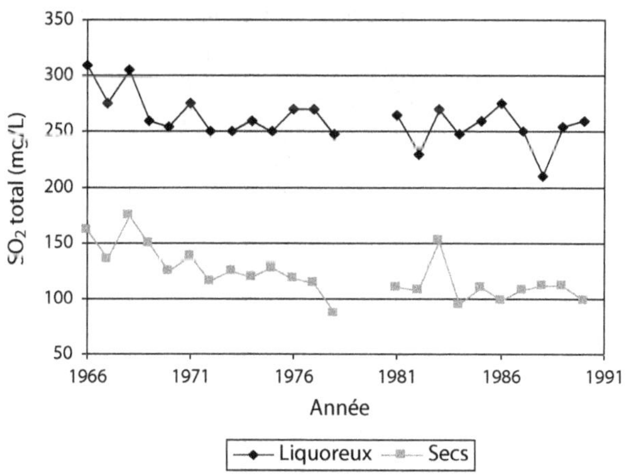

Figure 5.3 Évolution du SO_2 total moyen dans les vins blancs secs ou liquoreux en Bordelais
Source : Chambre d'Agriculture de la Gironde

1. Tous nos vifs remerciements vont ici à l'équipe du Centre Œnologique de Cadillac-Podensac et à L. Llorca, son directeur.
2. Le qualificatif « liquoreux », non réglementaire, est d'usage traditionnel dans cette région productrice de vins issus de raisins atteints par la « pourriture noble » et récoltés par « tries successives ».
3. Le mot « trie » est aussi traditionnellement utilisé au féminin, contrairement à l'usage français classique utilisant le masculin.

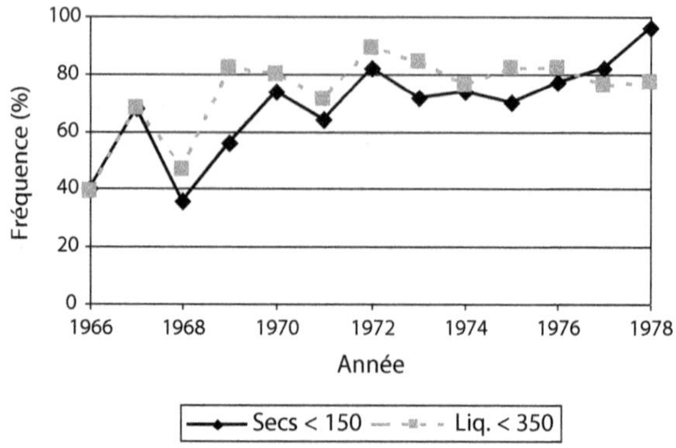

Figure 5.4 Évolution du pourcentage de vins blancs secs et liquoreux ayant un taux de SO_2 total inférieur à 150 mg/L (vins secs) ou 350 mg/L (vins liquoreux)
Source : Chambre d'Agriculture de la Gironde

En résumé, les teneurs moyennes en **SO_2 total** varient selon les types de vin, les régions et les époques (tableau 5.6).

Tableau 5.6 Récapitulatif des teneurs moyennes en SO_2 total

Vins	SO_2 total (mg/L)	
	Moyennes extrêmes	Moyennes usuelles
Rouges	30-104	50-70
Rosés	100-130	100-130
Blancs secs	90-170	100-120
Blancs doux	100-280	200

En résumé

Ces très nombreuses données quantifiées portant sur des dizaines de milliers de vins, de toutes origines, observés sur plusieurs décennies permettent de dégager plusieurs voies utiles :

- les teneurs moyennes ou médianes en SO_2 total sont souvent basses ou très basses. Les teneurs moyennes de SO_2 total ingéré issu du vin restent très au-dessous de la dose journalière admissible (DJA) (*cf.* § 4.5.2) ;
- dans de nombreux cas, on observe des **teneurs moyennes en SO_2 total en régression au cours du temps**, pour devenir souvent faibles ;

- les teneurs incluant 90 % des cas sont évidemment plus élevées que les moyennes mais à peu près toujours inférieures aux limites légales ;
- tous les vins contiennent des teneurs en éthanal, acide pyruvique, acide oxoglutarique et polyphénols, entraînant **une teneur minimale en SO_2 combiné de quelques dizaines de milligrammes de SO_2 combiné par litre** ;
- il demeure un pourcentage limité mais pratiquement incompressible de vins à teneurs plus élevées, correspondant soit à des années plus difficiles, soit, le plus souvent, aux **contraintes de la biochimie normale** (*cf.* § 3.5).

L'existence d'un très grand pourcentage de vins ayant des teneurs en SO_2 de plus en plus basses reflète concrètement les progrès constants, et jamais achevés, des **connaissances précises** et de leur mise en œuvre, à poursuivre sans cesse.

Les vins « liquoreux » issus de la « pourriture noble », récoltés par « tries » successives, demeurent des produits aux contraintes spécifiques, découlant le plus souvent d'attaques difficilement contrôlables de pourriture « acide » avec productions plus ou moins importantes d'acide gluconique, d'oxofructose, de dihydroxyacétone...

SO_2 total moyen et SO_2 total maximal

Dans tous les cas, ces observations confirment la nécessité de distinguer complètement SO_2 **total moyen** et SO_2 **total maximal** :

- le **SO_2 total moyen** diminue. Il peut et doit continuer sa diminution, sans aucune possibilité d'atteindre une teneur nulle, incompatible avec les réalités des raisins, moûts et vins ;
- le taux de **SO_2 total maximal** réglementaire ne peut que rester à un niveau plus élevé que la moyenne, pour tous les vins. Ce niveau doit rester à un niveau nettement supérieur pour quelques très petits volumes de vins du monde issus de raisins avec « pourriture noble », passerillage, « vins de glace »..., afin d'éviter la disparition de ces vins ou, pire, leur élaboration uniquement guidée vers la réduction du SO_2 combiné naturel en sacrifiant leurs caractères très spécifiques.

5.3 Les réglementations du SO_2 (dénominations UE : E220, E224, E228)

Depuis plus d'un siècle, diverses réglementations ont encadré les taux de SO_2 total, et parfois de SO_2 libre, dans les vins. Citons quelques étapes :

- **1867** : l'Autriche limite le SO_2 libre à 20-80 mg/L ;
- 1900 : l'Italie limite à 20 mg de SO_2 libre et 200 mg de SO_2 total ;
- 1901 : la France propose 200 puis 350 mg/L de SO_2 total ;
- 1904 : le Centre technique d'œnologie (France) propose 400 mg/L, plus une tolérance de 10 % ;
- 1905 : les États-Unis limitent le SO_2 total à 200 mg/L pour les vins secs et à 350 mg/L au-dessus de 30 g de sucres/L ;
- 1907 : les décrets du 3 septembre 1907 puis du 6 novembre 1913 fixent (pour une longue période) le SO_2 libre maximal à 100 mg/L, le SO_2 combiné à 350 mg/L et donc le SO_2 total à 450 mg/L, avec une tolérance de 10 % ;
- **1970** : le règlement européen CEE n° 816/70 du 12 juillet 1970 entraîne la première forte réduction, en ramenant les taux maximums à 200-350 mg/L de SO_2 total selon les types de vins.

Les normes actuelles sont basées sur le règlement CE n° 606/2009 selon les catégories de vins.

- vins secs : sucres inférieurs à 5 g/L :
  - rouges : 150 mg/L,
  - blancs et rosés : 200 mg/L ;
- vins avec sucres supérieurs à 5 g/L :
  - rouges : 200 mg/L,
  - blancs et rosés : 250 mg/L,
  - dérogation à : 300 mg/L pour diverses AOC de vins blancs moelleux,
  - dérogation à : 400 mg/L pour des AOC produites à partir de raisins botrytisés, récoltés par tries successives (vins « liquoreux »),
  - vins effervescents de qualité : 185 mg/L,
  - vins effervescents : 235 mg/L.

Ces valeurs réglementaires sont évolutives selon les années et les types de vins, d'où l'obligation de **consulter la réglementation en vigueur**[1,2] à la date des opérations.

1. Exemple : *www.vignevin.com/pratiques-oeno*
2. Le maximum légal atteint 350 mg/L pour tous les vins aux États-Unis, au Canada, au Japon et 400-450 mg/L pour certains vins en Inde, en Nouvelle-Zélande.

Remarque : Divers groupes de production de « vins bio » proposent à leurs adhérents des doses maximales plus basses de 30 à 85 mg/L selon les types de vins (ex. : règlement UE n° 203/2012).

Depuis 2009, les étiquettes des vins et autres produits contenant plus de 10 mg/L (ou plus de 10 mg/kg) de SO_2 doivent porter l'indication « contient des sulfites » ou une mention équivalente.

À ce jour, il n'existe pas de vins à « zéro SO_2 » naturel et/ou ajouté.

5.4 Rappel des facteurs influant sur l'action du SO_2

Il faut **considérer le SO_2 ajouté comme un produit très rare et très précieux**, même s'il est banal et très peu cher. Dans tous les cas, le choix du sulfitage doit être fixé à partir de l'ensemble des **besoins réels**, c'est-à-dire de l'intensité des effets nécessaires dans telle situation pour maintenir ou développer la **qualité globale des moûts et vins**. Cela peut conduire à des **non-sulfitages raisonnés**. Les doses habituelles, « moyennes », sont des repères utiles devant être adaptés à chaque cas concret.

L'intensité du sulfitage à pratiquer et de la teneur en SO_2 libre/actif à obtenir doivent être calculées à partir de plusieurs paramètres interférant sur tout ou partie des effets du SO_2 (*cf.* chapitre 4). Cela conduit à réduire ou augmenter les doses « moyennes ». La liste ci-dessous rappelle quelques-uns de ces paramètres :

- caractères du raisin : *Botrytis*, pourriture aigre, activité oxydasique ; acidité, pH ; température ; hygiène générale ;
- caractères du moût : sucres ; acidité, pH ; couleur, polyphénols ; levures, bactéries ; niveau de clarification ;
- caractères du vin : alcool, sucres résiduels, acidité volatile, couleur ; stade évolution ; levures, bactéries ; date d'usage ou de consommation ;
- traitement divers : soutirages, collages, filtrations, centrifugations ; autres produits actifs ; traitement par la chaleur ;
- matériel, locaux : hygiène générale ; température ; logement (barrique, cuve, bouteille verre/« plastique », outre).

Pratiquement, il faut considérer l'ensemble de tous ces facteurs, de façon systématique, pour corriger, en plus ou en moins, les doses « de base » recommandées afin d'**obtenir le niveau optimal, « idéal** », au moment de la consommation. Le SO_2 est ainsi un outil majeur d'optimisation des caractéristiques générales des vins et donc du plaisir qu'ils procurent au consommateur.

Les grilles de décision OPTI-SO2

Pour aider chaque utilisateur à maîtriser l'ensemble de ces paramètres liés aux vins et à leur contexte, nous avons mis au point des « **grilles de décision** ».

OPTI-SO2 (*cf.* annexe 3) aboutit de façon simple et sécurisée à la **dose optimale de SO_2 à employer, ou non**, à chaque stade de la vie du vin, sans se limiter aux doses dites standards, trop souvent utilisées. Il prend en compte les besoins en SO_2 libre, SO_2 actif, SO_2 total ainsi que les contraintes réglementaires, contractuelles ou commerciales.

OPTI-SO2 s'intègre ainsi parfaitement dans les procédures d'assurance qualité, de traçabilité, de tenue des cahiers de chais…

5.5 Généralités sur les doses de sulfitage

Cette exigence de qualité est applicable à tous les traitements œnologiques. La nécessité de doses minimales découle à la fois du souci général de réduire les « intrants » en viticulture et en œnologie et des impératifs des réglementations, qu'elles soient actuelles ou à venir.

5.5.1 Bref historique des doses de sulfitage conseillées

Les doses préconisées de sulfitage et/ou de SO_2 à obtenir ont beaucoup varié dans le temps et l'espace, par exemple de 2-3 g à 40-50 g de SO_2 ajouté par hectolitre, ou de 5-10 mg à 50-150 mg de SO_2 libre par litre.

Certaines de ces préconisations, anciennes, nous apparaissent aujourd'hui comme très élevées, excessives. Elles correspondaient à d'autres temps, avec moins de connaissances théoriques, moins de moyens de contrôle technique et moins d'outils alternatifs. Elles contribuèrent largement à la maîtrise de l'acescence, de la tourne, de la graisse… alors maladies généralisées et devenues (très) rares. On peut aujourd'hui se baser sur des valeurs de base plus adaptées, plus faibles.

L'objectif permanent était et demeure d'obtenir **le meilleur résultat, avec le minimum de SO_2.**

Préconisations

- L. Mathieu (1925) : développement du sulfitage avant fermentation seulement à partir de 1902. Débourbage à 5-10 g/hL, « haute dose » pour 30 g/hL.
- L. Moreau et É. Vinet (1929) préconisent le débourbage des moûts blancs par un sulfitage à 6-10 g/hL de SO_2.
- D'après J. Ventre (1930), on connaissait les bons effets du SO_2 vis-à-vis des raisins pourris avant qu'il n'étudie son usage avant fermentation, avec E. Dupont, à partir de 1902. Il préconise les doses suivantes :
  - maturité normale, ferments naturels : 7,5-10 g/hL ;
  - vendanges altérées : 15-20 g/hL « sans inconvénients » ;
  - cépages teinturiers : > 20 g/hL ;
  - blancs et rosés : 10-20 g/hL au débourbage.

  « 40-50 g/hL ne sont pas nuisibles mais inutiles. » Ces doses élevées à notre regard actuel ont permis, en leur temps, la production de masse de vins de « consommation courante » non altérés. Seul leur maintien peu modifié et trop prolongé fut plus tard regrettable.
- É. Nègre et P. Francot (1941) recommandent un sulfitage de 10 à 35 g/hL sur la vendange rouge et de 20 à 40 g/hL sur les moûts blancs.
- J. Chauvet (1949-1952), en Beaujolais, préconise des sulfitages allant de 3-4 à 10-15 g/hL, selon l'acidité, la température et l'état sanitaire.
- E. Brémond (1957) recommande, pour les vins d'Afrique du Nord, les doses suivantes, qui servaient aussi à réduire les excès de température de fermentation et leurs effets sous climat chaud et en l'absence de moyens de refroidissement suffisamment puissants :
  - mutage (des moûts pour produire des « mutés ») : 120-200 g/hL ;
  - assainissement : 15-50 g/hL ;
  - vendange saine : 15-30 g/hL ;
  - vendange un peu gâtée : 30-40 g/hL ;
  - vendange très pourrie : 50-60 g/hL.
- J. Ribéreau-Gayon et É. Peynaud (1960) recommandent des doses de 0 g/hL (pour des vendanges froides, acides, très saines) à 10-15 g/hL.
- M. Léglise (*Les méthodes biologiques appliquées à la vinification et à l'œnologie*, 1994-1995) propose des doses limitées à 5-8 g/hL avant fermentation.
- P. Ribéreau-Gayon et coll. (1998) conseillent des sulfitages avant fermentation de 5 à 8-10 g de SO_2 par hectolitre.
- C. Flanzy et coll. (1998) indiquent des sulfitages initiaux compris entre 2-3 g/hL, pour des vins destinés à la prise de mousse après fermentation malolactique, et 5-8 g/hL pour les autres vins, blancs ou rouges, y compris destinés à la production de vins de liqueur (VDN-VDL).
- J. Casas-Lucas (2008), à Jerez, préconise un sulfitage à 8-10 g/hL de SO_2.

5.5.2 Quelques règles générales

La diversité des effets du SO_2 explique son usage généralisé à la quasi-totalité des vins, de la vendange à la mise en bouteille. Ces usages successifs entraînent une augmentation du SO_2 total qui n'est que très partiellement diminuée par des « pertes » diverses par oxydation, évaporation. Par ailleurs, il faut **conserver un niveau de SO_2 libre et actif compatible avec la qualité générale**, contribuant même à l'amélioration de cette qualité, lors de l'élevage avant et après mise en bouteille. Pratiquement, le taux de SO_2 libre optimal reste constant, dans une situation donnée. Il est simplement modulé en fonction de l'« histoire » passée et prévisible de chaque lot. L'usage du SO_2 doit impérativement être raisonné et mis en œuvre en considérant l'ensemble de ses effets et toutes les pratiques œnologiques passées et prévues.

En toutes situations, on a les meilleurs résultats par l'application méthodique de règles pratiques générales. Les doses « standards » ne sont que des **repères**, à moduler dans chaque cas en fonction des objectifs généraux, de l'état du moment de la vendange ou du vin. On doit impérativement disposer ensuite des moyens matériels nécessaires, souvent très simples et toujours très peu coûteux par rapport à la valeur des vins même modestes.

Les règles pratiques générales sont :

- prendre en compte **tous les paramètres** caractérisant les produits à traiter, les effets recherchés, les techniques d'élaboration prévues et les conditions probables de consommation ;
- **calculer avec soin les quantités** à utiliser pour obtenir les effets nécessaires ;
- privilégier les **interventions préventives**, plus efficaces ;
- **contrôler régulièrement les résultats :** SO_2 libre, levures, bactéries, oxydases…

Répétons-le, l'objectif permanent est d'obtenir **le meilleur résultat, avec le minimum de SO_2.**

Trois pratiques de base

Schématiquement, on doit s'inspirer de trois pratiques de base :

- sulfiter **peu mais assez** pour les effets recherchés ;
- sulfiter **le plus tôt possible**, avant la manifestation des besoins prévisibles ;
- sulfiter de façon **très homogène** chaque goutte de moût ou de vin.

Remarque : Les chiffres de sulfitage préconisés dans le présent ouvrage sont longuement validés dans le contexte girondin. Ils s'adaptent facilement à toutes régions car les mécanismes à maîtriser sont universels.

5.5.3 Le sulfitage à la vinification

Les objectifs du sulfitage à la vinification sont les suivants :

- maîtriser les levures et bactéries, avec ou sans ensemencement spécifique ultérieur ;
- maîtriser les oxydases, et particulièrement la laccase ;
- protéger les arômes variétaux des oxydations parasites.

Théoriquement, en l'absence de levures et bactéries, d'oxygène et d'oxydases, on pourrait envisager des vinifications complètes sans addition de SO_2. Cela exigerait des traitements physiques très énergiques (ultrafiltration, chauffage intense...) difficilement compatibles avec le développement, ou même le maintien, des qualités organoleptiques recherchées dans les vins de qualité. Il demeurerait la présence de SO_2 endogène, habituellement plus important en l'absence de sulfitage. À ce jour, cette théorie du « zéro SO_2 » reste une hypothèse sur le plan opérationnel.

Il demeure que les besoins en SO_2 ajouté, et donc en SO_2 total, sont très largement réduits par une bonne maîtrise des quantités de levures, bactéries, oxygène et oxydases et par des techniques de base aujourd'hui très largement accessibles.

Pratiquement, le sulfitage avant fermentation est traditionnellement exprimé en **SO_2 à ajouter**, c'est-à-dire en SO_2 total. Il est exprimé en **grammes de SO_2 par hectolitre** à ajouter au moût ou à la vendange foulée et/ou éraflée. Dans le cas de sulfitage de vendange entière (à la benne en l'absence de foulage), la dose est parfois exprimée par hectolitre de jus à recueillir, à l'estimation plus imprécise.

La dose de base est de 5 grammes de SO_2 par hectolitre (soit 50 mg/L).

Dans chaque cas, la dose à utiliser est fixée par le responsable de la vinification avec **évaluation de l'ensemble des conditions**, pour chaque lot. Le (très léger) surcroît de travail préparatoire est négligeable par rapport à l'amélioration globale de la qualité finale du vin et à la réduction des incidents en cours de vinification et élevage.

OPTI-SO2 (*cf.* annexe 3) a été conçu pour faciliter la fixation de la **dose optimale**.

Sulfitage unique ou multiple

On peut apporter environ 50 % de la dose de SO_2 prévue dès la récolte, à la vigne, puis compléter au chai après mesure précise des volumes à traiter. Les résultats seraient meilleurs.

Cette légère complication est recommandable pour les sulfitages importants, les délais entre récolte et encuvage longs. Elle s'impose moins dans les autres cas.

Réduire le sulfitage

- **Maîtrise de l'état sanitaire** du vignoble par une lutte efficace contre la pourriture des raisins.
- Contrôle du niveau d'activité laccase avant et après traitement en situations sensibles.
- **Hygiène maximale** de toute l'installation, de la récolte à l'encuvage, avec vérifications régulières des résultats.
- **Aérations-oxydations raisonnées** selon les raisins (cépages, état sanitaire...) et les types de vins recherchés, avec mesures dans les situations délicates.

Dans tous les cas, la bonne approche vers la réduction du sulfitage est dans la réduction des besoins : absence de pourriture des raisins, hygiène générale stricte du cep de vigne à l'encuvage, aérations contrôlées...

Le sulfitage doit être à la fois **précoce, précis, homogène** et d'effets annexes sur le personnel et le matériel négligeables. Il n'y a pas de solution parfaite.

Le tableau 5.7 schématise les avantages et inconvénients liés au **moment du sulfitage**.

Tableau 5.7 Avantages et inconvénients selon le moment du sulfitage

Moment du sulfitage	Avantages	Inconvénients
Benne de transport	Très précoce	Dosage difficile Macération accrue Mélange difficile Odeurs de SO_2
Conquet de réception	Mise en œuvre facile	Corrosion du matériel
Pompage de la vendange (rouge)	Possibilité de doseurs	Un peu tardif
À l'encuvage (rouge)	Simple, classique	Tardif Mélange difficile
Après l'encuvage		Trop tardif, à proscrire

Pour la vendange blanche récoltée manuellement, le sulfitage de la vendange à la mise en égouttoir-pressoir ou du moût immédiatement à la sortie du pressoir donne de bons résultats. Il existe des dispositifs de sulfitage intégrés au pressoir.

Dans le cas de vendange mécanique, il est conseillé de sulfiter à la vigne pour protéger le moût recueilli dans les bennes à double fond puis de compléter le sulfitage comme précédemment. Le sulfitage de la vendange entière diminue les oxydations, mais accroît la macération, la dissolution des composés phénoliques.

Pour la vendange rouge, on obtient de bons résultats par sulfitage à la sortie de la pompe à vendange, par doseur. Le sulfitage à la benne est moins précis mais plus précoce.

5.5.4 Le sulfitage après fermentations

Après fermentation alcoolique (et malolactique), il n'y a plus de SO_2 libre résiduel, malgré certains artefacts de dosage parfois observés, mais de l'éthanal libre. Le SO_2 total résiduel en fin de fermentation est généralement inférieur au 1/3 de la quantité ajoutée au moût, soit environ 15 à 30 mg/L après un sulfitage de la vendange à 5 à 10 g/hL. Le vin nouveau doit être protégé par un nouveau sulfitage.

Le sulfitage après fermentation alcoolique (et malolactique) a divers objectifs simultanés :

- destruction les levures et bactéries ayant achevé leur travail ;
- protection contre l'oxydation ;
- destruction de la laccase résiduelle ;
- blocage de l'éthanal libre.

La fixation de la dose de SO_2 libre à obtenir doit prendre en compte tous ces besoins très différents. Les doses de sulfitage sont ici exprimées en teneurs de **SO_2 libre à obtenir**, habituellement exprimées en **milligrammes par litre**.

Rappel pratique : 1 g SO_2 par hectolitre ⇔ 10 mg SO_2 par litre.

Quelle dose de SO_2 actif ?

Le SO_2 actif préconisé, à obtenir, est très variable selon les vins et selon les auteurs, correspondant à des situations (levures, bactéries, espèces, quantités...) très variables. Une enquête sur 25 documents publiés donne les recommandations suivantes, allant de **0,3 à 6,4 mg de SO_2 actif par litre** de vin après fermentations :

- 30 % moins de 0,5 mg/L ;
- **52 % moins de 1 mg/L** ;
- 68 % moins de 1,5 mg/L ;
- 76 % moins de 2 mg/L ;
- 24 % plus de 2 mg/L.

Le tableau 5.8 donne un exemple de dosage en SO_2 actif souhaitable selon les types de vins.

Tableau 5.8 SO_2 actif utile selon les types de vins
Source : Sudraud

		SO_2 actif (mg/L)
Seuil de perception olfactive		**Environ 2, ou moins**
Dose nécessaire	Vins blancs secs	**0,7-0,8**
	Vins rouges	**0,3-04**
	Vins blancs moelleux	**0,8-1,2**
	« Mutage » vins en fermentation	**Environ 1,5**

Cet écart de 0,3 à 6,4 mg/L de SO_2 actif proposé, soit de 1 à 20, est techniquement ingérable.

Ces écarts de doses utiles résultent à la fois de conditions différentes (ex. : population microbienne, souches microbiennes…), de vins plus ou moins fragiles et de formules de calcul du SO_2 actif approximatives ou erronées (*cf.* § « Applications pratiques » du § 3.3.2).

Les teneurs en SO_2 actif, actuellement préconisées, sont donc très variables et semblent souvent élevées, pratiquement **peu accessibles avec les pH usuels actuels**, en moyenne de 3,39 pour les vins blancs et 3,63 pour les vins rouges issus d'une trentaine de pays viticoles (figure 5.5, où voit également que 50 % des vins rouges ont un pH supérieur à 3,63 et 50 % des vins blancs ont un pH supérieur à 3,37).

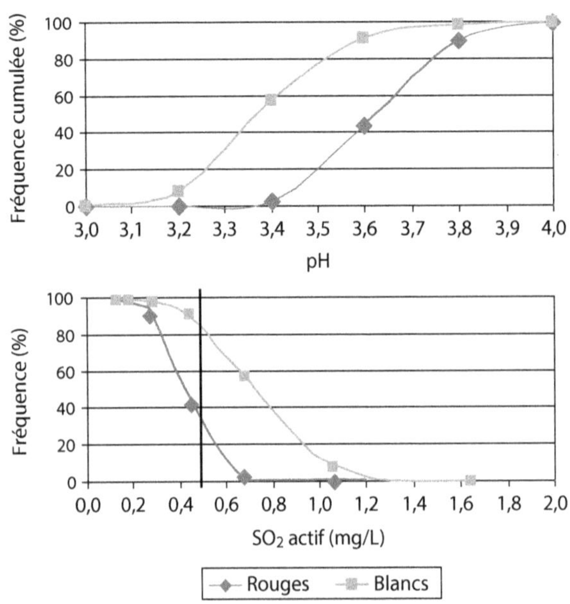

Figure 5.5 Répartition du pH et fréquence de teneur en SO_2 actif dans différents vins du monde
Source : Vins du monde – CDV, 2008

20 % des vins rouges observés ont un pH supérieur ou égal à 3,75. Seuls 10 % des vins rouges peuvent alors avoir plus de 0,6 mg/L de SO_2 actif pour une teneur de 20 mg/L de SO_2 libre. Si la « valeur corrigée » de l'erreur de calcul du SO_2 actif nécessaire est réduite de 50 % environ (soit 0,3 mg/L), environ 80 % des vins rouges ont alors une protection suffisante par le SO_2 actif. Ces chiffres sont cohérents avec les observations dans nombre d'élevages de vins rouges de pH élevés (supérieurs à 3,7-3,8). Ils ne nécessitent pas, habituellement, des doses de SO_2 libre de 30-40 mg/L, qui modifieraient trop leur couleur et odeur. Dans tous les cas, la dose de SO_2 actif à obtenir est à adapter à chaque situation, prenant en compte la composition du vin, sa population microbienne et ses conditions générales de conservation (température, type de contenant...).

Pratiquement

Pour choisir le SO_2 actif optimal :

- Calculer le **SO_2 actif réel**, selon le titre alcoométrique et la température (*cf.* § 3.3.2).
- **Déterminer les doses usuelles optimales** pour les types de vins (couleur, taux de sucres, taux de tanins...), les conditions techniques habituelles (vrac, cuves, barriques, tirage, climatisation ou non...) et les dates prévisibles de consommation.
- Analyser toutes les **situations à risques** pouvant entraîner des difficultés particulières (refermentations, « Brett »,...) et les quantifier (*cf.* paragraphe suivant).
- Enregistrer les résultats observés pour améliorer les interventions ultérieures.

Quelle dose de SO_2 libre ?

Souvent les conseils de sulfitage sont guidés par les teneurs en SO_2 libre à obtenir : **la teneur de base à obtenir est de 20 à 30 mg de SO_2 libre par litre**.

Ces valeurs de base sont habituellement plus élevées pour les vins blancs, les vins « moelleux », et (un peu) plus faibles pour les vins rouges, et toujours à adapter à chaque vin :

- des **teneurs inférieures à ces indications sont peu efficaces** sur vins jeunes, en particulier sur des vins encore riches en levures et/ou bactéries, et devront être complétées ultérieurement ;
- des teneurs (très) supérieures risquent de bloquer l'évolution des arômes et des tanins, d'engendrer des déviations aromatiques.

Pour obtenir cette dose de SO_2 libre après le premier sulfitage du vin, **sulfiter à la dose « de base » de 4 à 6 grammes de SO_2 par hectolitre.**

OPTI-SO2 (*cf.* annexe 3) a été conçu pour faciliter la fixation de la **dose optimale**.

Schématiquement, les pratiques des premiers sulfitages des vins nouveaux sont regroupées autour de deux « écoles » :

- sulfitages forts et rares ;
- sulfitages faibles et répétés.

Les avantages et inconvénients des deux méthodes (tableau 5.9) permettent d'évaluer les situations dans lesquelles il convient de préférer le principe de l'une ou l'autre de ces méthodes pour un même sulfitage cumulé.

Tableau 5.9 Comparaison des principes de sulfitage

	Avantages	Inconvénients
Sulfitages forts et rares	Très bonne destruction des levures et bactéries	Dégustation immédiate moins agréable
	Bonne protection contre les oxydations	Réduction (momentanée) de la couleur
	SO_2 final plus faible	
	Surveillance facile	
Sulfitages limités et répétés	Dégustation immédiate plus favorable	Mauvaise destruction des levures et bactéries
	Couleur immédiate des vins rouges et rosés plus soutenue	Risques d'accidents microbiens
		Risques d'oxydations incontrôlées
		SO_2 final plus elevé
		Surveillance constante plus stricte

En réduisant les combinaisons successives du SO_2, le **sulfitage initial fort** ne demande que de faibles additions ultérieures : le **SO_2 total final** est souvent plus faible qu'avec une succession de petits sulfitages durant de longues périodes (figure 5.6).

Les vins rouges légers, peu tanniques, rapidement clarifiés et stabilisés, à consommation très précoce, peuvent être sulfités légèrement, avec des réajustages fréquents si nécessaire.

Les vins rouges corsés, tanniques, élevés et consommés au bout de plusieurs mois ou années supportent et méritent un sulfitage initial assez fort (ex. : SO_2 libre = 30-35 mg/L) qui assure une meilleure destruction des micro-organismes et une stabilisation des composés phénoliques. Les pertes initiales de couleur et d'arôme sont parfaitement récupérées avec l'élevage, la durée. Cette pratique du sulfitage initial « fort » doit aussi être envisagée, en particulier, dans toutes les situations à risques (températures non maîtrisées, population microbienne forte, incidents antérieurs...).

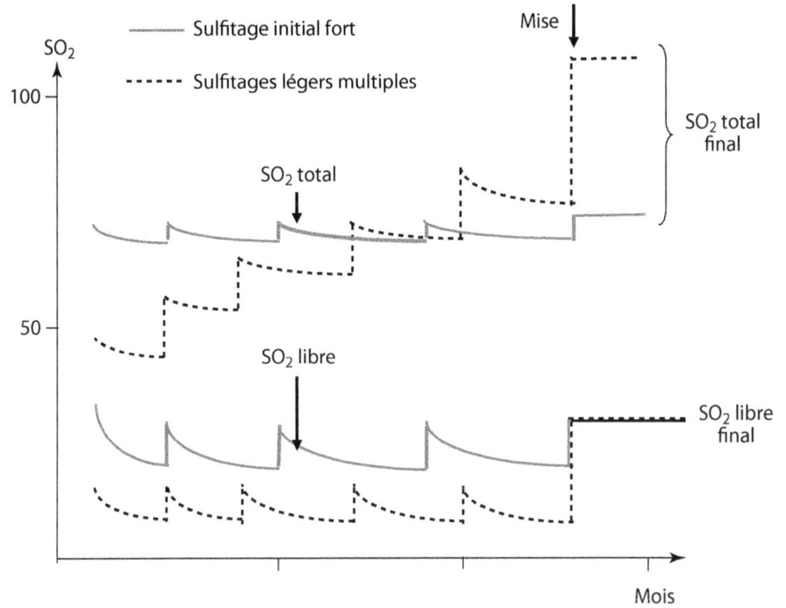

Figure 5.6 Évolutions schématiques des SO_2 libre et total selon le système de sulfitage

Les vins blancs secs, aux arômes fragiles sensibles à l'oxydation (ex. : arômes à base de « thiols » comme le sauvignon, ou de « terpènes » comme les muscats) qui se dégradent rapidement en cas de sous-sulfitage même de courte durée, méritent également un sulfitage initial suffisamment fort.

Dans le cas des vins rouges, un sulfitage énergique dès la fin de la fermentation malolactique (acide malique inférieur à 0,1-0,2 g/L) évite les risques de montées d'acidité volatile liées aux bactéries lactiques et/ou de certaines déviations organoleptiques (ex. : développement de bactéries acétiques, de levures *Brettanomyces*…).

Dans le cas des vins blancs secs, il est conseillé d'attendre quelques jours après la fin de la fermentation alcoolique.

Si possible, sulfiter à température basse, afin de bénéficier de la diminution naturelle des populations de levures vivantes.

Remarque pratique : L'enregistrement systématique des sulfitages et des résultats (SO_2 libre/total/actif, état du vin dont dégustation) permet d'acquérir rapidement une grande expérience adaptée aux conditions locales.

Dans tous les cas, sauf en cas d'élevage sur lies (*cf.* § 5.5.5), il est préférable :

- de **refroidir** le vin avant et/ou après sulfitage afin de diminuer l'activité des levures et bactéries ;

- de sulfiter au cours d'un **soutirage**. Le sulfitage « sur place » est plus simple mais donne de moins bons résultats ;
- d'opérer à **l'abri de l'air**, sauf en cas d'odeurs de « réduit » ;
- d'assurer une **incorporation très homogène du SO_2**, sans réactiver levures et bactéries, par exemple par brassage au gaz inerte (*cf.* chapitre 7) ;
- de soutirer (ou centrifuger, filtrer) assez rapidement pour éliminer le maximum de lies.

Suite à l'indispensable **contrôle du SO_2 libre et du SO_2 actif par dosage après 2-5 jours**, il est bon d'homogénéiser (ex. : brassage par pompe, par courant d'azote...) et d'ajuster rapidement, si nécessaire, le SO_2 libre. Cela peut permettre aussi une élimination d'une partie du gaz carbonique et une aération utiles à certains vins.

Un cas particulier : les Brettanomyces

Présentes depuis toujours, identifiées dans les vins depuis au moins 1956 (Peynaud et Domercq), les levures *Brettanomyces* (les « Brett » dans le langage familier) sont des sources de déviations qualitatives des vins rouges. En cas de développement excessif, il y a transformation de précurseurs peu odorants (vinyl-phénols – eux-mêmes issus des acides cinnamiques des raisins –, acide coumarique et férulique) en éthyl-phénols très odorants (éthyl-4-phénol-E4P et éthyl-4-gaïacol-E4G). On a alors des odeurs animales de cuir, de sueur, de cheval, d'écurie..., plus généralement de « goûts phénolés ».

Longtemps appréciés par leur caractère « cuir, fourrure, viandé, gibier... », ces composés phénoliques volatils sont aujourd'hui considérés comme des défauts par les dégustateurs « professionnels » formés à leur identification. À doses faibles, parfois au-dessus du seuil d'identification des « professionnels », ils sont habituellement acceptés par les consommateurs « non professionnels » (Tempere et coll., 2013), les plus nombreux, même si l'on a noté une diminution des caractères « fruités ». En l'absence de traitements curatifs très efficaces, il faut **prévenir les taux excessifs d'éthyl-phénols**.

Les levures *Brettanomyces bruxellensis* (*Dekkera bruxellensis* en cas de formation de spores) sont omniprésentes sur les raisins, dans les chais, les bouteilles. Leur développement excessif doit être inhibé préventivement par la maîtrise des causes favorisantes : surmaturité des raisins, fermentation alcoolique languissante, formation élevée d'acides cinnamiques précurseurs, élevage sur lies, température d'élevage au-dessus d'environ 15 °C, acidité faible, présence de sucres résiduels, apports excessifs d'oxygène, **hygiène de chai** insuffisante.

Leur développement est maîtrisé par un taux de SO_2 actif supérieur à 0,6-0,8 mg/L, mais cette teneur est très difficile à obtenir dans les vins rouges (*cf.* § « Quelle dose de

SO_2 actif ? » du § 5.5.4). Il faut à la fois renforcer la qualité des opérations préventives et envisager des interventions spécifiques (Raffestin, Lonvaud et coll., 2012), dont un **sulfitage initial renforcé** si nécessaire.

Avant tout traitement, il faut d'abord estimer et rectifier régulièrement le niveau de risques d'évolutions anormales, par exemple à l'aide du protocole mis en point par J.-C. Crachereau (Chambre d'Agriculture de la Gironde) :

- on estime le risque initial (de 1 à 5 par exemple) à partir du niveau observé précédemment dans le chai ;
- on module ce niveau de risque à partir des conditions locales du moment ;
- si le seuil estimé dépasse le niveau accepté, on procède aux numérations de « Brett » ;
- on décide de la mise en œuvre (ou non) de traitements spécifiques, complémentaires du SO_2 (*cf.* chapitre 7) :
  - **clarification précoce** (filtration, centrifugation). Les avantages du « séjour sur lies » pour l'évolution des tanins peuvent être contradictoires avec les risques découlant d'un développement excessif des « Brett » (figure 5.7),
  - **traitement par la chaleur,**
  - addition de diméthyldicarbonate (DMDC),
  - chitosane,
  - écorces de levures modifiées pour atténuer les caractères « phénolés ».

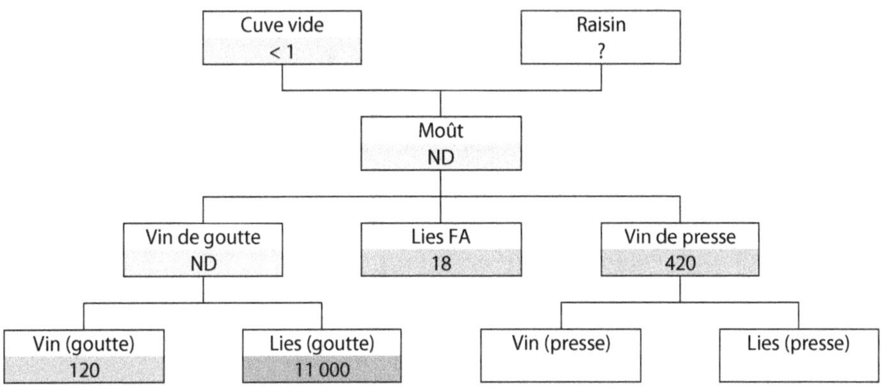

Figure 5.7 Exemple d'évolution d'un lot de vin (les chiffres indiquent le résultat de numération des « Brett », en nombre/mL)
Source : J.-C. Crachereau

On peut appliquer le même raisonnement à propos des **amines biogènes** (putrescine, histamine, tyramine...). Ces dérivés des acides aminés peuvent atteindre des taux élevés après développements bactériens, dont certaines fermentations malolactiques. Le risque hygiénique de type allergie chez l'homme semble limité. Le risque est cependant un dépassement de la teneur légale parfois limitée à 2-10 mg/L selon les pays, les marchés et, plus généralement, l'apparition d'un « masque olfactif » perturbant la dégustation agréable.

Un cas particulier : le mutage des vins « liquoreux »

D'où vient le mutage ?

L'origine des mots « mutage » et « muter » semble très ancienne. La pratique aurait été définie par Arnaud de Villeneuve (1238-1311), « médecin des rois et roi des médecins », pour l'opération qui consiste **à empêcher ou à stopper la fermentation alcoolique** d'un moût soit par adjonction d'alcool, soit par adjonction d'anhydride sulfureux.

« Soufrer, muter expriment la même chose » pour **conserver le vin plusieurs années** ou *« lui faire passer la mer », « pour arrêter la fermentation des liqueurs »* (Abbé Rozier, 1772, *Mémoire sur la meilleure manière de faire et de gouverner les vins, soit pour l'usage, soit pour leur faire passer les mers*).

« On fait à Marseillan, près de la ville de Cette, en Languedoc, avec du raisin blanc, un vin qu'on appelle ***muet****, et qui sert à soufrer les autres »* (Jean-Antoine Chaptal, 1819, *L'art de faire le vin*).

Muter : *« soufrer le vin »* (Sauger-Preneuf et Detournel, 1850, *Nouveau vocabulaire de la langue française*, Redeuilh, éditeur à Libourne).

Mutage : *« emploi de la mèche soufrée pour* ***empêcher la fermentation acide… l'aigreur et la moisissure*** *des fûts »* (Privat-Deschanel et Ad. Focillon, 1877, *Dictionnaire général des sciences théoriques et appliquées*).

Mutage : *« opération qui a pour but d'arrêter la fermentation du moût, en le mettant en contact avec un sulfite ou avec de l'acide sulfureux »* (Paul-Émile Littré, 1880, *Dictionnaire de la langue française*).

Mutage : *« (…) arrêt de fermentation par addition d'alcool (…) méchage énergique (…) ou autre moyen »* (Édouard Ferret, 1896, *Dictionnaire-manuel du maître de chai*).

« Lorsque l'on veut s'opposer à toute fermentation du moût, il faut procéder à l'opération appelée ***mutage ou mutisme,*** *pour paralyser les ferments (…) en incorporant une certaine quantité d'alcool (…) Ces vins sont appelés mutés, vins muets ; mais on donne aussi ce nom à des moûts dont la fermentation a été suspendue par suite de l'absorption d'une quantité notable d'acide sulfureux »* (P. Coste-Floret, 1903, *Procédés modernes de vinification II. Vins blancs*).

Mutage : « *opération par laquelle on* **arrête la fermentation** *d'un moût qui est une certaine mutation* » (Docteur J.-M. Eylaud, médecin œnophile bordelais, 1979).

Le mutage, étymologiquement, signifie que l'on rend le moût **« muet »**.

Muter : « *L'ancienne variante muetter laisse à penser que le mot dérive de muet, "[vin] tranquille"* » (M. Chatelain-Courtois, 1984, *Les mots du vin et de l'ivresse*).

Latin *mutare* : « changer » (*Grand Usuel Larousse*, 1997).

Latin *mutare* : « *changer, échanger, modifier (1481)* » (*Le Robert – Dictionnaire historique de la langue française*, Alain Rey, 1998).

Le mutage apparaît comme l'opération « rendant muet », c'est-à-dire arrêtant le bruit de la fermentation. C'est aussi un changement, une mutation.

L'arrêt de fermentation, en présence d'une forte population de levures actives et de sucres résiduels parfois abondants – le mutage –, est traditionnellement effectué par addition de SO_2[1]. Il faut alors ajouter une dose assez forte de SO_2 total pour obtenir une dose suffisante de SO_2 libre, après quelques jours.

La dose nécessaire de **SO_2 total à utiliser** au mutage pour avoir une **teneur suffisante en SO_2 libre après « mutage »** :

- croît avec la quantité de **levures actives** : soutirer, filtrer, centrifuger… si nécessaire ;
- croît avec la **température** : refroidir avant et après mutage ;
- décroît lorsque le **taux d'alcool** : plus élevée au-dessous de 13-14 % vol.

Le taux d'alcool est largement imposé par la richesse du moût et le type d'équilibre alcool/sucres recherché, mais il convient de mieux maîtriser les autres facteurs pour des teneurs en alcool inférieures à 13-14 % vol. On diminue ainsi les besoins en SO_2 libre (*cf.* § 7.2) en réduisant la quantité de levures actives par élimination (soutirage à l'abri de l'air, centrifugation, filtration), et leur activité par le refroidissement (par exemple vers 5-10 °C).

Les mécanismes du mutage sont complexes. Après addition de SO_2, les levures forment de l'éthanal qui le combine et l'inactive. Si le SO_2 libre/actif résiduel est suffisant, la population levurienne diminue, passe sous le seuil de (re)fermentation,

1. L'arrêt de fermentation spontané ne peut se produire, de façon peu contrôlable, qu'avec une teneur en alcool très élevée (supérieure à 15-16 % vol.) et/ou une teneur en sucres également très forte. C'est rarement compatible avec les moûts récoltés et/ou les équilibres sucre/alcool agréables. Dans le cas des vins de liqueur (VDL) et vins doux naturels (VDN), on pratique le mutage (plus rarement dénommé « vinage ») par addition d'alcool, pour atteindre 16-18 % vol., avant fermentation (mistelles) ou en cours de fermentation alcoolique.

le vin est stable. Si le SO_2 résiduel est trop faible, la population levurienne commence une nouvelle croissance, avec risques de fermentation mal arrêtée ou redémarrant (figures 5.8 à 5.11).

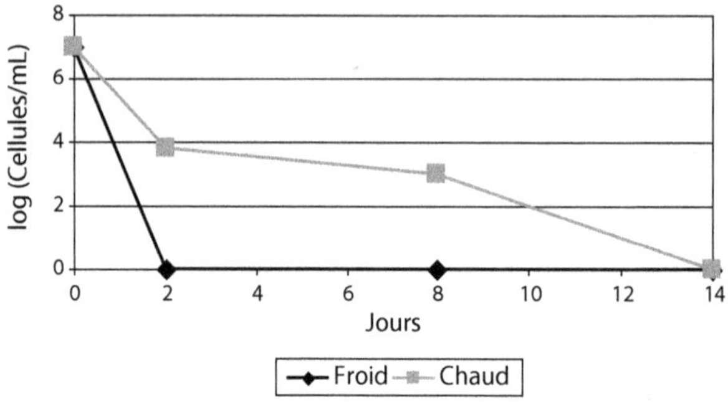

Figure 5.8 Diminution des levures après mutage selon la température : un même sulfitage est efficace « à froid » mais insuffisant « à chaud »
Source : Divol, 2004

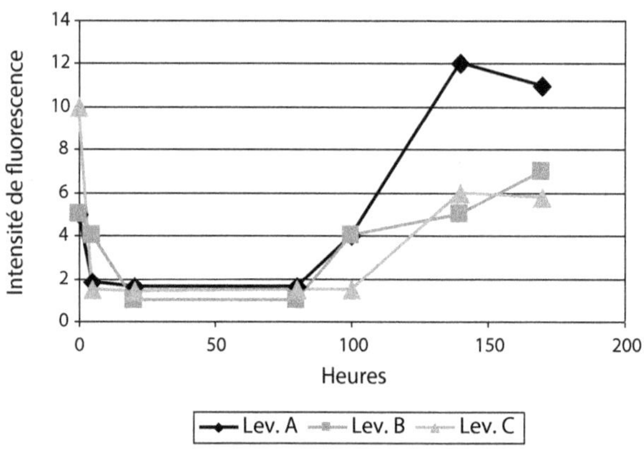

Figure 5.9 Évolution des populations de levures après mutage par le SO_2 : la population levurienne redémarre après 3 jours d'un sulfitage ici insuffisant
Source : Divol, 2004

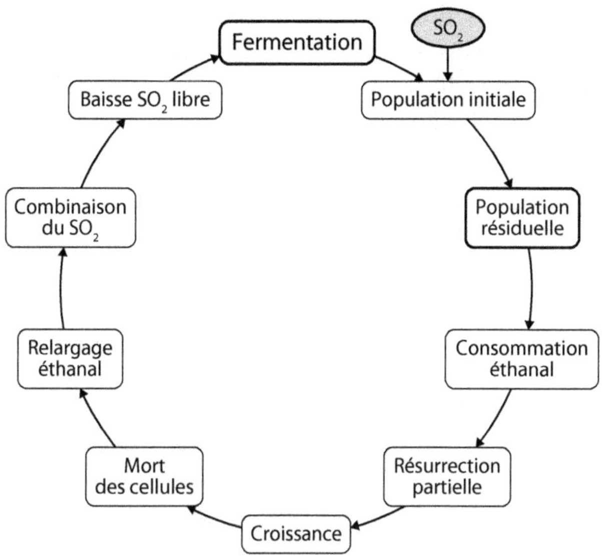

Figure 5.10 Mécanisme schématique du risque de refermentation après mutage par SO_2 à dose insuffisante
Source : Divol, 2004

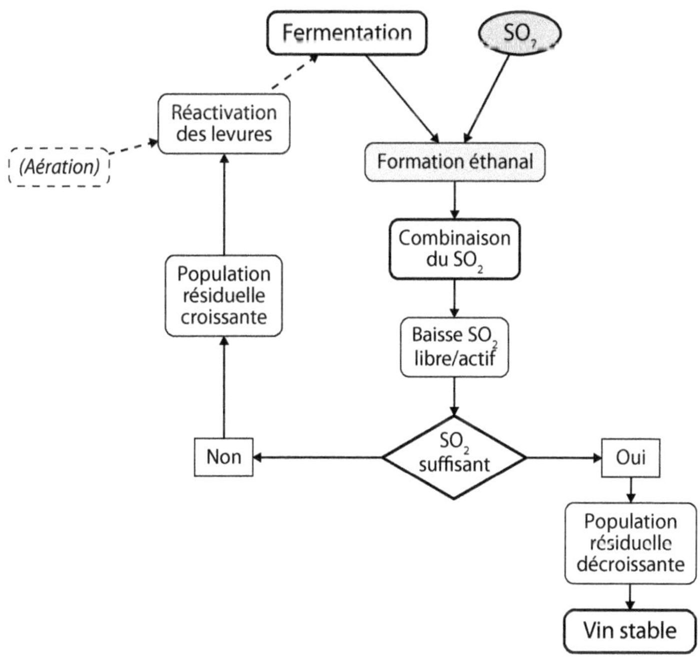

Figure 5.11 Mutage par le SO_2 et refermentation

Aux doses usuelles, **il n'y a pas destruction totale des levures** mais persistance d'une population plus ou moins importante et active pouvant fermenter ultérieurement (*cf.* figures 5.10 et 5.11). Un « bon mutage » doit aboutir directement à une population résiduelle de levures vivantes suffisamment basse pour ne pas engendrer de risques futurs.

Les quantités de composés combinant le SO_2, surtout l'éthanal, et par conséquent la stabilité ultérieure des vins, varient selon les doses de SO_2 utilisées pour le mutage (tableau 5.10).

Tableau 5.10 Influence des doses de SO_2 au mutage sur la composition des vins après sulfitage (*C-L30* : SO_2 combiné pour 30 mg/L de SO_2 libre)
Source : Chambre d'Agriculture de la Gironde, 1994

	Teneur (mg/L)			
	Éthanal	Acide pyruvique	Acide oxoglutarique	*C-L30*
+ 5 g SO_2/hL	109	55	75	232
+ 10 g SO_2/hL	107	59	81	197
+ 20 g SO_2/hL	94	63	93	191

Le sulfitage de mutage des vins liquoreux demande une dose de base d'environ **15-20 à 30 g de SO_2/hL**, en une fois.

La quantité optimale à utiliser est très variable selon le taux de combinaison. Elle doit être modulée à partir de l'état initial de la vendange (intensité et « qualité » de la pourriture), de l'expérience des années précédentes et surtout des résultats observés sur les premiers lots traités chaque année. Nous avons vu (*cf.* § 3.5) qu'il était possible, et donc souhaitable, de **mesurer le taux de combinaison avant mutage**, pour optimiser la dose de SO_2 utilisée au mutage.

Dans tous les cas, il faut **vérifier le taux de SO_2 libre après 3-5 jours** et l'ajuster rapidement si nécessaire. Une clarification sommaire (soutirage) ou plus poussée (centrifugation, filtration) **à l'abri de l'air** permet une stabilisation plus satisfaisante avec des teneurs réduites en SO_2 libre. Une teneur insuffisante entraîne des risques fermentaires ; une teneur trop élevée cause une dégustation peu plaisante dans l'immédiat et parfois à terme. Il est possible et souhaitable de le **contrôler par numération des levures vivantes**, au moins dans les situations à risques, et de supprimer les excès de levures en situation difficile (teneur en alcool faible, température au-dessus de 10-15 °C...).

La dose-objectif après mutage varie de **30-40 à 60-80 mg/L de SO_2 libre**.

Remarque : Les vins secs, issus de raisins peu ou pas botrytisés puis édulcorés sont à traiter comme des vins secs en tenant compte de leur taux de sucre. On ne peut alors parler de « mutage ».

5.5.5 Le sulfitage d'élevage des vins

Tous les vins sauf exception (vin de chaudière, rancio...) sont élevés en **présence de SO_2 libre**, pour maîtriser les micro-organismes, les oxydations, l'évolution gustative. Les teneurs optimales en SO_2 libre varient avec les types de vin, leur âge, leur destination. Elles ne sont précisées dans les publications œnologiques que depuis quelques décennies seulement.

L'objectif de **20-30 mg de SO_2 libre/litre** est adapté à un grand nombre de situations.

Ces valeurs peuvent **être réduites** :

- avec des pH bas ;
- en l'absence dosée de sucres « fermentescibles » (glucose + fructose inférieur à 0,5-1 g/L) ;
- dans les vins riches en tanins, comme la plupart des vins rouges ;
- dans les vins (très) bien clarifiés, pauvres en levures et bactéries.

Elles doivent être relevées dans des situations opposées.

Des **teneurs inférieures à 10-15 mg de SO_2 libre par litre** peuvent engendrer très rapidement des **oxydations** parfois irréversibles, avec des risques graves de pertes d'arômes, de **développements microbiens** irréversibles (bactéries lactiques ou acétiques, levures *Brettanomyces...*). De très rares praticiens (très bien informés, équipés et organisés) peuvent maintenir ces doses faibles sans risques excessifs. Des teneurs en SO_2 libre supérieures à 30-35 mg/L gênent la dégustation, avec ou sans odeur directe de SO_2.

Les différentes manipulations avant mise en bouteilles (assemblages, traitements clarifiants...) entraînent une petite consommation de SO_2 libre, par évaporation et/ou oxydation. Les pertes supérieures à 5-10 mg/L par opération exigent de revoir l'organisation du chantier afin de limiter ces diminutions parasites anormales.

Un cas particulier : les vins rouges de garde

Le sulfitage optimal des **vins rouges « de garde »** reste un problème théorique mal résolu. La théorie seule préconise des teneurs en SO_2 actif supérieures à 0,5-0,8 mg/L, qui demandent alors des taux de SO_2 libre très élevés, atteignant 50 à 100 mg de SO_2 libre par litre pour des vins ayant des pH de 3,8 à 4, ou plus. Ces pH (très) élevés furent longtemps considérés comme pathologiques, ils sont aujourd'hui fréquents pour de très nombreux vins rouges de grande qualité, élevés plusieurs mois ou années sans aucune altération microbienne. Cette résistance « anormale » des vins avec peu de SO_2 reste à expliquer dans ses détails. On peut envisager quelques **hypothèses explicatives** :

- les « tanins » ont une réelle activité antimicrobienne (« antiseptique »), par réaction avec les protéines des levures et bactéries. Les études de Garcia-Ruiz (*cf.* § « Effet de la composition du milieu » du § 4.1.2) confirment cette possibilité. Leur action antioxydante est établie ;
- l'interprétation du dosage du SO_2 libre et du calcul du SO_2 actif des vins rouges pose problème (*cf.* chapitre 2). Les méthodes de principes entièrement différents, mises en œuvre avec le soin maximal, comme iodométrie directe et distillation, donnent cependant des **résultats comparables**, interprétables pour des décisions concrètes ;
- une fraction du SO_2 combiné a une activité antioxydante, antibactérienne (importante, ou non, selon les situations, mal définies), soit directement, soit, plus probablement, par une dissociation progressive ;
- une action cumulative de ces différents mécanismes, et d'autres encore inconnus.

Pratiquement, la majorité des vins rouges peuvent être élevés, en conditions standard de récipient, température, manipulations…, avec les doses de SO_2 libre indiquées ci-dessus. Dans tous les cas, **l'expérience locale réfléchie** permet d'adopter le sulfitage optimal, sans déviations chimiques et/ou microbiologiques mais avec un développement de tout le potentiel initial dans la direction souhaitée. L'élevage sous températures contrôlées, suffisamment basses, permet des sulfitages plus faibles. Cette régulation de températures est presque partout accessible avec des coûts limités[1].

Un cas particulier : l'élevage sur lies

Certains vins blancs et rouges font l'objet d'un « élevage sur lies ». Ces vins sont conservés de quelques semaines à plusieurs mois en présence d'une fraction importante des lies de fermentation alcoolique et/ou malolactique. Cela contribue à

1. Blouin J., Maron J.-M., *Maîtrise des températures et qualités des vins*, éditions Dunod, 2006.

développer les sensations de « gras, rondeur... » en bouche par apports de protéines issues de l'autolyse des levures et qui peuvent produire des molécules à saveur sucrée. Il y a aussi assouplissement des tanins des vins rouges. On augmente ces phénomènes par le « batonnage », pouvant entraîner des oxydations parasites en cas de mauvaise mise en œuvre. Dans tous les cas, il y a une consommation de l'oxygène dissous par les lies et donc une diminution des risques d'oxydation, pouvant *a contrario* dévier vers des odeurs de « réduit ».

Les modifications olfactives sont complexes : elles résultent des modifications des molécules odorantes selon le niveau d'oxydoréduction dépendant, d'une part, des apports d'oxygène spontanés (par les orifices ou parois des récipients) ou provoqués (micro-oxygénation et ses variantes) et, d'autre part, de la consommation d'oxygène par les levures et bactéries. Le résultat final est très sensible à de très faibles variations de ce niveau d'oxydoréduction. Il est aujourd'hui facile de **mesurer le taux d'oxygène** dans toutes les situations incertaines[1]. La situation est évidemment très différente pour un élevage en fûts de bois de petite capacité ou en grandes cuves métalliques[2]. Le SO_2 contribue à cette régulation des d'oxydoréductions, mais il faut d'abord **maîtriser apports et consommations d'oxygène**, selon l'activité microbienne des lies.

Dans tous les cas, il faut gérer les inévitables **risques microbiologiques** découlant du développement de levures et/ou bactéries habituellement éliminées par les soutirages, collages, filtrations... Le cas est particulièrement sérieux dans les chais ayant des risques de développement important de levures *Brettanomyces*. On peut aussi observer certaines altérations bactériennes sur des VDN-VDL, ayant des teneurs en alcool de 16-18 % vol. Le SO_2 contribue à maîtriser ces risques mais il peut ne pas suffire.

Il faut d'abord **maîtriser le niveau des populations de germes dangereux** par les techniques usuelles (soutirages, collages, filtrations sur terre...), ou des techniques plus spécifiques comme les filtrations tangentielles, les traitements par la chaleur.

Cet élevage sur lies traditionnel, abandonné puis repris, favorise l'obtention de vins gras, ronds, charnus, puissants, très appréciés des dégustateurs. Il est défavorable à l'obtention de vins frais, vifs, légers appréciés par divers autres consommateurs. Sa réussite passe par la parfaite maîtrise des oxydations, des populations microbiennes, de la température puis du sulfitage, avec un suivi gustatif régulier et strict.

1. Rappel : Le taux d'oxygène dans les moûts ou vins doit être mesuré « au chai », il est sans intérêt sur échantillon transporté au laboratoire.
2. Voir par exemple : Vivas N., *Les oxydations et les réductions dans les moûts et les vins*, éditions Féret, 1999.

5.5.6 Sulfitage au conditionnement (« tirage » en bouteilles, outres...)

La dose de sulfitage « au tirage » doit être adaptée en fonction du type de vin, du récipient de conditionnement et de la date estimée de mise en marché et de consommation.

Le tirage lui-même ne doit pas entraîner une diminution de SO_2 libre dépassant quelques milligrammes par litre, avec vérification systématique par dosages comparatifs.

La dose-objectif « au tirage » varie de **10 à 20-25 mg/L de SO_2 libre.**

En cas de consommation rapide prévue pour le vin (quelques jours ou semaines), on réduit la dose de SO_2 libre, **sans descendre au-dessous de 10 mg/L**. En cas de consommation estimée lointaine (quelques années ou plus), on peut augmenter légèrement la dose de référence, mais avec le risque de bloquer l'évolution du vin, de favoriser des déviations olfactives.

Les besoins en SO_2 libre sont (un peu) plus importants avec les petits récipients (demi-bouteille, « quart aviation ») mais aussi avec les « outres plastiques » anciennes (contrairement aux outres modernes multicouches du type BIB®) destinées à une consommation étalée. Le sur-sulfitage n'est pas la bonne solution pour corriger les éventuels excès de perméabilité de certains récipients ou les bouchages qu'il faut rejeter avant mise en œuvre à partir d'un cahier des charges adapté. Pour optimiser le niveau de SO_2 à la mise en bouteilles, il est nécessaire d'en suivre l'évolution, sur plusieurs mois, avec des bouteilles-témoins conservées en conditions naturelles, donc à températures variables pouvant être élevées. Des niveaux de SO_2 libre trop hauts ou trop bas, et/ou des déviations gustatives après 1-6-12 mois, doivent amener à corriger le niveau de SO_2 libre avant tirage en bouteilles.

Rôle des bouchages

La forte diversification des contenants de vin à la consommation (bouteille verre, bouteille en « plastique », Cubitainers®, BIB®, canettes...) et des systèmes de bouchage (liège naturel ou colmaté, aggloméré, bouchons « techniques », bouchons synthétiques, capsules à vis, bouchons verre...) entraîne des évolutions très variables du taux de SO_2 dans le vin conditionné. À titre d'exemple, une étude portant sur 14 types de bouchages différents donne les résultats suivants (Chambre d'Agriculture de la Gironde, 2003) :

- SO_2 libre initial : 35 mg/L ;
- SO_2 libre après 6 mois : 20 à 26 mg/L, soit **-9 à -15 mg/L** ;
- SO_2 libre après 24 mois : 7 à 17 mg/L, soit **-18 à -28 mg/L** dont 6 cas avec moins de 10 mg/L résiduel.

Après 24 mois, 2 ou 3 bouchages entraînent des vins au caractère oxydé net.

Ces résultats doivent sans cesse être réactualisés auprès d'organismes indépendants pour prendre en compte les évolutions très rapides des produits et techniques de conditionnement-bouchage proposés aux utilisateurs.

Pratiquement

- L'extrême diversité des effets du SO_2 et des situations où il doit être utilisé excluent *la* dose unique.
- Il existe des **doses de base** pour les différents cas.
- À chaque fois, on doit prendre en compte l'*ensemble* des conditions du moment et de l'avenir probable du vin, à l'aide d'outils aussi rigoureux que possible.
- Il est alors possible d'obtenir la **dose optimale** faisant la synthèse entre calculs rigoureux et l'irremplaçable **expérience locale**.
- Toute autre approche relève de raisonnements sans fondements validés, entraînant des risques majeurs pour le taux final de SO_2 et la **qualité globale du vin** à la consommation.

5.6 OPTI-SO2

Pour réussir le meilleur sulfitage possible, il faut :

- déterminer le niveau de SO_2 libre et/ou actif nécessaire ;
- calculer la quantité de SO_2 à utiliser pour atteindre ce niveau ;
- vérifier la conformité du résultat calculé avec les contraintes.

OPTI-SO2, une aide à la décision développée sous Excel, propose des **grilles de décision** adaptées à différents cas usuels de sulfitage. Il récapitule de façon organisée la démarche spontanée de tous les « bons sulfiteurs », dont il **facilite et sécurise les décisions** en les libérant des aspects mécaniques fastidieux et donc laissant le temps de **choisir volontairement les meilleures solutions**.

Le mécanisme général est détaillé dans l'annexe 3. Les normes quantitatives proposées sont à adapter dans chaque chai, en intégrant l'irremplaçable expérience locale et les observations chiffrées facilement stockées à partir des calculs successifs par OPTI-SO2.

Le tableau 5.11 donne un exemple de « fiche de travail ». Il résume l'état du vin, les doses de SO_2 à obtenir, les quantités de SO_2 à utiliser ainsi que les renseignements administratifs nécessaires pour les procédures d'assurance qualité. L'exemple concerne l'ajustage du SO_2 libre, il peut être calculé sur le SO_2 actif.

Tableau 5.11 Exemple de « bon de traitement » pour un sulfitage optimisé par OPTI-SO2

État inital				
T (°C) = (5 à 30 °C) →	20	Réf. lot à traiter →		Cuve 23
pH = (3 à 4) →	3,60	Valeurs calculées		
SO_2 libre (mg/L) (0 à 100) →	22	SO_2 actif	%	2,61
SO_2 total (mg/L) (10 à 400) →	86		mg/L	0,57
TAV (% vol.) →	14,00			

Ajustage du SO_2 libre			
	Choix SO_2 libre	Calcul SO_2 total	Calcul SO_2 actif
SO_2 choisi (mg/L)	30		
Coefficient de sulfitage choisi (1)	1,5		
SO_2 à ajouter mg/L)	12		
SO_2 libre obtenu (mg/L)	30		
SO_2 total obtenu (mg/L)		98	
SO_2 actif obtenu (mg/L)			0,78

(1) coefficient de sulfitage, d'environ 1,2 à 1,8, avec 1,5 par défaut

Calcul du SO_2 à ajouter			
Volume à traiter (hL)	58	**SO_2 à ajouter**	
Titre solution de sulfitage (% SO_2)	15	**(g/hL)** →	1,2
SO_2 pour le volume à traiter (g SO_2 pur)	69,6	**Litres solution** →	0,46
Réalisation →		**Volume utilisé** →	0,5
		Produit utilisé (référence, lot...) →	Lot 35-AR
		Opérateur sulfitage →	Dupont
		Date →	16/11/12 11:42

Observations :

Sulfitage pour avoir 30 mg/L de SO_2 libre (soit 0,78 mg/L de SO_2 actif)

Volume utilisé légèrement supérieur au calcul

Donnée obligatoire — **Valeurs choisies** — Quantités à ajouter

Calculs intermédiaires

Une remarque pratique

Redisons que les progrès concrets en matière de réduction des doses finales de SO_2 dans les vins passent par de **meilleures connaissances générales appliquées à chaque situation**. Pour progresser dans cette voie d'adaptation des sulfitages à chaque lot de raisins, moût et vins, il convient de noter puis d'étudier le comportement de ces lots.

Dans le cadre général du suivi des opérations œnologiques, on tient à jour le tableau de bord suivant :

- date (heure, intervenant) ;
- état initial du vin : TAV, sucres, acidité totale, pH, SO_2 libre et total ; stade d'évolution, état général ; dégustation ;
- dose de SO_2, produit utilisé, technique d'incorporation et mélange, température ;
- **résultat observé** après 3-5 jours : SO_2 libre et total ; remarques et interventions particulières.

Ces observations ne demandent que quelques minutes et elles permettent, à la fois, **un suivi précis de chaque lot** avec repérage des éventuelles difficultés demandant des examens complémentaires dans les seules situations difficiles et **l'acquisition d'une expérience adaptée à chaque chai**.

6 Produits et techniques de sulfitage

De la combustion directe du soufre par les Égyptiens aux récents sulfidoseurs et comprimés effervescents, le sulfitage passe par de nombreux produits et de multiples techniques de mise en œuvre qui sont exposés dans ce chapitre.

6.1 Quelques principes

- À **dose égale** de SO_2 et à **qualité d'incorporation égale**, tous les produits donnent des résultats équivalents.
- L'efficacité du sulfitage dépend du bon **choix de la dose** et de la qualité de sa **répartition** : chaque « goutte de vin » doit recevoir sa microdose de SO_2.
- Tout sulfitage doit être précédé et suivi de **dosages vérifiant les niveaux de SO_2** libre, actif et total atteint, la quantité de SO_2 total ajoutée et l'homogénéité du mélange.
- La qualité générale et les résultats du sulfitage dépendent autant de sa mise en œuvre matérielle que de la seule dose optimisée.

6.2 Les sources de SO_2

6.2.1 Le soufre S pour « méchage » (mèches, pastilles, bougies)

On utilise :

- les **mèches plates** rectangulaires de 20 à 40 g environ, où le soufre est fixé sur une toile de coton. Les mèches furent souvent, et demeurent parfois, constituées de soufre additionné de divers « aromates » sans intérêt pratique ;
- les **pastilles** de 2 à 20 g, mélange de soufre, d'argile, de silice, de fibres minérales ou de cellulose selon les fabricants ;
- les **bougies** de 50 à 250 g.

Tous ces produits[1] doivent être conservés en atmosphère sèche et fraîche. Le rendement théorique est de 2 g de SO_2 pour 1 g de soufre mais le rendement réel est plus bas et, surtout, **irrégulier, d'environ 1 g de SO_2 par gramme de soufre.**

Chatonnet et coll. ont déterminé, en 1993, le pourcentage de rendement en SO_2 :

- mèche : 28 à 36 % (moyenne 31 %) ;
- pastille : 28 à 72 % (moyenne 53 %).

C'est le procédé le plus ancien, ayant prouvé son efficacité depuis des siècles. Il est très adapté au **sulfitage des barriques** et tous récipients vides avant stockage ou avant remplissage lors de soutirages. Il est **irremplaçable pour aseptiser en profondeur** toutes les anfractuosités des fûts et autres récipients en bois pour prévenir les éventuels développements de bactéries, de levures *Brettanomyces*, notamment sur les barriques usagées (tableaux 6.1 et 6.2). Il permet un **excellent mélange lors du remplissage** du récipient méché.

Tableau 6.1 Élevage et sulfitage en barriques neuves ou usagées (analyses après 6 mois d'élevage) : le méchage assure une meilleure protection
Source : Chatonnet et coll., 1993

Âge des barriques	SO_2 libre (mg/L)		Éthyl-phénols (µg/L)		Caractère phénolé	
	Méchage	Solution SO_2	Méchage	Solution SO_2	Méchage	Solution SO_2
Neuves	14	12	556	975	1	4
1 an	18	16	103	1 432	0	5
2 ans	26	18	89-331	1 291	0	5

Tableau 6.2 Effets comparés du méchage et de la solution sulfureuse sur l'évolution des vins : le méchage assure une meilleure protection
Source : Chatonnet et coll., 1993

	SO_2 libre (mg/L)		*Brettanomyces* (cell./mL)		Éthyl-phénols (µg/L)	
	Initial	Après 4,5 mois	Initial	Après 4,5 mois	Initial	Après 4,5 mois
Méchage	14 à 22	8 à 13	6	0-1	285	288-293
Solution SO_2	13	6	6	1 200	285	652

Le méchage se révèle beaucoup plus efficace que la solution sulfureuse pour empêcher la formation excessive d'éthyl-phénols, responsables des odeurs « animales » souvent peu appréciées.

1. On propose parfois de remplacer le soufre pur « industriel » par du soufre brut « naturel », par exemple d'origine volcanique. On risque alors de libérer des dérives toxiques de séléniure d'hydrogène (H_2Se) car ces soufres natifs contiennent jusqu'à 0,8 % de sélénium (*www.ilo.org/safework*).

C'est une technique **simple, économique** mais peu précise, corrosive pour les matériaux et de mise en œuvre désagréable, pouvant même devenir dangereuse pour le personnel en cas de fuites anormales. On peut utiliser divers dispositifs, souvent anciens mais oubliés (*cf.* § 6.3.3), pour maîtriser ces fuites de SO_2. Le méchage demeure pratiquement irremplaçable pour l'élevage des vins en petits récipients, surtout en bois, et pour les sulfitages les plus usuels limités à 2 à 5 g de SO_2 par hectolitre.

6.2.2 SO_2 gazeux

Le produit est livré sous forme liquide en récipients contenant de 50-100 g à 25-50 kg de SO_2 pur, sous pression d'environ 2 à 5 bar entre 20 et 40 °C. **Le SO_2 liquide génère le SO_2 gazeux** par détente. Son injection directe dans le vin produit un effet de choc par formation de SO_2 actif H_2SO_3 résultant de la dissolution dans le moût ou le vin et agissant avant de se combiner (Crachereau, 2000). Le SO_2 gazeux direct est envisagé pour suppléer au méchage et aseptiser les récipients en bois ou béton à risques microbiologiques. Il y est plus efficace que les seuls traitements par désinfectants liquides.

C'est un produit très pur, économique, surtout utilisé pour les gros volumes et/ou forts sulfitages à l'aide de sulfidoseurs adaptés pour supprimer les dangers de mise en œuvre en cas de mauvaise manipulation.

6.2.3 Solutions sulfureuses

Le SO_2 gazeux est dissous dans des solutions aqueuses, potassiques ou ammoniacales. Les solutions sodiques sont interdites dans l'Union européenne depuis plusieurs décennies.

- **Solutions aqueuses** préparées sur site ou achetées, titrant de 5 à 10 % soit 50 à 100 g de SO_2 par litre.

  Au-dessus de 5 %, la stabilité de la teneur en SO_2 est réduite. Il s'agit de produits très purs mais d'odeur désagréable, pouvant être dangereux en locaux mal ventilés.

- **Solutions de bisulfite de potassium** ($KHSO_3$), seul ou avec du SO_2 supplémentaire, commercialisées à des titres de 10 à 23 %, soit 100 à 230 g de SO_2 par litre.

  Plus concentrées que les solutions aqueuses, elles sont moins odorantes, plus stables mais peuvent cristalliser à basse température. De densité élevée, elles sont de mélange plus difficile. Il y a un apport de potassium.

- **Solutions ammoniacales** (NH_4HSO_3) titrant de 5 à 60 %, soit de 50 à 600 g de SO_2 par litre.

Peu odorantes, stables mais très denses et donc se mélangeant mal avec les moûts et vins à traiter. Il y a apport d'azote ammoniacal à raison de 220 mg d'azote par gramme de SO_2, utile à la fermentation alcoolique des moûts carencés. **Leur usage est limité aux moûts** à la dose **maximale totale de 20 g/hL, soit 12,8 g de SO_2 par hectolitre.** Cet usage est interdit dans les vins où la présence d'ammoniaque est interdite et dangereuse pour la stabilité biologique.

6.2.4 Métabisulfite et comprimés effervescents

- **Métabisulfite** (ou pyrosulfite) de potassium ($K_2S_2O_5$) en poudre.

  Il libère le SO_2 dans les moûts et vins avec un rendement théorique de 57 % mais un rendement pratique d'environ 50 %. C'est un produit hygroscopique peu stable et d'usage limité dans le temps. Il reste très pratique pour la préparation des solutions sulfureuses de désinfection, de titre approximatif.

- **Comprimés effervescents** de 2 à 10 g, proposés depuis une vingtaine d'années.

  Ils sont constitués d'un mélange de métabisulfite (67 %) et de bicarbonate (33 %) de potassium libérant du CO_2 produisant l'homogénéisation par brassage du SO_2 libéré dans le moût ou vin. On observe de très bons résultats en petits récipients (barriques) mais il est utile de compléter leur action par brassage dans les grands récipients. C'est un produit réservé aux sulfitages d'appoint.

Remarque importante : Les solutions sulfureuses préparées au chai ou achetées doivent impérativement être **dosées avant mise en œuvre**. On observe souvent des pertes de teneur en SO_2 (d'où des sulfitages insuffisants) mais aussi parfois des teneurs réelles supérieures aux teneurs affichées (d'où des sur-sulfitages qui peuvent être dangereux). Le dosage chimique initial est nécessaire pour avoir une teneur exacte pouvant ensuite être suivie, sur le même lot, par simple densimétrie.

6.2.5 Comparaison des différentes sources de SO_2 en œnologie

Les tableaux 6.3 et 6.4 résument les principales caractéristiques des différents produits disponibles. On peut comparer les différentes sources de SO_2 en fonction de leur stabilité, de leur odeur et donc des risques d'inhalation de SO_2 lors de la mise en œuvre des apports hors SO_2, de la facilité de mise en œuvre et du prix (relativement bas, quelques centimes d'euro par hectolitre, il peut cependant varier d'un facteur 10 !). Les apports de potassium par les sulfites restent limités à 60 % de l'apport en SO_2, soit 60 à 120 mg/L pour des sulfitages de 100 à 200 mg de SO_2 par litre.

Tableau 6.3 Composition de différents produits de sulfitage

	Formule	Rendement ($g\ SO_2$ / g produit)		Apport potassium ($g/g\ SO_2$)	Apport azote ($g/g\ SO_2$)
		théorique	pratique		
Soufre	S	2	1	–	–
Bisulfite de K	$KHSO_3$	0,53	0,5	0,609	–
Métabisulfite de K	$K_2S_2O_5$	0,67	0,5	0,609	–
Bisulfite de NH_4	NH_4HSO_3	0,65	0,65	–	0,218
Comprimés effervescents	67 % $K_2S_2O_5$ + 33 % $KHCO_3$	env. 0,45	env. 0,45	0,761	–

Tableau 6.4 Aptitudes comparées de divers produits de sulfitage

Produit	Formule	Formes usuelles	Avantages	Inconvénients	Remarques pratiques
Soufre (1)	S	Pastilles, mèches, bougies	Simple, pur, traditionnel, bon mélange	Peu précis, emploi désagréable et dangereux, corrosif	Limité à apports faibles, **très adapté aux barriques**
SO_2 liquide	SO_2	« Bouteilles » en métal, « siphons » en verre	**Simple**, précis avec doseur approprié, **très pur**, bon mélange possible, économique	Risque de surdosage, dangereux	Très utilisé sur grands volumes, remélanger par brassage, pompage…
Solutions aqueuses de SO_2	H_2SO_3	Solution à limiter à 5 %	Produit pur	Utilisation désagréable, forte odeur de SO_2, **instable**	Économique, à utiliser avec doseurs
Solutions potassiques de SO_2	$KHSO_3$	Solutions commerciales à 5-23 %	Simple, polyvalent, économique, stable au-dessous de 10-12 %	Apport de potassium, densité élevée et mélange difficile, solutions concentrées instables au froid, odeur	**Polyvalent**
Solutions de bisulfite d'ammonium	NH_4HSO_3	Solutions à 5-60 %	Solutions très concentrées stables, **apport d'azote ammoniacal**, inodores	Densité très élevée, mélange très difficile	À réserver aux moûts (carencés en azote)
Métabisulfite de potassium (2)	$KHSO_3$	Poudre ou granulés hygroscopiques	Simple	Peu précis, conservation difficile, apport de potassium, cher	**Produit d'appoint**
Comprimés effervescents (2)	$KHSO_3$	Comprimés effervescents	**Bon mélange sur petits volumes**	Cher, apport de potassium	Bien adaptés aux petits volumes (fûts…)

(1) Rendement théorique 2 g SO_2/g ; rendement pratique 1 g/g.

(2) Rendement théorique en SO_2 de 57 % ; rendement pratique 50 %.

Remarques : Certains vinificateurs acceptent le méchage, producteur de SO_2, mais refusent le SO_2 pur ou les sulfites. Cette différentiation des effets du SO_2 selon son origine immédiate est en contradiction avec les connaissances chimiques validées et ne repose sur aucune expérience ou simple observation autorisant une autre conclusion. On peut le redire : à dose égale et à qualité d'incorporation égale, tous les produits donnent des résultats équivalents.

Certains produits proposent des composés libérant du SO_2 « qui se combine peu » [*sic*], sans aucune justification théorique et/ou expérimentale ; ils méritent d'être oubliés.

Le coût du sulfitage et produits de remplacement

À partir de la brochure *Le coût des fournitures en viticulture et œnologie* publiée par la Chambre d'Agriculture des Pyrénées-Orientales et l'IFV, des années 2000 à 2014 (43e édition), on peut calculer le coût indicatif de divers produits de sulfitage et de quelques produits « de remplacement » (*cf.* chapitre 7) (tableau 6.5).

Tableau 6.5 Coûts comparés des produits de sulfitage ou remplaçants
Source : Le coût des fournitures en viticulture et œnologie – Chambre d'Agriculture des Pyrénées-Orientales, IFV

	Prix (€/kg) (1)	Dose indicative (g/hL) (3)	Coût moyen (€/hL)
SO_2 gaz	2,7-4,7	20 (2)	**0,06**
Solution à 18 %	4,2-5	20 (2)	**0,06**
Sulfite d'ammonium	3-6	20 (2)	**0,09**
Métabisulfite de potassium	3,5-3,6	20 (2)	**0,07**
Soufre en bougies	4,7-6	20 (2)	**0,10**
Comprimés effervescents	30-170	20 (2)	**2,00**
Acide ascorbique	10-12	10	**0,10**
Thiamine seule	5	0,05	**0,000 25**
Vitamine B1 et sulfate ammonium	2,5-3	20	**0,06**
Activateurs de fermentation	9-12	30	**0,30**
Acide sorbique (sorbate de K)	10-12	20	**0,20**
Lyzozyme	150-160	30	**4,65**

(1) Prix moyen entre 2000 et 2013, exprimé en euros par kg de SO_2 pour les produits sulfitiques.
(2) SO_2 final d'environ 100 mg/L, résultant de sulfitages cumulés de 200 mg/L = 20 g/hL.
(3) Les doses exactes d'additifs varient pour chaque moût et vin.

Le sulfitage apparaît donc comme une technique peu coûteuse, notamment par rapport à certains produits ne remplaçant qu'une partie de ses effets. Leur emploi cumulé (*cf.* § 7.5) aboutit à des résultats incertains mais devenus coûteux. Dans tous les cas, l'usage raisonné s'impose pour obtenir les meilleurs résultats, même ici, sans contrainte économique majeure.

6.3 Matériels et techniques de sulfitage

6.3.1 L'hétérogénéité des sulfitages

L'efficacité globale du SO_2 dépend largement de la qualité de son incorporation très homogène à toute la masse de vendange, moût ou vin à traiter. Le tableau 6.6 donne les résultats observés lors de sulfitage par divers produits. On note des écarts de teneurs très importants, allant de 1 à 3, entre « haut » et « bas » du récipient pour la teneur en SO_2 total et l'efficacité du sulfitage mesuré par le taux de laccase et la population de levures vivantes. Le mélange spontané est encore plus imparfait sur de grands volumes.

Tableau 6.6 Hétérogénéité du sulfitage et de ses effets (SO_2 total en mg/L ; unités Laccase ; levures vivantes : millions par mL)
Source : Crachereau, Chambre d'Agriculture de la Gironde, 1999

	Solution SO_2					SO_2 gazeux					Cachet effervescent				
	A	B-1	B-2	C-1	C-2	A	B-1	B-2	C-1	C-2	A	B-1	B-2	C-1	C-2
	SO_2 total	SO_2 total	Laccase	SO_2 total	Levures vivantes	SO_2 total	SO_2 total	Laccase	SO_2 total	Levures vivantes	SO_2 total	SO_2 total	Laccase	SO_2 total	Levures vivantes
Haut	20	20	12	35	75	48	60	0	75	10	75	55	0	88	65
Milieu	20	20	13	105	20	50	58	0	75	10	75	54	0	88	60
Bas	100	290	0	130	25	75	28	8	75	1	58	25	1	90	40
Écart/Moyenne	2,2	2,5	1,6	1,1	1,4	0,5	0,7	3,0	0,0	1,3	0,2	0,7	3,0	0,0	0,5

La figure 6.1 visualise la répartition hétérogène du SO_2 après sulfitage par solution sulfureuse dans des petits récipients (60 L, hauteur d'environ 50 cm). Cette irrégularité serait plus importante avec de grands récipients.

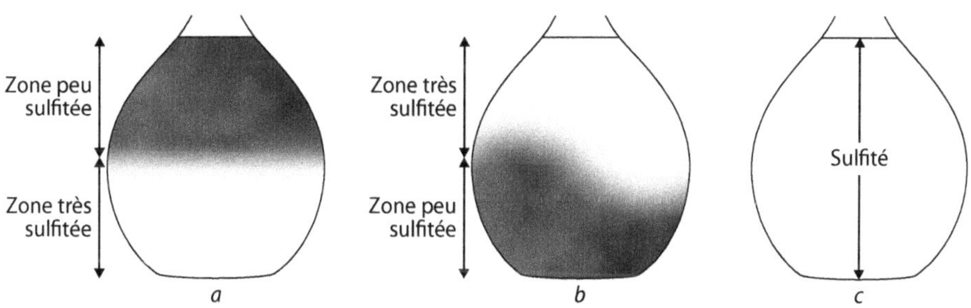

Figure 6.1 Répartition du SO_2 (zone incolore) par sulfitage bas (a), haut (b) ou après homogénéisation (c) : la couleur sombre correspond ici à l'absence de SO_2

L'expérience de chai confirme l'existence de fortes différences de teneur en SO_2 (libre et total) dans les grands récipients immédiatement après sulfitage imparfait et/ou après un long délai, par apparition de gradient de SO_2 (ex. : baisse ou hausse de SO_2 libre près des trappes sans ou avec bonde septique). Quelques dosages simples permettent de cerner puis corriger ces irrégularités. Cette vérification analytique de la qualité de sulfitage (dose moyenne et homogénéité) s'impose à chaque nouvelle campagne vinicole, à chaque changement de système de sulfitage. On corrige ensuite les irrégularités par **soutirage, remontage, brassage mécanique ou par un courant d'azote**.

6.3.2 Sulfitages de la récolte à la mise en bouteilles

Depuis très longtemps on utilise diverses techniques de sulfitage pour assurer un bon mélange du SO_2 à la concentration voulue et en réduisant les désagréments. Les solutions sont à moduler selon le produit traité (vendange, moût, vin) et le moment (récolte, fermentations, élevage, conditionnement).

Sulfitage de la vendange

On sulfite à la parcelle, dans les récipients de transport, par arrosage de solution sulfureuse potassique représentant environ 50 à 70 % de la dose totale prévue. Le banal arrosoir de jardin, non métallique, est un outil efficace pour bien disperser une solution sulfureuse dans une benne de transport de vendange (figure 6.2). Le solde de SO_2 est apporté après égouttage-pressurage des raisins blancs ou à l'encuvage des raisins rouges.

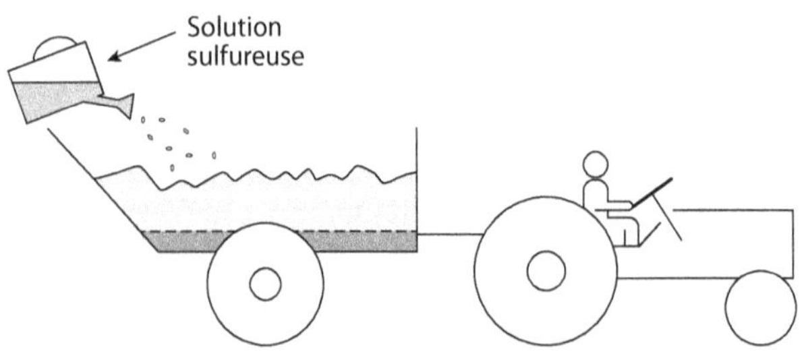

Figure 6.2 Sulfitage partiel au champ, par solution sulfureuse

Le sulfitage au chai est à faire par **pompe doseuse**, lors des transferts. Dans le cas de manipulation sans pompe, par gravité, on sulfite lors d'un remontage dès réception dans la cuve.

Sulfitage des moûts

Les moûts blancs issus d'égouttage avant pressurage doivent être **rapidement** sulfités dès leur arrivée dans la cuve de réception et homogénéisés. Le sulfitage direct dans le cuvon de réception ou en cuve sans brassage est **à proscrire** (figure 6.3).

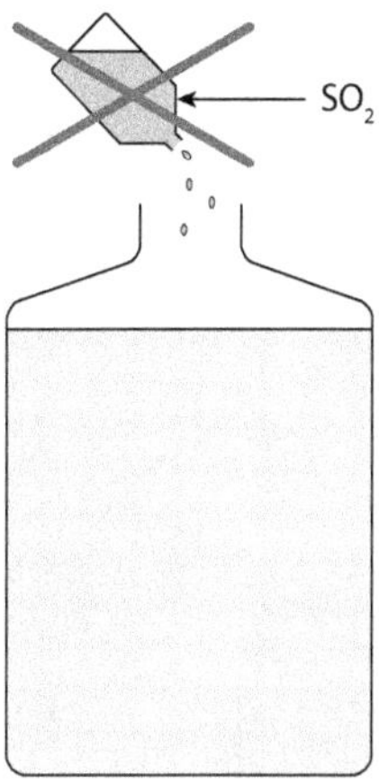

Figure 6.3 Sulfitage direct sans mélange, à proscrire

Les pressoirs discontinus (horizontaux) libèrent les moûts avec des débits très variables selon le moment. Le sulfitage homogène peut se faire par certains systèmes statiques, peu utilisés, ou par pompes doseuses synchronisées au débit instantané (figure 6.4). Le sulfitage direct dans la cuve de réception est difficilement homogène. On a de meilleurs résultats avec des brassages réguliers évitant les aérations excessives.

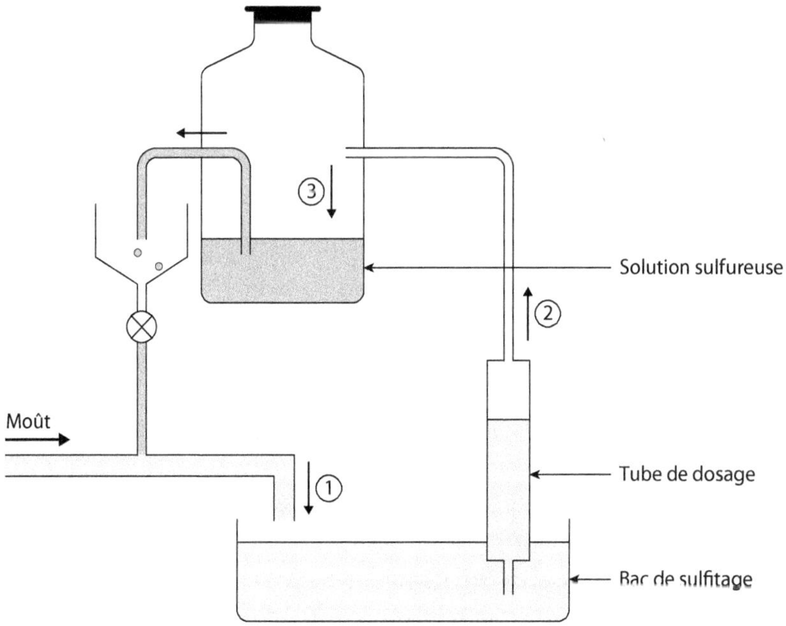

Sulfitage statique des moûts dans un bac sous pressoir

.../...

Figure 6.4 Sulfitage statique pour débit irrégulier ou par pompage et venturi

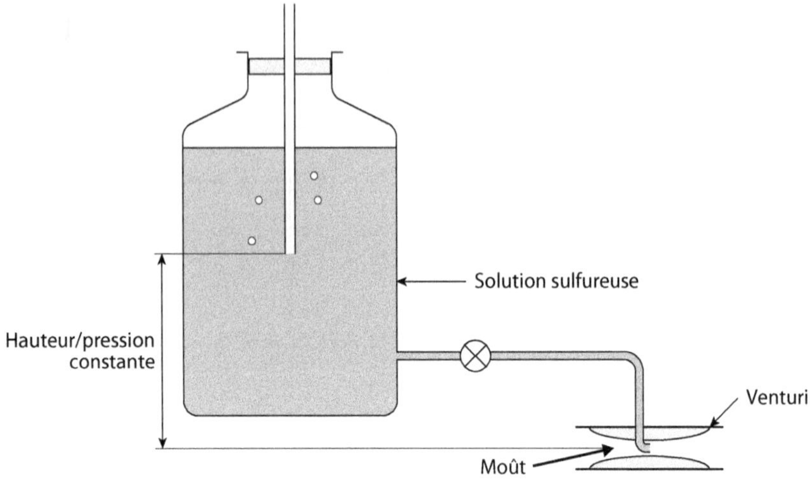

Figure 6.4 (*suite*) Sulfitage statique pour débit irrégulier ou par pompage et venturi

Le sulfitage lors de pressurage continu ou de transfert est facilement réussi par pompes doseuses (figure 6.5).

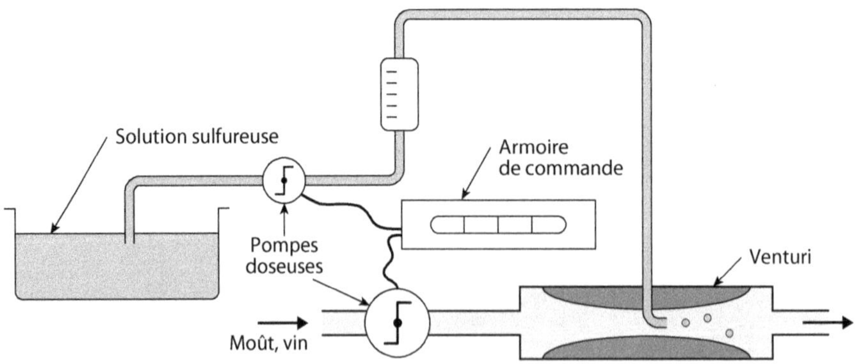

Figure 6.5 Sulfitage homogène par pompes doseuses synchronisées

Sulfitage après fermentation

Le sulfitage par **solution sulfureuse** « au goutte-à-goutte » dans un cuvon-relais est très usuel mais assez imprécis (figure 6.6). La solution la plus efficace est le sulfitage par solution sulfureuse en utilisant une pompe doseuse lors d'un soutirage de transfert. À défaut, on injecte la solution sulfureuse par un venturi placé en sortie de pompe. Le sulfitage direct au SO_2 gazeux, avec brassage par gaz inerte (azote ou CO_2), donne de très bons résultats mais exige une installation parfaite pour avoir un bon résultat, sans risques pour le personnel. Dans tous les cas, un remontage d'homogénéisation ou un brassage par gaz inerte s'impose.

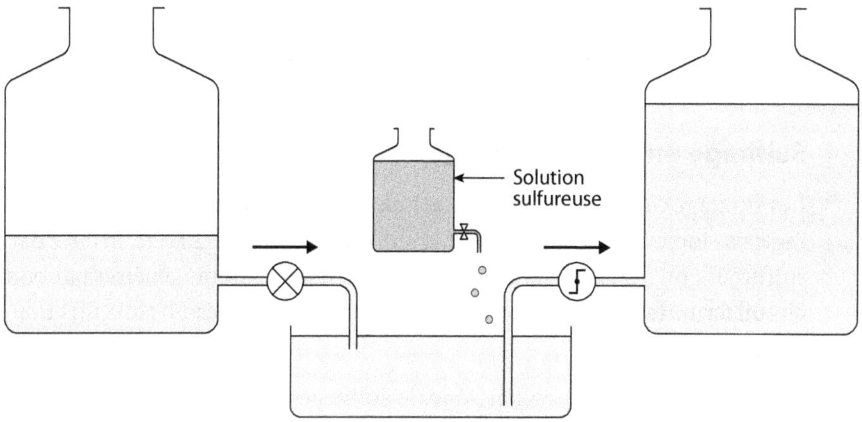

Sulfitage par transvasage

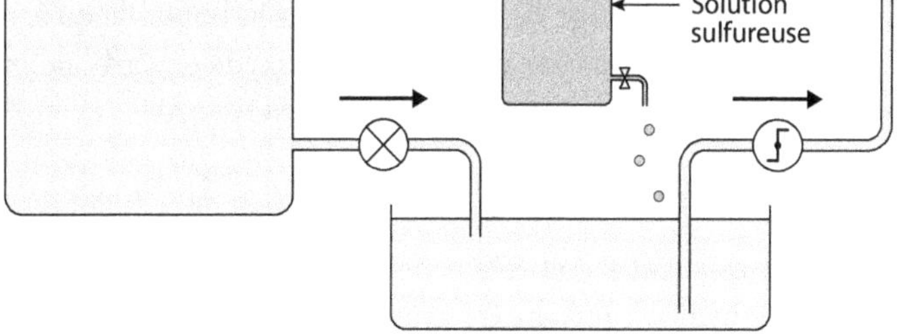

Sulfitage en circuit fermé

Figure 6.6 Sulfitage par transvasage ou en circuit fermé

Le sulfitage de « mutage » des vins « liquoreux » en barriques, avec des doses assez élevées de SO_2 (ex. : 20-30 g/hL, soit plus de 40-60 g/barrique) peut se faire par solution sulfureuse et brassage énergique ou par SO_2 gazeux issu d'un sulfidoseur de taille adaptée.

Sulfitage lors de soutirages

Lors d'utilisation de cuves, la solution idéale est le sulfitage par solution sulfureuse incorporée par pompe doseuse (ou venturi). Le sulfitage « au cuvon » est moins précis mais permet un dégazage de CO_2 et une aération, souhaitable ou à éviter selon les cas.

On utilise préférentiellement le « méchage » pour les sulfitages lors des soutirages entre barriques.

Sulfitage en cours d'élevage

Les sulfitages à doses faibles lors de l'élevage en cuves peuvent faire appel au soutirage, pas toujours nécessaire pour le vin, ou à l'injection directe en cuve par solution sulfureuse ou SO_2 gazeux. Dans les deux cas, il faut homogénéiser par pompage en circuit fermé (avec ou sans aération-dégazage selon les besoins du vin) et/ou brassage par gaz.

Dans les cas d'élevage en barrique, le sulfitage classique se fait lors des soutirages par méchage, assurant une bonne répartition du SO_2, et, plus rarement, par solution sulfureuse et « bâtonnage ». Ce méchage des récipients avant usage est irremplaçable pour désinfecter en profondeur le bois des barriques et des cuves. Les solutions sulfureuses, trop denses, se mélangent mal.

Sulfitage avant conditionnement

Après détermination précise de la dose optimale, car ce sulfitage est irréversible, on se trouve dans le cas précédent, avec des **exigences accrues de précision et de bon mélange**. Le sulfitage des bouteilles avant utilisation utilise des outils spécifiques, adaptés à la tireuse. Il est davantage destiné à stériliser la bouteille qu'à sulfiter le vin. Le tirage sous « vide » ou sous gaz carbonique (dioxyde de carbone) réduit les dissolutions parasites d'oxygène et donc les besoins en SO_2 libre.

Sulfitage des matériels

Le SO_2 est un produit très efficace et très économique pour désinfecter les matériels, cuves, récipients, tuyaux, caniveaux. Lavage, nettoyage, désinfection, rinçage, contrôle d'efficacité et de résidus sont des fonctions différentes indispensables préalablement assurées par d'autres produits spécifiques. Dans le cas d'utilisation de solutions préparées avec du métabisulfite, il faut ajouter un peu d'acide (citrique, tartrique) pour obtenir une bonne efficacité du SO_2. En revanche, le SO_2 ainsi utilisé dégage une odeur déplaisante, éventuellement dangereuse. Il est corrosif pour les métaux, les bétons… en cas de contacts prolongés sans rinçage suffisant. L'avantage essentiel est l'innocuité œnologique d'éventuels faibles résidus après rinçage insuffisant, contrairement aux produits de nettoyage plus génériques à base de chlore, ammoniums quaternaires, peroxydes…

Protection des vins « en vidange »

La protection des vins en récipients en vidange (barriques, cuves) est impérative :

- **bonde aseptique :** L'air entrant dans le récipient en vidange circule dans une solution sulfureuse où il est aseptisé et désoxygéné (figure 6.7) ;

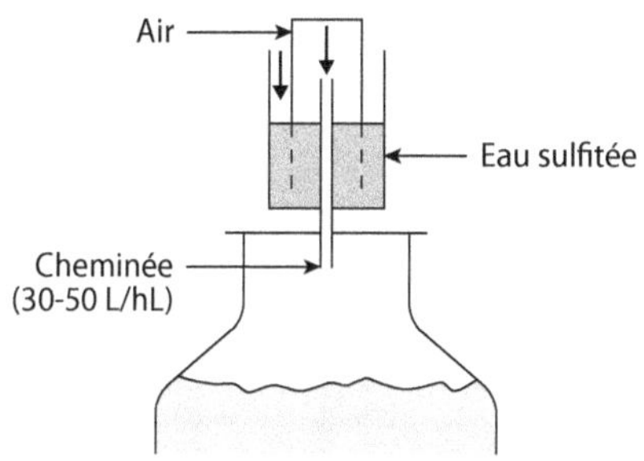

Figure 6.7 Bonde aseptique pour protéger les récipients en vidange

- **couvercles flottants :** L'entrée d'air est bloquée par un joint d'étanchéité (« boudin » gonflé). L'usage d'huile de paraffine n'est plus autorisé. Les variations de température et de volume risquent de créer des développements de bactéries acétiques au niveau du « boudin » pouvant contaminer l'ensemble du récipient (figure 6.8). Ces dispositifs sont peu fiables lors d'usage prolongé ;

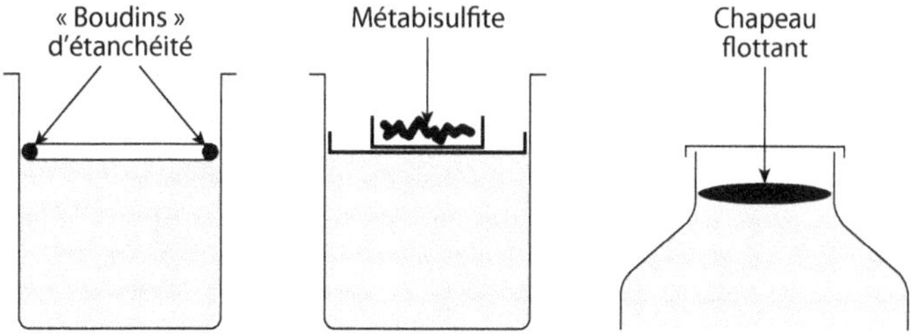

Figure 6.8 Dispositifs artisanaux non étanches pour récipients en vidange

- **gaz inertes :** Dans le récipient fermé en vidange, on chasse l'air par un courant de gaz inerte (azote, argon, CO_2 seuls ou en mélange) d'au moins trois fois le volume d'air. Le récipient est ensuite maintenu sous légère surpression de gaz inerte, inférieure à 0,5 bar. Il y a une légère désoxygénation du vin, et un apport de CO_2 en cas d'utilisation de ce gaz (figures 6.9 et 6.10).

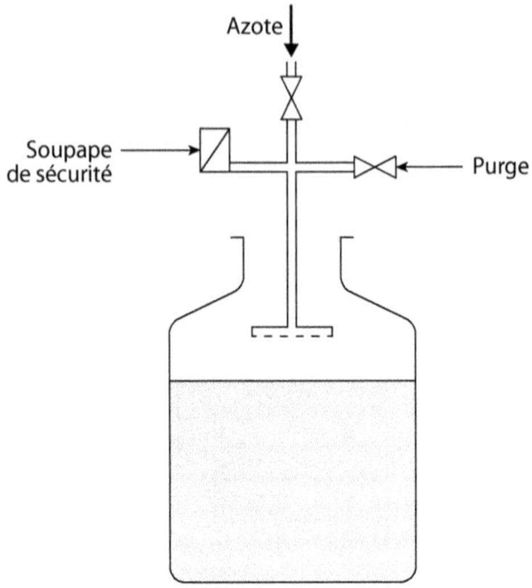

Inertage de cuve en vidange

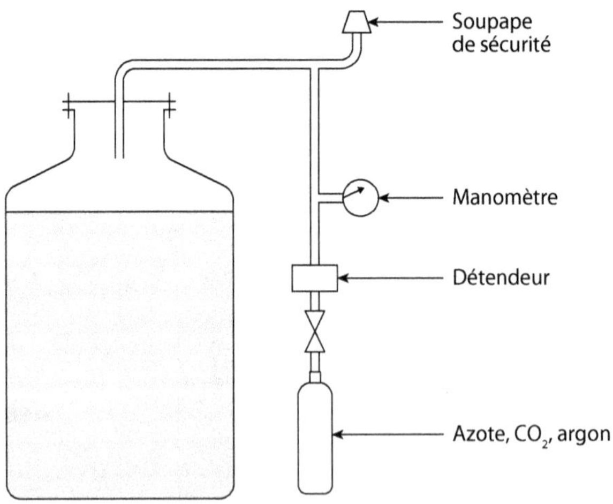

Conservation sous gaz inerte

Figure 6.9 Mise sous gaz inerte et conservation des cuves en vidange

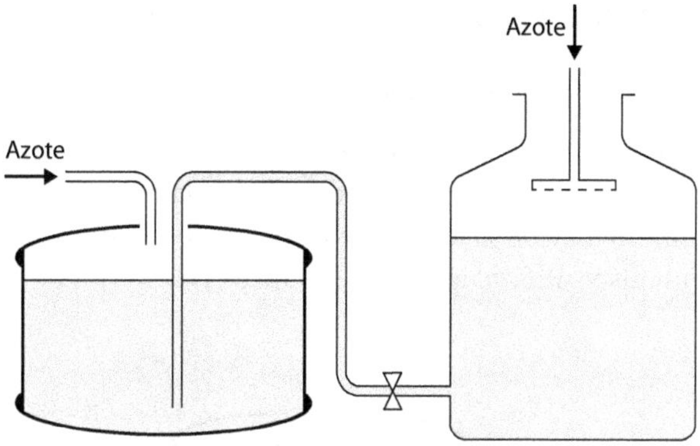

Transfert barrique-cuve sous gaz inerte

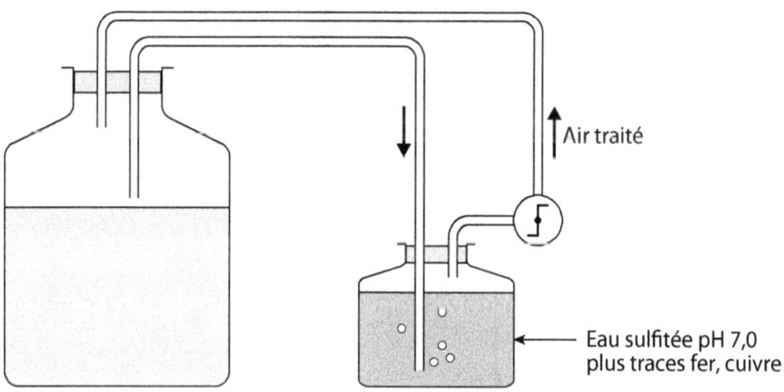

Protection cuve en vidange
(d'après Jaulmes, 1970)

Figure 6.10 Soutirage sous gaz inerte et inertage en circuit fermé

Dans tous les cas, le système doit incorporer des dispositifs efficaces de protection contre les fuites, les écarts de pression pour supprimer tout risque pour le vin et le récipient pouvant imploser ou exploser en cas de sous-pression ou de surpression ;

- **désoxygénation :** On entraîne l'oxygène dissous (et le CO_2) par un fort courant d'azote (ou d'argon). Débit et quantité de gaz peuvent être estimés par calcul ; il est souvent plus simple de doser directement l'oxygène[1] sur site avant, pendant et après dégazage.

1. Il existe de nombreux oxymètres utilisables au chai.

6.3.3 Les matériels et installations de sulfitage

À partir du soufre – Méchage

Le méchage par mèche ou pastille est effectué avec une entrée d'air suffisante à la bonne combustion du soufre. Il faut empêcher la chute de soufre fondu au fond de la barrique afin d'éviter la formation de mauvais « goûts de soufre », par exemple en utilisant un dispositif récupérateur (figure 6.11).

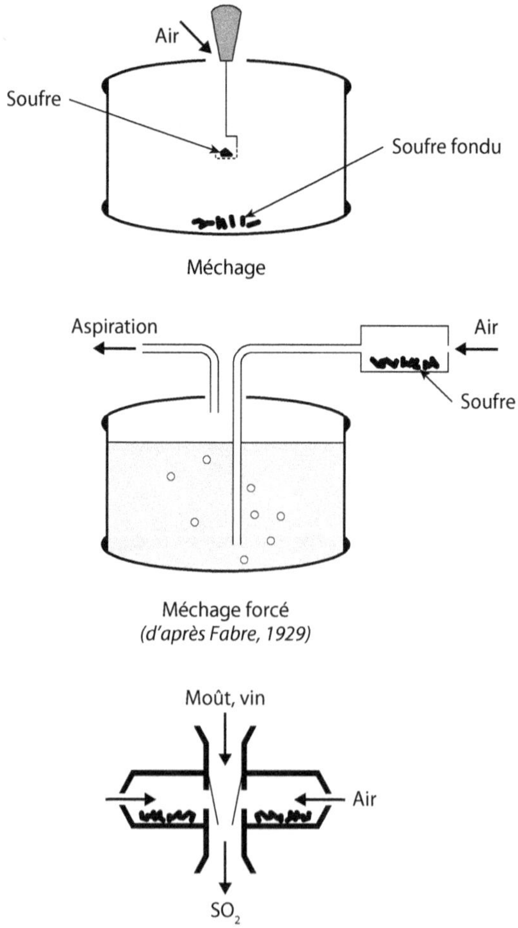

Figure 6.11 Méchage « classique », en haut, et quelques dispositifs spécifiques

On a proposé, depuis des décennies, divers dispositifs artisanaux ou modernes améliorant l'efficacité du SO_2 et la sécurité et le confort de l'utilisateur (figure 6.12). Ils mériteraient d'être plus largement utilisés (ex. : Diaz Pintago, 2013), avec des matériaux non métalliques, par fabrications artisanales ou industrielles.

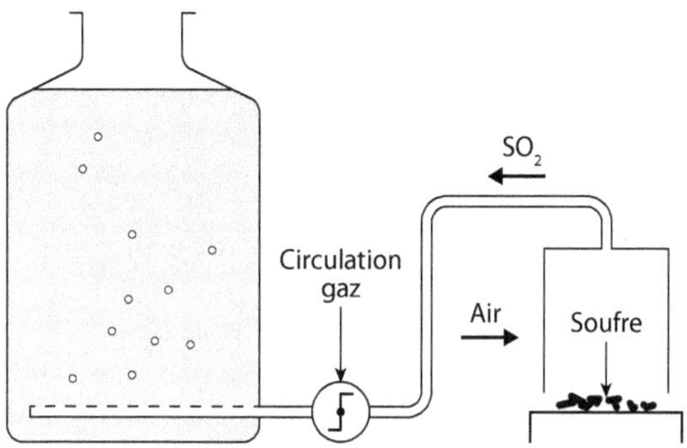

Méchage forcé
(d'après Marcilla-Arrazola, 1949)

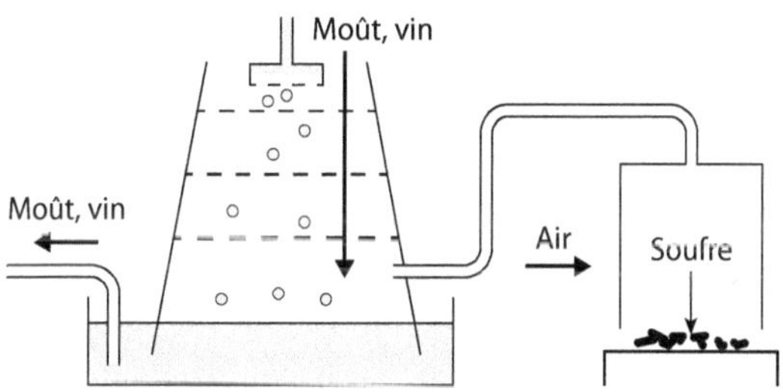

« Muteuse » Saint-Adrien
(d'après Coste-Floret, 1907)

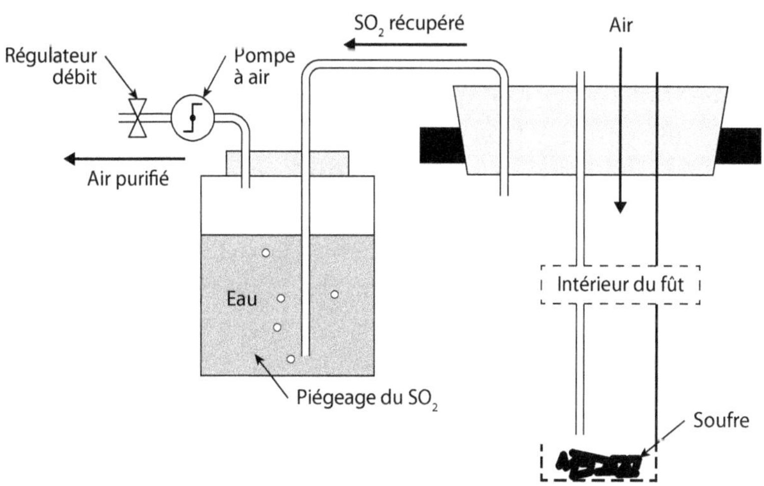

Méchage avec piégeage du SO_2

Figure 6.12 Quelques dispositifs de « méchage amélioré »

Par le SO_2 pur

Le SO_2 pur livré en récipients sous haute pression de grande capacité doit être traité pour le sulfitage :

- **transfert** en « dosettes » (figure 6.13) de quelques dizaines ou centaines de grammes, souvent graduées, permettant de traiter quelques dizaines ou centaines d'hectolitres. Ce transfert exige une grande rigueur pratique pour supprimer tous risques de fuites de SO_2 pur, très dangereux ;

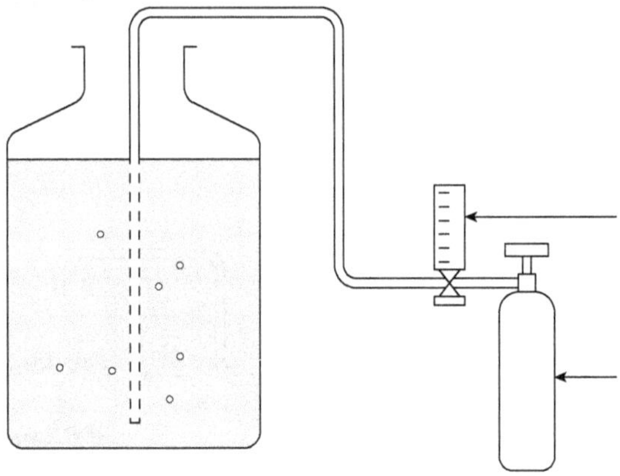

Figure 6.13 Sulfitage direct par SO_2 gazeux

- **injection directe** dans le moût ou vin par diffuseur (figure 6.14), de préférence complétée par une homogénéisation ;
- **injection par pompe doseuse** simple ou, de préférence, asservie au débit du moût ou vin et couplée à un apport d'azote pour brassage (*cf.* figure 6.5) ;
- l'utilisation de **SO_2 en « spray »** est proposée, elle peut entraîner des risques d'inhalation de SO_2 gazeux ;
- **« ampoule Laborde » :** Une petite ampoule de verre contenant la quantité de SO_2 pour « muter » un lot est percutée dans le récipient (barrique en général) et libère le SO_2 sous pression en le mélangeant. Ce matériel ancien (1909) donnait de très bons résultats (figure 6.15). Il semble possible aujourd'hui de l'améliorer pour de nombreux usages en remplaçant verre et cuivre par des matériaux modernes plus adaptés.

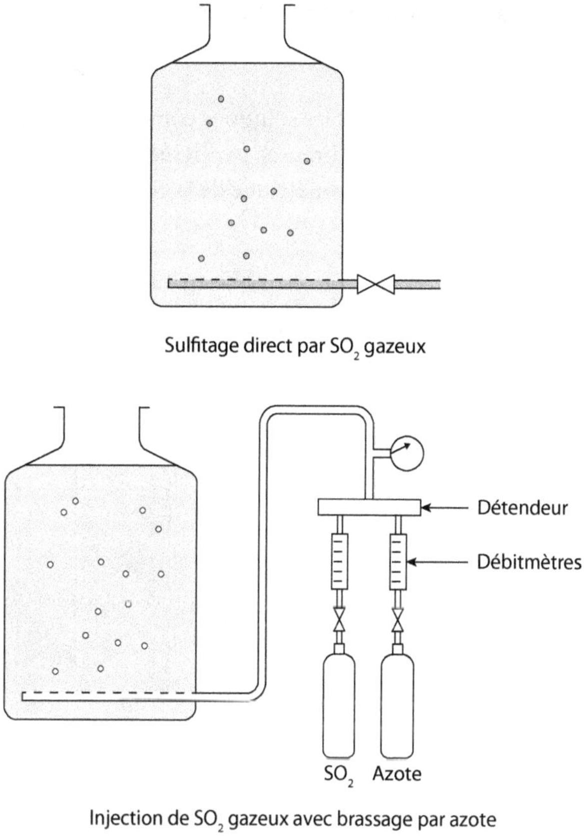

Figure 6.14 Sulfitage par SO_2 gazeux sans ou avec brassage gazeux

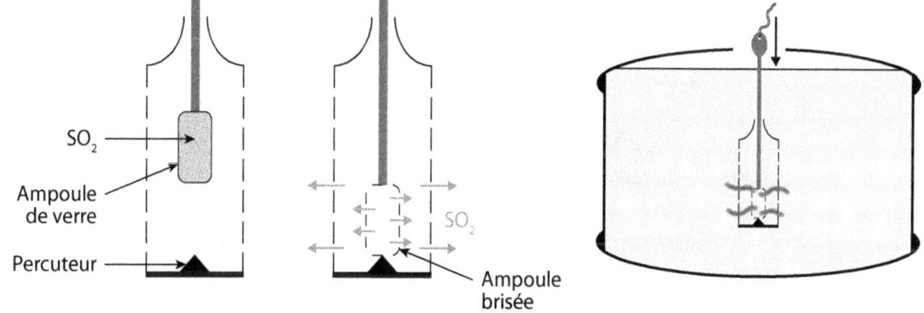

Figure 6.15 Sulfitage par SO_2 gazeux par « ampoule Laborde »

Par les solutions sulfureuses

Préparations

On utilise surtout les solutions commerciales mais il est possible de préparer au chai des solutions sulfureuses par pesée du SO_2 utilisé ou de la solution en préparation, avec mesure densimétrique de la concentration obtenue (figure 6.16).

On a environ :

$$SO_2\ (g/L) = (\text{densité} - 1) \times 1\ 820$$

Exemple : densité (à 20 °C) = 1,0275 → 50 g de SO_2 par litre.

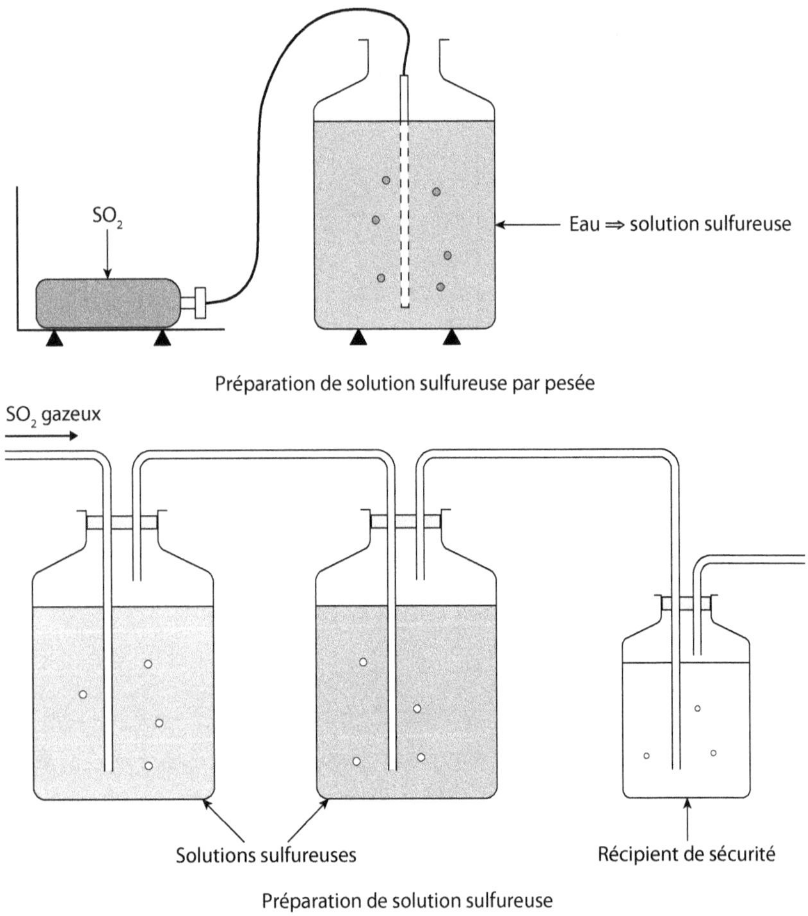

Figure 6.16 Préparation artisanale de solutions sulfureuses

Cette préparation est lente, désagréable et la solution instable obtenue n'est utilisable que quelques jours. Elle est limitée à une teneur de 5 % ; au-delà, le titre en SO_2 n'est pas stable.

Les solutions potassiques ou ammoniacales commerciales sont d'usage plus facile, et plus coûteux.

Injections non mécaniques

L'incorporation des solutions sulfureuses se fait par divers procédés :

- **goutte-à-goutte manuel ou « arrosoir »** de la vendange, du moût ou du vin : Procédé simple, économique mais peu précis, avec une mauvaise homogénéisation pour les opérations longues. Il est à réserver au premier sulfitage de la vendange, à la vigne ;
- **goutte-à-goutte automatisé :** L'arrivée de solution sulfureuse est commandée par l'arrivée du moût issu d'un pressoir discontinu (ex. : pressoir champenois). On propose aussi une injection directement dans la cage de pressurage ;
- **aspiration par « venturi » :** Le passage de la vendange ou du moût/vin aspire la solution sulfureuse de façon approximativement proportionnelle. Système simple, économique, rustique, adaptable à toutes les installations. On vérifie régulièrement le bon niveau de sulfitage par dosages du SO_2 effectivement incorporé (figure 6.17).

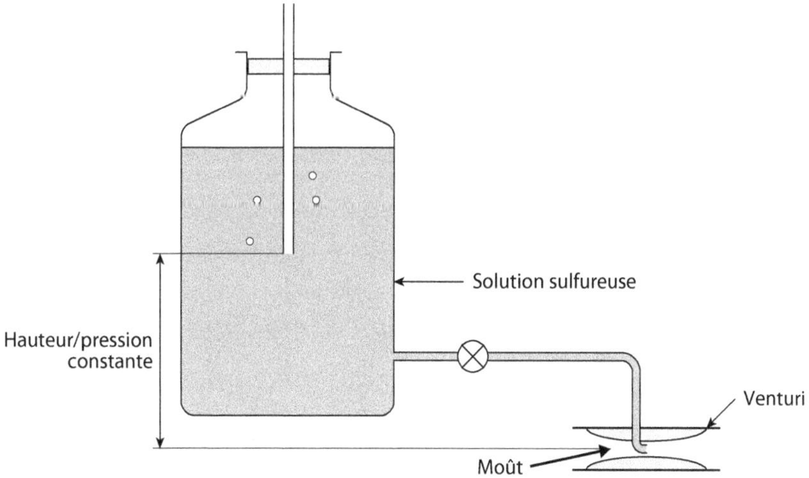

Figure 6.17 Exemple de sulfitage par solution sulfureuse et par venturi

Injections par pompes

La solution sulfureuse est injectée dans le circuit de vendange, de moût ou vin par une pompe doseuse, couplée à son système de pompage. Le calcul de calibrage des débits est vérifié à intervalles réguliers par dosage du SO_2 total effectivement présent.

On utilise des pompes à piston, péristaltiques… Ce système s'impose pour tous les sulfitages de qualité (*cf.* figure 6.5).

Systèmes d'homogénéisation

Les systèmes d'homogénéisation sont les suivants :

- **sulfitage lent avec agitation** du diffuseur, qui donne de bons résultats ;
- **brassage mécanique** par pales motorisées (figure 6.18) ;

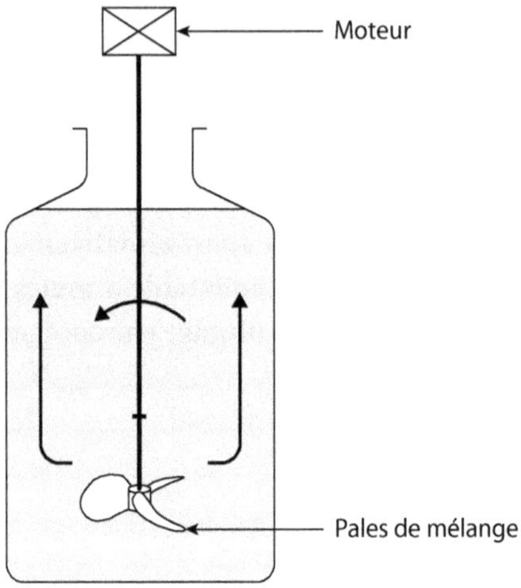

Figure 6.18 Homogénéisation par brassage mécanique après sulfitage

- **injection de SO_2 pur avec un fort courant d'azote** (ou de CO_2) (*cf.* figure 6.14) ;
- **brassage par courant d'azote** (ex. : canne de remontage) après sulfitage par solutions sulfureuses. C'est indispensable pour mélanger ces solutions apportées directement à la cuve, sans mélange préalable (figure 6.19).

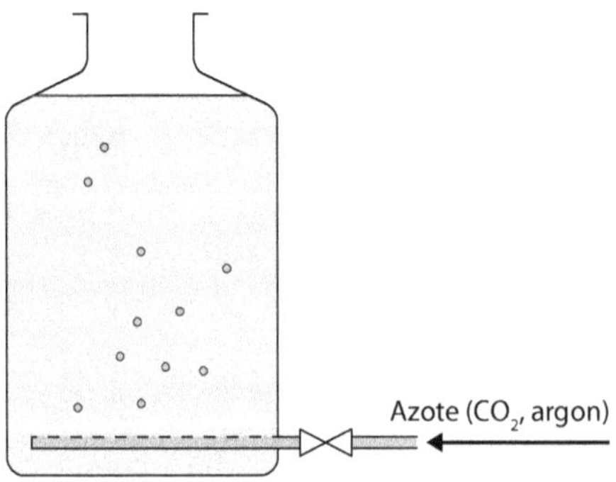

Figure 6.19 Homogénéisation par courant gazeux inerte après sulfitage

6.4 Sulfitage et sécurité

Le **SO_2 pur ou en solution** est corrosif et ne doit donc être manipulé qu'avec des matériels en **matériaux adaptés**, parfaitement entretenus et contrôlés avant usage.

Le **SO_2 gazeux** répandu dans l'atmosphère des chais est corrosif pour tous les matériels métalliques non protégés et peut entraîner des risques mécaniques.

Une directive européenne sur les biocides[1] (n° 98/8/CE) menace la pratique immémoriale du méchage des fûts. Sans nier les dangers potentiels de cette pratique, comme de beaucoup d'autres allant de l'asphyxie par le CO_2 à l'anoxie (privation d'oxygène) par mise sous atmosphère d'azote, et dans l'attente de décisions nouvelles, on doit rappeler qu'il existe des « bonnes pratiques de chai ».

La **manipulation du SO_2**, sous toutes ses formes, est en effet désagréable et son inhalation peut altérer la **santé des manipulateurs.** L'odeur désagréable est d'ailleurs un signal d'alerte automatique qui incite à réagir. Les risques sont réduits ou nuls en respectant les « bonnes pratiques de chai » suivantes :

- donner une **information** claire, simple, à toutes les personnes pouvant être en contact régulier ou occasionnel avec le SO_2 ;
- utiliser **uniquement les quantités nécessaires de SO_2**, gazeux ou autre ;
- limiter l'usage du SO_2 gazeux aux seuls récipients qui le nécessitent ;
- **prélever à la source les gaz** pouvant s'échapper du récipient à traiter (ex. : *cf.* figures 6.11 et 6.12) ;
- assurer une ventilation correcte des locaux[2] (figure 6.20). Ces dispositifs permettent aussi une aération générale des locaux avec une régulation de température simple et très économique. Ils évitent les corrosions des matériaux, les développements de moisissures (source majeure de formation des chloranisoles, responsables des goûts de « moisi » et de « bouchon » issus des seuls bois de construction dans les chais).

1. Biocide : « se dit de tout produit chimique utilisé pour détruire certains organismes vivants ». L'application nouvelle de ce mot à un produit utilisé depuis des millénaires a beaucoup surpris.
2. Peynaud É., Blouin J., *Connaissance et travail du vin*, éditions Dunod, 5e édition, 2012.

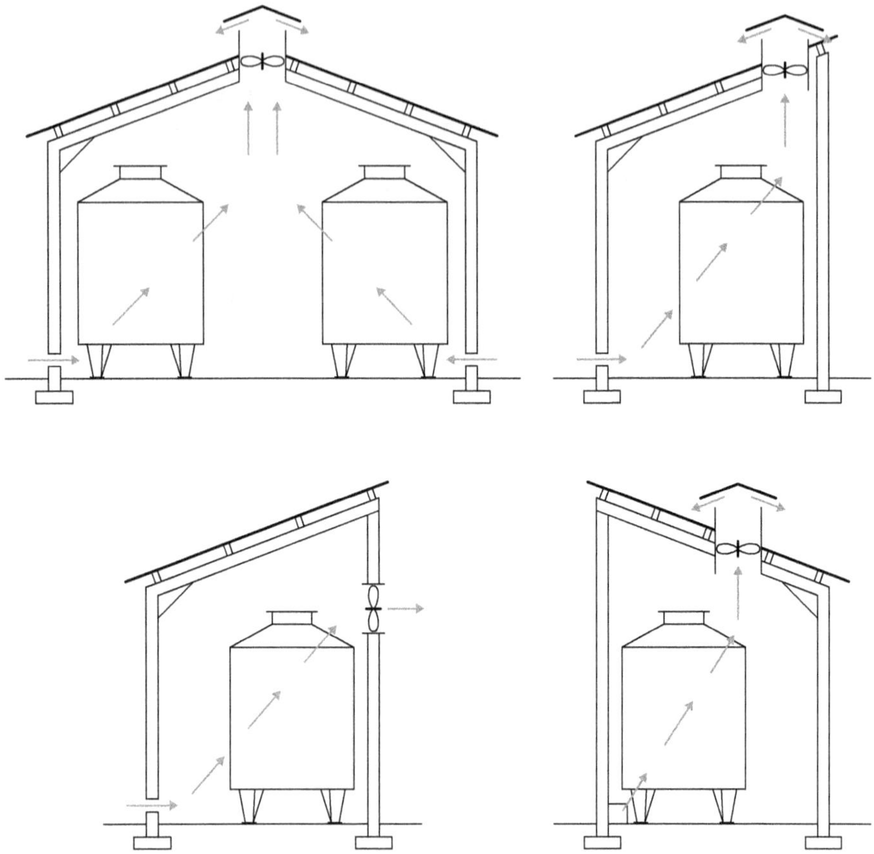

Figure 6.20 Exemples de ventilation des chais pour des cuviers à une ou double rangée de cuves
Source : Jacquet, 1999

7 Techniques de remplacement du SO_2

En pratique, la suppression **totale** des besoins en SO_2 reste une utopie à l'heure actuelle. Ce chapitre traite des options possibles pour réduire les besoins en SO_2 actif et améliorer l'efficacité du SO_2 et des produits pour le remplacer. Pour finir, nous étudierons les solutions pour éliminer le SO_2, ainsi que la vinification sans addition de SO_2.

7.1 Principes

Les obligations de la réglementation et son évolution d'une part, le souci général de réduire les additifs d'autre part, conduisent à rechercher une réduction des sulfitages. Cette réduction passe par trois voies complémentaires, à explorer et exploiter ensemble, dans l'ordre :

1. **réduction des besoins** en SO_2 actif ;
2. **amélioration de l'efficacité** du SO_2 ;
3. **remplacement** des effets du SO_2.

Cela passe par **une maîtrise attentive de tous les éléments de la chaîne de production**, de la vigne au conditionnement-stockage. À ce jour, aucune solution-miracle n'existe. Trop de propositions voyantes ne sont que des aides ponctuelles pour situations limitées, voire des gadgets.

7.1.1 Réduction des besoins en SO_2 actif

C'est la voie essentielle, toujours à privilégier et souvent suffisante pour produire les meilleurs vins avec le minimum de SO_2 final. La suppression **totale** des besoins en SO_2 est actuellement une utopie pratique. Cependant, de plus en plus de chais obtiennent d'excellents résultats par la réduction **partielle mais importante** de ces besoins en SO_2.

Les effets essentiels du SO_2, sur moût ou sur vin, relèvent de son activité antiseptique et de son activité antioxydative et antioxydasique, essentiellement liés au taux de SO_2 actif.

Maîtrise des besoins d'activité antiseptique

Ces besoins découlent directement de la **nature et du nombre des germes** dans les moûts et vins. Rappelons ici (*cf.* § 4.1) que le SO_2 nécessaire pour maîtriser une population microbienne dépend directement du **nombre initial de germes**. Tous les germes inutiles ou nuisibles sont à maîtriser par tous les moyens légaux disponibles, avant sulfitage. On y arrive par diverses pratiques complémentaires :

- **hygiène générale** rigoureuse, de la récolte à la mise en bouteilles ;
- **propreté du matériel** de récolte, transport, transfert, manipulation de la vendange, de la cuverie, des tuyauteries… ;

La propreté et le nettoyage du matériel

Tous les matériels en contact avec les raisins, moûts et vins doivent impérativement être prélavés, nettoyés, désinfectés, rincés et contrôlés avant toute mise en œuvre.

De nombreux outils et produits, très anciens ou très récents, sont disponibles et à employer sans réserve. Les produits de nettoyage spécifiques ont leur place mais il convient de rappeler que les lavages répétés à l'eau froide et surtout l'**eau chaude**, à basse ou haute pression, sont des outils très puissants, souvent suffisants, sans aucun risque de résidus nuisibles. C'est peut-être le seul cas où « l'abus n'est pas dangereux ».

On insistera simplement sur la nécessité du **contrôle de propreté** effective de tous les matériels, de la machine à vendanger aux becs de tireuses, notamment les mesures d'ATP, sur site, effectuées par des entreprises spécialisées ou avec du matériel personnel.

- **tri de la vendange** sur cep, sur la benne de transport, à la réception au chai.

  Le tri manuel est le plus coûteux mais surtout le plus précis, d'efficacité certaine. La sélection d'apports à l'arrivé au chai, après évaluation du niveau de pourriture, donne des résultats appréciables. Les trieuses optiques, densimétriques… demandent des réglages adaptés ;
- **clarification raisonnée** des moûts blancs et rosés (*cf.* § 7.3) ;

- **maîtrise des levures et/ou bactéries** après fermentations, par exemple en évitant de réactiver des germes normalement inactifs dans les conditions du vin, notamment par des aérations non nécessaires ;
- **élimination des levures et bactéries** devenues inutiles par décantation (débourbage, soutirage), par centrifugation et/ou filtration.

  On recherche un taux de germes (levures, bactéries) adapté au stade d'évolution du vin. Après fermentations, il suffit habituellement d'abaisser la population microbienne, par exemple par centrifugation ou filtration « classique » (par encollage, sur filtre-presse ou rotatif). La microfiltration tangentielle élimine à la fois presque tous les germes et une fraction importante de colloïdes. Sa mise en œuvre très pratique, en grand développement, est à discuter au cas par cas pour prendre en compte les fixations de colloïdes et les coûts. La stérilité « œnologique » (habituellement admise pour moins de dix germes vivants par litre) est difficile, rarement nécessaire, mais les pratiques usuelles, des soutirages aux filtrations, atteignent facilement des populations microbiennes très faibles qui ne nécessitent que des teneurs en SO_2 actif réduites. Ces clarifications font l'objet de soins plus attentifs dans les situations à risques, par exemple après des incidents microbiologiques dans le chai, sur tel lot ;

L'hygiène des barriques

Une étude[1] très intéressante nous montre l'efficacité comparée de diverses techniques de traitement des barriques (tableau 7.1). Elle confirme l'efficacité de traitements anciens (vapeur, eau chaude) sans risques secondaires. Leur emploi répété et/ou trop intense risque cependant de déstructurer le bois puis de réduire l'intensité du caractère « boisé ».

Il est également possible de décaper la surface des barriques par rabotage après démontage ou sablage, grenaillage, traitement au laser (Wajsfelner, Longuemard et Blouin, 1998) sans démontage.

Dans tous les cas, l'obligation de traitements spécifiques de désinfection des barriques découle d'élevage en fûts et/ou de conservation de fûts vides non maîtrisés. De très nombreux chais utilisent des milliers de barriques depuis des décennies, sans traitements « de choc » ni accidents microbiens ou organoleptiques.

1. Richard N., *Hygiène des barriques* – 16es Rencontres Rhodaniennes, 2013.

Tableau 7.1 Comparaison de diverses techniques de nettoyage-désinfection des barriques
Source : Richard, 2012

Technique	Conditions	Desruction « Brett »*	
		0 à –3 mm	–3 à –6 mm
Vapeur	10 min, 110 °C	/1 000	/100
Ultrasons	10 min	/100	/30
Méchage sur lies	5 g SO_2/hL	/100	/30
Eau chaude sous pression	7 min, 70 °C, 100 bar	/100	/10
Eau ozonée		/3	≈ 0
Soude-permanganate		≈ 0	≈ 0

* Taux de division de la population de « Brett » dans les douelles, selon la profondeur.

- **réduction de la fermentescibilité** en cours de fermentation des vins destinés au mutage, par épuisement du moût en azote assimilable.

  La très ancienne technique du « guillage » (l'élimination des levures par débordement volontaire des récipients de fermentation entraînant un épuisement nutritif du vin) a surtout été utilisée pour l'élaboration de certains vins effervescents « traditionnels ». Sa généralisation est peu envisageable, elle peut actuellement être remplacée par des centrifugations ou filtrations uniques ou répétées ;
- aide à la production d'**inhibiteurs naturels de fermentation** lors d'arrêts de fermentation provoquée par excès de température (Blouin et Berrouet, 1963).

  Cette technique empirique a été explicitée par Lafon-Lafourcade (1980), qui a montré qu'il se formait alors une quantité plus élevée d'acides gras à 8 et 10 atomes de carbone (acides octanoïque et décanoïque) très inhibiteurs des levures. Leur addition contrôlée a été expérimentée avec succès. La mise en œuvre pratique reste très délicate car un très léger surdosage entraîne une forte odeur de rance inacceptable. Le procédé est actuellement interdit (*cf.* § 7.2).

Maîtrise des besoins d'activité antioxydasique

L'application des connaissances qui sont décrites concernant les « effets du SO_2 » (*cf.* § 4.3) permet de réduire, ou de supprimer, les activités oxydasiques dans les vins, et par conséquent de réduire les besoins en SO_2 libre :

- **bon état sanitaire des raisins**, avec absence de pourriture grise, même ancienne.

  On dispose aujourd'hui de méthodes préventives (maîtrise de la vigueur de la vigne, effeuillage, lutte contre les vers de la grappe...) et de traitements (modélisation de la maladie, anti-*Botrytis* efficaces, optimisation des dates de traitement, pulvérisateurs contrôlés...). Leur surcoût, bien réel, est globalement très inférieur au coût des « accidents » qu'ils réduisent ou suppriment ;

- **tri de la vendange** de qualité incertaine, avec rejet ou orientation et traitement ciblé selon la qualité de la vendange ;
- **sulfitage initial** correct, renforcé si nécessaire, en fonction de l'activité oxydasique mesurée de chaque lot (d'état sanitaire incertain) ;
- **contrôle systématique de l'activité oxydasique** résiduelle des vins issus de raisins pourris. Selon le résultat, ajustement du taux de SO_2 libre et traitement par la chaleur si nécessaire. Les traitements précoces, peu après le premier soutirage-sulfitage du vin nouveau, sont les plus efficaces.

Maîtrise des besoins d'activité antioxydante

On réduit les besoins en SO_2 (libre) pour maîtriser les oxydations en réduisant les contacts inutiles avec l'oxygène et, par conséquent, les taux d'oxygène dissous dans les moûts et vins.

Sur les moûts

Il est possible de réduire la dissolution d'oxygène dans les moûts libérés des raisins lors de la cueillette, du transport, du transfert, de l'égouttage-pressurage sous **atmosphère inerte**. On utilise surtout l'apport de CO_2, par exemple sous forme de plaquettes de CO_2 solide ou de détente directe de CO_2 sous pression. Il y a libération de CO_2 gazeux (environ 0,5 m^3/kg) et refroidissement (environ 150 kilofrigories/kg). Une suppression totale de contact avec l'oxygène est à la fois très difficile et habituellement inutile, voire risquée. Tous les moûts contiennent des polyphénols oxydables, instables, devant être oxydés et précipités pour éviter les oxydations tardives non maîtrisées (*cf.* § 4.3). Lors d'une expérimentation de vinification complète totalement à l'abri de l'air, jusqu'à la mise en bouteilles, le vin blanc s'est brutalement oxydé lors du service dans le verre au moment de la consommation !

La manipulation de la vendange par gravité réduit les aérations parasites plus intenses par pompage. C'est le système traditionnel des chais à plusieurs niveaux naturels ou provoqués (ex. : bennes, palans et ponts roulants).

Pour les vinifications en blanc (et rosé), la solution opérationnelle est une « **aération contrôlée** », surtout en présence de raisins atteints par la pourriture grise. On évite les triturations fortes, on réduit les attentes entre récolte et égouttage-pressurage, on diminue le taux d'oxygène dans les récipients de transport par apport de CO_2. Si nécessaire, on utilise des pressoirs en atmosphère contrôlée.

Pour les vinifications en rouge de raisins sains ou (très) peu pourris, on accepte un contact avec l'air sans précautions particulières.

Dans tous les cas, le **sulfitage précoce** neutralise tout ou partie des oxydases et des oxydations excessives.

L'emploi d'acide ascorbique est utile en cas de vendange très sensible à l'oxydation (ex. : certains cépages) ou altérée (*cf.* § 7.2). Sa généralisation est une dépense souvent inutile.

Remarque importante : Dans le cas de protection poussée des moûts contre l'oxygène, il faut ensuite une **aération correcte des levures**, assurée en début de fermentation, pour prévenir les fins de fermentations difficiles.

Sur les vins

Le taux d'oxygène de tous les vins mérite d'être connu. Il existe aujourd'hui des « **doseurs d'oxygène** » simples, très opérationnels, à utiliser régulièrement, au moins pour valider l'organisation générale du chai à l'occasion de diagnostics sur site direct ou en sous-traitance par une entreprise qualifiée.

Le niveau optimal d'oxygène varie selon le stade d'élaboration, le style de vin recherché et **l'évolution gustative de chaque lot**.

La **micro-oxygénation** peut être un outil utile pour l'élevage des vins (rouges). Elle exige un contrôle précis de la teneur en SO_2 libre et actif pour supprimer tout risque d'oxydation excessive et irréversible des composés phénoliques et aromatiques, ainsi que les risques de développement anormaux de levures (*Brettanomyces*) et bactéries acétiques. Rappelons aussi qu'elle est habituellement favorable à **l'assouplissement des tanins** trop rugueux à éviter lors de la vinification et **très défavorable aux arômes fruités**.

À l'inverse, la présence de **levures vivantes dans les lies** entraîne une forte consommation de l'oxygène présent et entrant, d'où une protection contre l'oxydation mais avec des risques de **formation de « goûts de réduit »** pouvant être irréversible. Une dégustation fréquente repère cette déviation et permet de la maîtriser dès son origine.

Les **tanins** ont une réelle activité antioxydante, notamment les tanins de noix de galle, mais entraînent une dureté gustative souvent à rejeter.

Tous les récipients doivent être maintenus pleins, avec une **fermeture adaptée** (*cf.* chapitre 6) : trappe avec bonde aseptique pour les cuves, bonde étanche en silicone pour les fûts.

En cas de récipients en vidange, l'**inertage** (*cf.* chapitre 6) par mise sous azote, azote-argon, azote-CO_2, s'impose. Sa mise en place doit être précédée d'une élimination de l'oxygène de l'air au-dessus du vin en vidange, par balayage homogène avec le gaz inerte, en général avec un volume égal à trois fois celui du volume d'air.

La conservation des vins sous « chapeau flottant » est délicate. Sans joint hydraulique, il y a risque de contamination près des parois et les joints par huile de paraffine ou alimentaire sont désormais interdits.

Les lampes de quelques watts émettrices de radiations ultraviolettes germicides (UV-C à 254 nm de longueur d'onde) au-dessus des liquides en vidange, assurent une bonne protection contre le développement de germes aérobies (bactéries acétiques, levures de la « fleur ») mais avec des risques d'oxydation causée par la production d'ozone. Utilisé couramment pour stériliser du matériel médical, des eaux d'aquariums… ce procédé n'est **pas autorisé** en œnologie.

En cas d'une teneur en oxygène dosée trop forte, il est possible de « **désoxygéner** » le vin par barbotage de gaz inerte (azote, argon, CO_2 seuls ou en mélanges ; *cf.* § 6.3.2), avec un **contrôle analytique et gustatif du résultat**. Cette pratique est conseillée avant la mise en bouteilles des vins trop riches en oxygène.

Les **mises en bouteilles « sous vide », « sous azote », « sous CO_2 »**… suppriment les apports d'oxygène lors du tirage et, de fait, la consommation anormale de SO_2 en bouteilles.

7.1.2 Amélioration de l'efficacité du SO_2

Alors qu'il suffit de quelques dixièmes de milligrammes de SO_2 actif par litre, il faut quelques dizaines de milligrammes de SO_2 libre et quelques centaines de milligrammes de SO_2 total, limité par la réglementation et le souci général de réduire les « intrants » dans les vins.

Amélioration du taux de SO_2 actif

N'étant modifié que par le pH, le rapport SO_2 actif / SO_2 libre est pratiquement fixe pour un vin donné. L'**abaissement du pH** est autorisé aujourd'hui, dans certaines conditions[1], par apport d'acide tartrique ou par les techniques d'électrodialyse surtout utilisées pour réduire le taux de potassium en excès. Une baisse de 0,1 pH entraîne une augmentation de 25 % de l'activité du SO_2. Cette augmentation d'acidité présente de sérieux inconvénients gustatifs, avec des vins (rouges) plus durs alors qu'on observe, par ailleurs, la recherche de vins « plus ronds », y compris par la présence de sucres résiduels et/ou ajoutés. Cette recherche d'acidité élevée et de pH bas ne peut pas être utilisée comme un palliatif à une hygiène déficiente, insuffisante pour lutter contre les bactéries, levures… indésirables.

Réduction de l'inactivation du SO_2 libre par combinaison

La relation SO_2 libre / SO_2 total est la conséquence directe et unique de l'inactivation du SO_2 par combinaison chimique avec des substances issues du raisin, de la pourriture, des fermentations et de l'élevage des vins. Les importants progrès observés

1. Consulter la réglementation spécifique variant selon les types de vins, les régions, les années…

en ce domaine résultent d'un approfondissement des connaissances (*cf.* § 3.4 à 3.6) à mettre systématiquement en application.

Quelques rappels :

- au vignoble, **lutte contre la pourriture grise et acide des raisins** par une « protection raisonnée » optimisant efficacité des produits et stratégies de traitements. Cette lutte chimique ne doit être que le prolongement d'une conduite générale réfléchie, avec maîtrise de la vigueur, de la fertilisation azotée, de l'effeuillage... ;
- **hygiène générale**, de la récolte au conditionnement (*cf.* § « Maîtrise des besoins d'activité antiseptique » du § 7.1.1) ;
- **tri à la récolte**, sur le cep, à la benne de transport, au chai. On a une très grande efficacité sans aucun risque, avec une amélioration globale de la qualité, à des coûts réels souvent acceptables ;

  Remarque : On notera que ces « bonnes pratiques » se recoupent avec celles préconisées pour maîtriser les risques oxydasiques.
- **maîtrise des fermentations** : taux suffisant d'azote assimilable et thiamine, températures contrôlées, levures sèches actives... pour avoir une fermentation alcoolique « franche », souvent favorable au bon développement des arômes fermentaires. Il existe toute une gamme changeante de levures sèches actives (LSA) ayant montré leur intérêt dans ce domaine. Il convient de choisir celles qui ont effectivement confirmé leur potentiel dans les conditions locales ;
- **élimination rapide des levures et bactéries devenues inutiles** après fermentations (*cf.* § 7.3) ;

  Remarque : Le renouveau du « séjour sur lies » peut soulever des difficultés relatives au SO_2 et aux composés soufrés « réduits ». Elles sont minimes en cas de gestion très rigoureuse de cette technique.
- élevage avec **aération contrôlée** (ex. : inertage).

  Les différentes opérations usuelles de l'élaboration des vins entraînent normalement des entrées d'air, d'oxygène. Les valeurs du tableau 7.1 donnent quelques ordres de grandeur, très variables selon les détails de mise en œuvre.

  Des valeurs mesurées (très) supérieures doivent entraîner une modification des méthodes de travail. Il est possible de réduire ces dissolutions d'oxygène à des niveaux très bas par des précautions renforcées, mais le manque d'oxygène peut entraîner des **altérations olfactives** graves. On notera que ces quantités d'oxygène apportées sont très variables pour une même opération, par exemple le soutirage, selon les précautions prises ;

Tableau 7.2 Entrées d'oxygène dans les moûts et vins
Source : P. Ribéreau-Gayon, 1998 ; Vivas, 1999

	Entrées d'oxygène (mg O_2/L)
Vinification	
Foulage-éraflage	5 à 8
Remontage	3 à 5
Écoulage	2 à 6
Macération post-fermentaire	0,5 à 6
Total vinifications	**11 à 29 pour vins blancs ; 111 à 199 vins rouges**
Traitement des vins	
Soutirage « sans aération »	2 à 5
Soutirage « avec aération »	4 à 8
Ouillage	0,2 à 1
Pompage	1 à 2
Transvasage	4 à 6
Centrifugation	5 à 8
Filtrations	3 à 7
Tirage	2 à 4
Élevage en barriques	
par trou de bonde	env. 0,5 mg/L/an
en barrique jeune	env. 0,4 mg/L/an
en barrique âgée	env. 0,2 mg/L/an
Élevage en cuve	< 0,1 mg/L/an

- **clarifications provoquées** par soutirages, collages, filtrations... Il n'y a pas élimination des composés combinants mais blocage d'une formation accrue ;
- on peut envisager l'élimination sélective des composés combinant le SO_2 (*cf.* § § 7.5) mais ces pratiques ne sont actuellement ni optimisées ni autorisées.

7.1.3 Procédés de remplacement du SO_2

On peut remplacer une partie des effets du SO_2 selon deux voies, complémentaires, éventuellement cumulées :

- les produits de remplacement ;
- les procédés physiques.

7.2 Produits de remplacement du SO_2

Les inconvénients du SO_2 (dose limitée, toxicité et odeur en cas d'excès...) ont amené à chercher un produit de remplacement. Ce produit de remplacement doit impérativement satisfaire au cahier des charges suivant :

- avoir **tous les effets positifs du SO_2** ;
- **toxicité (très) inférieure** au SO_2 ;
- **neutralité** organoleptique ;
- **dosable** ;
- **emploi pratique**, à **coût raisonnable.**

La préoccupation est ancienne : l'OIV offre dès 1924 un prix pour le procédé, la méthode ou le produit pouvant remplacer le SO_2 (Casas-Lucas, 2008). À ce jour, aucun produit ne satisfait à l'ensemble de ces contraintes et le concours visant à remplacer le SO_2, ouvert en **1958** (figure 7.1) par l'Institut technique du vin (aujourd'hui Institut français de la vigne et du vin – IFV), mérite de rester ouvert.

CONCOURS SO²

- *L'Institut Technique du Vin a décidé de rouvrir le concours qu'il organise pour substituer à l'anhydride sulfureux un produit susceptible d'assurer, soit seul, soit en association avec de faibles quantités de son, la stabilité des vins blancs.*
- *Ce concours est doté d'un prix de 1 million de francs français.*
- *Le règlement en sera adressé à toute personne qui en fera la demande à l'Institut Technique du Vin, 3, rue de Rigny, Paris (8e).*
- *Les mémoires devront être transmis à l'I. T. V., conformément au règlement du concours, au plus tard le 31 juillet 1958.*

Figure 7.1 Ouverture de concours pour le remplacement du SO_2

Le tableau 7.3 (voir double page suivante) fournit une liste de produits pouvant, au moins **théoriquement**, renforcer ou remplacer tout ou partie des effets du SO_2. À ce jour, **seuls cinq produits sont autorisés**, dont la thiamine réduisant les besoins en SO_2, et seuls quelques autres (essayés) ont montré certaines possibilités intéressantes en œnologie. **Aucun ne remplace l'ensemble des activités du SO_2**.

7.2.1 Produits de « remplacement » du SO_2 autorisés

Thiamine

Quelques caractéristiques générales

- Vitamine B1 utilisée sous la forme soluble de chlorhydrate de thiamine.
- Formule : $C_{12}H_{17}ClN_4OS\text{-}HCl$.
- Masse molaire : 337,28 g/mol.

- Numéro CAS : 67-03-8.
- Poudre stable plusieurs mois dans son emballage, à l'abri de l'humidité ; très soluble dans l'eau et l'alcool.
- Toxicité aiguë très faible pour les mammifères (DL50 de 3 à 8 g/kg, selon les animaux) et d'autres espèces.
- Dose journalière recommandée pour l'homme : 1 à 1,5 mg/jour.

La thiamine en œnologie

Le raisin sain contient 0,2-0,8 mg/L de thiamine. Cette teneur est plus faible dans les raisins surmûris et/ou pourris. Elle est suffisante pour une fermentation normale, qui en consomme 0,6-0,8 mg/L, surtout en début, durant la phase de croissance des levures. Elle devient insuffisante dans les autres cas. Au cours de la fermentation, cette teneur évolue par consommation par les levures et les bactéries et par synthèse. La thiamine est ensuite libérée dans le vin lors de l'autolyse des levures (séjour sur lies...). Le vin est généralement pauvre en thiamine, 0,4 mg/L environ, soit 50 à 30 % des besoins journaliers de l'homme.

À partir de l'étude de la fermentation alcoolique, nous avons pu proposer, avec Peynaud et Lafon-Lafourcade (1966), l'addition de thiamine (vitamine B1) pour activer les fermentations alcooliques et réduire les combinaisons du SO_2 d'origine fermentaire.

L'addition de thiamine au moût entraîne une fermentation alcoolique plus vive avec réduction des « produits secondaires », en particulier de l'éthanal, de l'acide pyruvique, de l'acide oxoglutarique (figures 7.2 et 7.3, tableau 7.4), d'où une **augmentation du SO_2 libre pour une même teneur en SO_2 total** (L/250 SO_2T, figure 7.2). On observe aussi une baisse limitée (0,1-0,2 g/L) du **taux d'acidité volatile**. On ne connaît pas d'effets négatifs à cette pratique recommandable pour tous les moûts issus de raisins pourris et/ou surmûris.

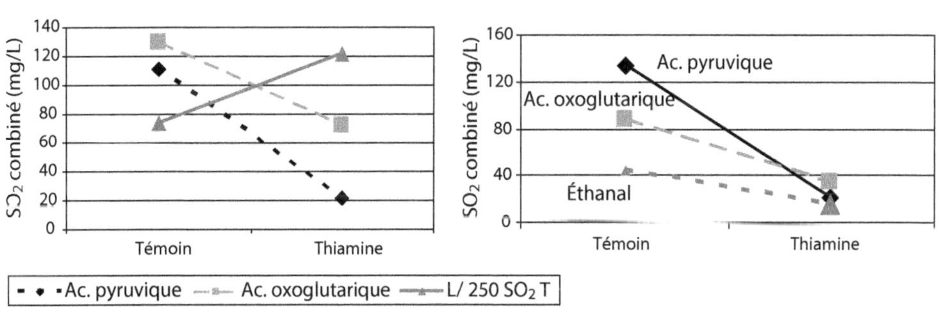

Figure 7.2 Thiamine et combinaison du SO_2

Source : Ribéreau-Gayon, 1972 (à gauche) et Chambre d'Agriculture de la Gironde, 1995 (à droite)

Tableau 7.3 Quelques exemples de produits de remplacement du SO_2

	Code UE	Activités					Doses actives (mg/L)	Utilisations diverses, remarques	Utilisation potentielle
		Fongicide	Fongistatique	Bactéricide	Antioxydant	Antioxydasique			
Acide 5-nitro furyl acrylique		+ +		(+)				Cancérigène, renforce enivrement alcoolique	non
Acide ascorbique	E300				+ + +		50-150		**OUI**
Acide benzoïque,sels et dérivés	E216 à 219	+	+				200-1 000	Sodas, fruits, betterave rouge (<160-2 000 mg/kg)	(+)
Acide borique et sels	E284, 285	+	+					Caviar (4 g/kg)	non
Acide caprylique-caprique* (C8-C10)		+	+ +					Formation par levures dans vin	(OUI ?)
Acide déhydro-acétique			+				100-200		non
Acide fluorhydrique et sels		(+ +)	+ +				30-100	Très toxique	non
Acide fumarique	E297			+ + +			500-1 500	Présent dans tous les vins, acidifiant, inhibe bactéries lactiques ; autorisé dans certains pays	(OUI)
Acide monochloracétique et dérivés		+	+				2-30		non
Acide monobromacétique		+	+				2-30		non
Acide p-chlorobenzoïque et sels		+	+				20-200		non
Acide péracétique		+		+				Libère peroxyde et acide acétique, désinfectant	non
Acide p-hydroxybenzoïque et sels			+				1 000-2 000		non
Acide salicylique			+				100-1 000	Stabilisation conserves artisanales	non
Acide sorbique	E200, 202		+ + +					Risque « odeur de géranium »	**OUI**
Acide thiodipropionique	E388				+			Réduit brunissement	non
Actidione		non	+ + +				0,2-10	Antibiotique	non
Ammoniums quaternaires				+ +			10-20	Désinfectant oenologique autorisé	non
Amphotéricine		non	+ +				0,5-20	Antibiotique	non
Argent (colloïdal)			+ +					Utilisé dans divers médicaments	non ?

* Octanoïque décanoïque

Botryticine			(+)					Antibiotique produit par *Botrytis cinerea* ; très peu stable	non
Candidicine		non	+ +				5-20	Antibiotique, peu stable	non
Captane		++ (30-50)	+ + +				5-30	Fongicide viticole anti-*Botrytis*, abandonné	non
Chlorure stanneux	E512				+ +			Réduit brunissement	non
DF 100		(+ +)						Extrait de pamplemousse, goût de pamplemousse	non
Dicarbonate de diméthyle (DMDC)	E242	+ + +					100-200	Instable, non fongistatique	**OUI**
Fréquentine		+ +					5-20	Antibiotique	non
Gallate d'octyle	E311				+ + +			Saveur « huileuse », autorisé pour matières grasses (< 200 mg/kg), confiseries…	non
Glucose-oxydase			(+ +)		+ +		5-20	Consomme oxygène, autorisé sur divers aliments	(oui ?)
Isothyocyanate d'allyle			+ + +				2-10	Forte odeur de moutarde, a été autorisé en capsules de paraffine pour conserver les vins en vidange	(oui ??)
Lyzozyme				+ +			100-500	Inhibiteur bactéries lactiques	**OUI**
Mycostatine		+ +	non				5-20	Antibiotique	non
Mycosubtiline		non	+ +				2-10	Antibiotique	non
Nisine	E234			+ +				Différents gâteaux, fromages (< 12,5 mg/kg)	non
Nitrure de sodium		+	+				1-10	Poison cellulaire très toxique	non
Patuline			(+)					Cancérigène, produit par certaines moisissures naturelles	non
Pimaricine, natamycine	E235		– +	+ + +				Antibiotique sans effet sur bactéries, autorisé sur surfaces fromages et saucissons (< 1 mg/dm^2)	(oui ?)
Pléocidine		non	(+)				2-20	Antibiotique	non
Purothionine		(+)						Présence naturelle dans pain, très peu efficace	non
Pyrocarbonate d'éthyle		+ + +	**non**	**non**	non		100	Production d'uréthanes cancérigènes à très forte dose, risque d'odeur éthérée ; a été autorisé dans divers pays	non
Trichomycine		+ +	non				50	Antibiotique	non
Viridine		+	(+)				10-20	Antibiotique	non
Vitamine K5		(+)	+ +	non	non		10-300	Amertume	non

Tableau 7.4 Résultats d'essais d'utilisation de la thiamine
Source : Peynaud, Sudraud, 1968-1971

Année	Nombre essais	Différence Thiamine – Témoin (mg/L)		
		SO_2 combiné	Acide pyruvique	Acide oxoglutarique
1971	20	15	–15	–13
1971	9	19	–26	-9
1968	13	16		
1968	12	23	–49	–36

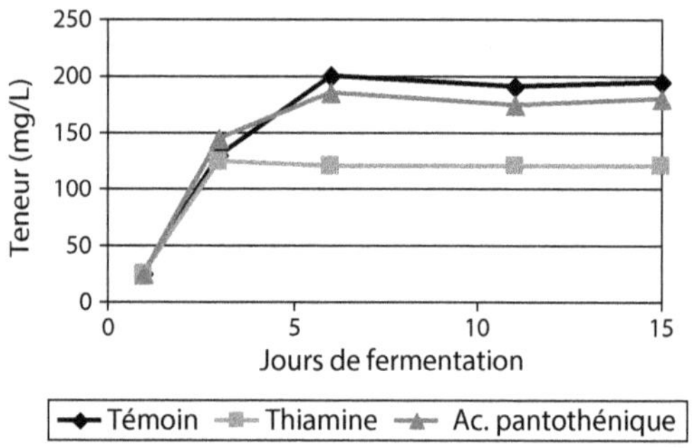

Figure 7.3 Résultats d'essais d'utilisation de la thiamine
Source : Chambre d'Agriculture de la Gironde, 1989

Pratiquement

La thiamine doit être employée dans les conditions précises suivantes :

- à utiliser sur **vendange ou sur moût sulfité** car le SO_2 détruit les bactéries qui consommeraient la thiamine avant son action recherchée ;
- **débourber** les moûts blancs ou rosés ;
- **attendre le début de la fermentation alcoolique** correspondant au blocage du SO_2 libre qui détruirait la thiamine ;
- ajouter et très bien mélanger la thiamine à la dose de **50-60 mg/hL** de la forme commerciale de chlorhydrate de thiamine (maximum légal : 60 mg/hL).

L'usage de la thiamine permet de **réduire le taux de SO_2 combiné de 0-10 à 20-50 mg/L.**

Remarque : On peut compléter ce traitement activateur de fermentation par l'addition de sels ammoniacaux. Il existe diverses formulations commerciales réunissant thiamine, sels ammoniacaux et activateurs de fermentation. Ces préparations complexes prêtes à l'emploi peuvent être partiellement inutiles, avec un **fort surcoût** par rapport au(x) produit(s) isolé(s).

La destruction de la thiamine

Dans les vins, il y a rupture de la molécule de thiamine en présence de SO_2, sous la forme HSO_3^-. La vitesse de destruction croît avec le pH et la température (figure 7.4). Par exemple, en présence de 10 mg/L de SO_2 libre, à pH 3, le temps de destruction de 50 % de la molécule est de 219 jours, et seulement 72 jours à pH 3,5.

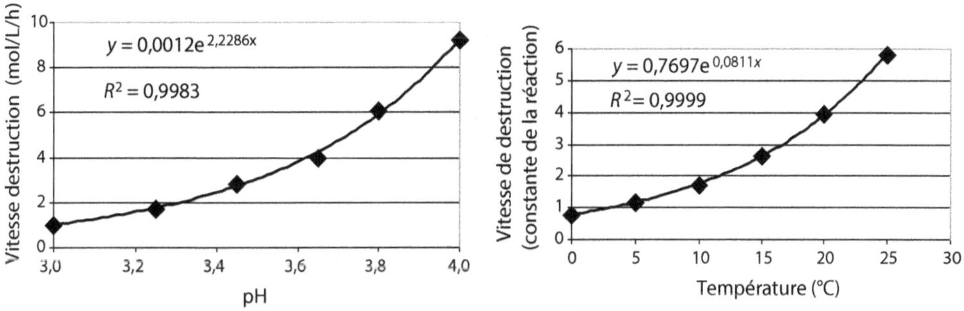

Figure 7.4 Vitesses de destruction de la thiamine selon le pH et la température
Source : Boulton, 2002

Cette destruction se poursuit dans l'estomac mais à très faible vitesse, au pH stomacal d'environ 2 à 3 avant repas et plus élevée après le repas. L'effet du SO_2 vis-à-vis de la thiamine reste très limité dans les alimentations habituelles non carencées.

Acide sorbique (E200 et E202)

Quelques caractéristiques générales

- Acide hexa-2,4-diénoïque (nom IUPAC).
- Numéro CAS : 110-44-1.
- Acide gras non saturé de formule globale $CH_3–CH=CH–CH=CH–COOH$, soit $C_6H_8O_2$ (figure 7.5)
- Poudre cristalline blanche, peu soluble dans l'eau, isolée des baies immatures du sorbier (*Sorbus aucuparia*).

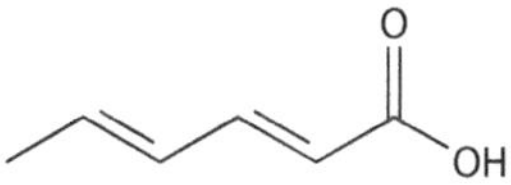

Figure 7.5 Acide sorbique

L'acide sorbique en œnologie

Le produit pur ne modifie pas les caractères organoleptiques des vins aux doses d'emploi ; certains dégustateurs le détectent seulement à dose élevée, supérieure à 300 mg/L.

Son efficacité est plus grande à pH plus bas, à teneur en alcool plus élevée (Peynaud, 1963). L'efficacité (supérieure) d'esters éthylique ou propylique (Jaulmes, 1970) n'a pas été confirmée. L'acide sorbique est **exclusivement un fongistatique**, et non fongicide, c'est-à-dire sans activité contre les levures actives de moûts et vins en fermentation active, les bactéries, les oxydations...

Son utilisation principale, en régression, prend place **avant la mise en bouteilles**, surtout pour les vins moelleux contre les risques de refermentation et pour les vins de titre alcoométrique faible (inférieur à 10-11 % vol.) contre le développement de la « fleur ».

Pratiquement

- L'acide sorbique s'utilise à la **dose usuelle maximale autorisée de 200 mg/L**, dose qui peut être légèrement réduite pour les vins riches en alcool et/ou acides.
- On utilise l'acide sorbique **sous forme de sorbate de potassium** (275 mg/L correspondent à 200 mg/L exprimés en acide sorbique) plus soluble que l'acide, incorporé lentement et avec agitation dans le vin à traiter afin d'éviter la précipitation de l'acide lui-même, insoluble.
- **Le vin doit avoir une teneur de SO_2 libre de 20 à 40 mg/L** pour éviter oxydations et développements de bactéries pouvant faire apparaître une odeur intense et désagréable évoquant le géranium. Le composé responsable (2-carbéthoxy-3,5-hexadiène) est perçu à la dose infime de 1 µg/L. Le risque est accru en cas de stabilisation des vins par la chaleur (« pasteurisation ») avec manque de SO_2 libre.

L'acide sorbique permet une **« économie » de SO_2 total de 20 à 50 mg/L.**

Ce produit, autorisé en France depuis le 15 octobre 1959, a été largement utilisé mais il a été parfois interdit dans certains pays (Autriche, Suisse...).

Acide L-ascorbique (vitamine C) – E300

Quelques caractéristiques générales

- Formule brute $C_6H_8O_6$ (figure 7.6).
- Masse molaire : 176,12.
- pKa : 4,1 à 25 °C.

- Numéro CAS : 62624-30-0.
- L'acide ascorbique se présente sous deux formes principales : acide ascorbique et acide isoascorbique.
- Très peu toxique : DL50 d'environ 3 g/kg, selon les espèces.
- DJA = 1 050 mg pour une personne de 70 kg.

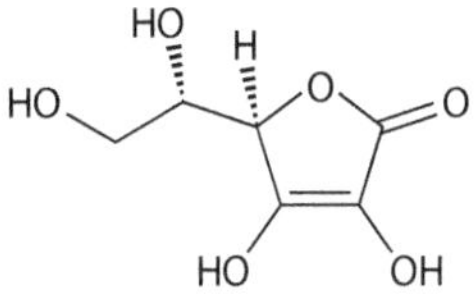

Figure 7.6 Acide L-ascorbique

Le nom « ascorbique » vient du préfixe grec « a » (privatif) et de « scorbut », signifiant littéralement « anti-scorbut », une maladie due à une déficience en vitamine, autrefois observée lors de longues périodes d'alimentation sans légumes ni fruits (par exemple lors des navigations au long cours de la marine à voile). Il est très abondant dans les agrumes, le kiwi et très présent dans les jus de fruits et les légumes frais.

L'acide ascorbique en œnologie

Il est naturellement présent dans les raisins et les moûts sous la forme particulière d'acide L-ascorbique ou vitamine C (environ 50 mg/L dans les moûts). Il disparaît au cours de la fermentation.

Ajouté au vin, il consomme très rapidement l'oxygène présent en se transformant en acide déhydroascorbique (sans activité vitaminique), en formant de l'eau oxygénée et de la xylosone. L'eau oxygénée est éliminée par une **teneur suffisante en SO_2 libre**, s'oxydant alors en sulfate pour éviter l'oxydation de l'alcool (avec production d'éthanal), des polyphénols (avec brunissement et altération gustative) ou des arômes sensibles à cette oxydation, notamment les composés à fonction thiols (*cf.* § 2.2).

Par ailleurs, en présence de SO_2, l'acide déhydroascorbique est décarboxylé en xylosone (Bertrand et Vivas, 2000) se combinant avec le SO_2 (K_d = 2,1 mmol/L).

Un moût ou vin saturé contenant environ 8 mg/L d'oxygène consomme **44 mg d'acide ascorbique produisant 8,5 mg d'eau oxygénée pouvant oxyder 16 mg de SO_2 libre** et/ou oxyder d'autres substances (polyphénols, arômes...). L'acide ascorbique est autorisé dans les vins depuis 1962, et dans les moûts depuis 2005.

Pratiquement

- Le vin doit avoir **20 à 30 mg de SO_2 libre par litre** avant traitement à l'acide ascorbique, pour neutraliser la libération d'eau oxygénée.
- La **dose maximale autorisée** est de 25 g/hL pour la vendange et les moûts, 15 g/hL dans les vins. La teneur finale est limitée à 250 mg/L.
- Au-delà de la **dose habituelle de 4-8 g/hL**, il communique au vin une saveur acerbe caractéristique, sans meilleure protection contre l'oxydation.
- Il s'emploie habituellement **au moment de la mise en bouteilles** pour éviter les effets du choc oxydatif réversible mais désagréable consécutif à cette opération, souvent appelé « maladie de la bouteille ».
- À doses élevées (15-20 g/hL, maximum légal de 25 g/hL), il **limite les oxydations des moûts et vendanges** par les enzymes oxydatives (tyrosinase et laccase) en les privant d'oxygène. Cher, ce traitement donne des résultats globaux plus ou moins positifs sur la qualité générale des moûts. Il a été récemment autorisé à cet effet.

Par ailleurs, l'acide ascorbique protège efficacement de la casse ferrique mais facilite la manifestation de la casse cuivreuse dans les vins contenant des traces de cuivre.

Remarque importante : L'acide ascorbique perturbe le dosage du SO_2, libre et total, par iodométrie (méthode de Ripper et ses dérivées), en surestimant leurs teneurs. Il faut bloquer, et estimer, le taux d'acide ascorbique par ajout de propanal (ou éthanal fraîchement préparé) pour un dosage correct du SO_2 libre. Le dosage exact du SO_2 total passe par d'autres méthodes (*cf.* § 3.2). La perturbation cesse seulement lorsque l'acide ascorbique a été entièrement oxydé en acide déhydroascorbique, sans action protectrice contre l'oxydation.

Lyzozyme (E1105)

Quelques caractéristiques générales

- Le lyzozyme est une protéine de 129 acides aminés ayant une activité enzymatique de type hydrolase. Il est présent dans les larmes, la salive…, où il fut mis en évidence par Fleming (1922), et surtout dans le blanc d'œuf, d'où il est habituellement extrait.
- Il dégrade certains polysaccharides, notamment ceux des parois des bactéries Gram+ comme les bactéries lactiques œnologiques (*Oenococcus*, *Pediococcus* et *Lactobacillus*…), d'où un effet bactéricide.
- Il est sans effet sur les bactéries acétiques Gram– (*Acetobacter*) et sur les levures.
- L'efficacité est plus grande à pH plus élevé.

Le lyzozyme en œnologie

Le lyzozyme en œnologie est utilisé exclusivement pour **maîtriser les bactéries lactiques** afin de retarder, décaler ou empêcher leur développement en fermentation malolactique. Son activité diminue fortement en quelques semaines, d'où une action temporaire permettant une fermentation malolactique ultérieure. Cette perte d'efficacité résulte des réactions protéine-polyphénols, pouvant entraîner une légère baisse de couleur des vins rouges. Comme protéine, le lyzozyme est fixé par la bentonite alors que, seul, il favorise les troubles protéiques, plus fortement en cas d'emploi d'acide métatartrique.

Sur vendange issue de raisins attaqués par les bactéries, l'effet est limité aux seules bactéries lactiques, habituellement accompagnées de bactéries acétiques, insensibles au lyzozyme.

Pratiquement

- Pour **retarder la fermentation malolactique**, notamment en cas de macération carbonique, et faciliter le développement des levures de fermentation.
- Pour **empêcher complètement ou partiellement une fermentation malolactique**.
- Pour protéger un vin contre les bactéries lactiques lors d'élevage, avec ou sans micro-oxygénation.
- On utilise la **dose totale de 20 à 50 g/hL** de lyzozyme en une ou deux fois, selon les besoins, après mise en suspension à 10 % dans l'eau.
- Le traitement doit toujours être couplé avec le SO_2 dont il permet de **réduire les doses totales de 10-30 mg/L** environ, à coût élevé (3-10 €/hL).

DMDC (diméthyldicarbonate) ou Velcorin® – E242

Cet ester de l'acide carbonique et du méthanol est autorisé (2006) pour stabiliser les vins ayant plus de 5 g/L de sucres. C'est un fongicide qui assure une destruction rapide des levures lors de son incorporation au vin. Dans le même temps, il s'hydrolyse en 2 à 4 h en méthanol (100 mg de DMDC donnent 48 mg de méthanol), en CO_2 avec de petites quantités (4 à 36 mg/L, moyenne 14 mg/L – Cabanis, Vian et Blaise, 2001) de carbonate de méthyle éthyle. Il perd alors toute efficacité. Il doit donc être **utilisé uniquement avant la mise en bouteilles par du personnel agréé** utilisant des outils adaptés pour assurer un mélange parfaitement homogène avec le vin en toute sécurité pour le personnel.

La figure 7.7 montre la rapidité de l'effet de la DMDC sur les levures vivantes (UFC), mais cette action disparaît après la décomposition de la DMDC, permettant alors le développement des levures dites « VNC ».

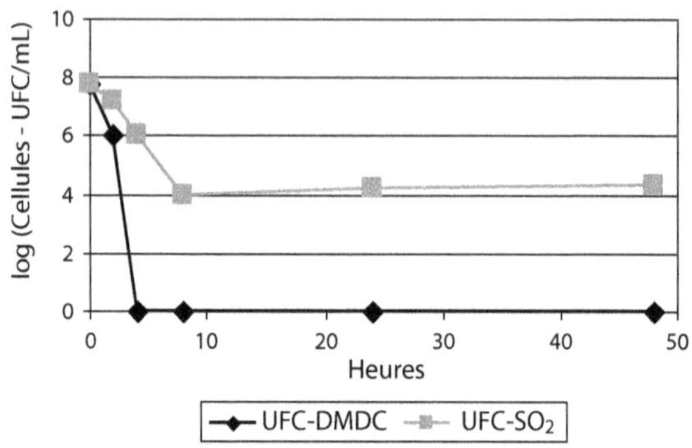

Figure 7.7 Effets comparés du SO_2 et du DMDC
sur les populations levuriennes indigènes lors du mutage
Source : Divol, 2004

Chitosane

Le chitosane est un biopolymère dérivé de la chitine composant la carapace des insectes et crustacés, constitué de parois cellulaires de divers champignons (*Aspergillus niger*, *Agaricus bisporus* autrement appelé « champignon de Paris ») utilisés pour sa fabrication. Il a une action inactivante sur les *Brettanomyces* dont il réduit la production d'éthyl-phénols, à la dose de 4 g/hL. À doses (beaucoup) plus élevées, de 50-100 à 500 g/hL, il a un effet clarifiant et de fixateur de cuivre, de plomb, de cadmium ainsi que d'ochratoxine (OTA). Il a été autorisé récemment pour les vins.

Remarque pratique : Les différents produits « de remplacement » du SO_2 autorisés sont des compléments importants pour remplacer ou renforcer un des effets du SO_2, à coût parfois élevé. À ce jour, il n'existe aucun produit assurant l'ensemble des efficacités très diverses du SO_2.

7.2.2 Produits de remplacement du SO_2 non autorisés

Glutathion

Présent dans tous les moûts à la dose de quelques dizaines de milligrammes par litre, le glutathion (GSH) est un tripeptide composé de trois acides aminés (glutamate, cystéine, glycine). Il joue le rôle de transporteur de soufre dans le métabolisme de la vigne et, surtout celui **d'antioxydant dans les moûts et vins**. Comme indiqué par ailleurs (*cf.* § 4.2), il réagit avec les quinones (produits d'oxydation des phénols) pour former le GRP (*Grape Reaction Product*) incolore et avec sa quinone pour former le GRP-2 également incolore. Il agit contre le brunissement et l'oxydation des composés aromatiques soufrés (« thiols »).

Il est consommé par la levure en cours de fermentation avant d'être partiellement relargué. Son ajout direct est actuellement interdit mais il est autorisé dans des levures sèches actives (LSA) ou inactivées (LSI) sélectionnées pour leur apport plus important en glutathion[1].

Acide fumarique (E297)

Présent dans tous les raisins, moûts et vins, à très faible dose, l'acide fumarique a été proposé comme **acidifiant.** Il est autorisé à ce titre au Canada, aux États-Unis. Il est aussi légèrement inhibiteur des seules bactéries lactiques, surtout à pH bas, à la dose de 500-1 000 mg/L. Peu soluble dans l'eau froide, il doit être préparé dans l'eau chaude (solubilité d'environ 100 g/L à 100 °C). Aux doses d'emploi efficace, il manifeste une saveur déplaisante de type « amer, mordant ».

Acide péracétique

De formule CH_3–CO–O–OH, il se décompose dans l'eau en acide acétique et en eau oxygénée. Il est donc inutilisable dans les vins car **trop oxydant et augmentant l'acidité volatile** (Blouin, Terrier et Cordeau, 1973). C'est un puissant désinfectant usuel vis-à-vis des bactéries, champignons, virus pour les matériels dans l'industrie, dont l'industrie vinicole, les locaux de santé.

Acide benzoïque et dérivés

C'est un anti-levure efficace, agissant sous sa forme non ionisée de 90 % à pH 3,24 et seulement 50 % à pH 4,19. Il est autorisé dans diverses boissons sans alcool (150-200 mg/L) mais ne présente pas d'avenir probable dans les vins. Il est autorisé sur le marché intérieur du Chili[2].

Argent colloïdal

À doses très faibles (8-80 mg/L), l'argent colloïdal présente une forte activité **antiseptique vis-à-vis des bactéries, champignons**… et une toxicité faible, sauf pour la flore aquatique. Il est utilisé dans divers médicaments. Son activité antiseptique en œnologie n'est pas établie (Jaulmes, 1970).

Divers essais œnologiques ont surtout montré la très intéressante réactivité de l'argent, sous forme de chlorure d'argent en solution ou adsorbé sur bentonite, pour **neutraliser les odeurs « de réduit »** issues de composés soufrés (*cf.* § 2.3). L'OIV a reconnu, le 10 juillet 2010, l'emploi du **chlorure d'argent** pour « *réduire les défauts*

1. *www.vignevin-sudouest.com/publications/fiches-pratiques/glutathion.php*, consulté en décembre 2013.
2. *Tour d'horizon des pratiques œnologiques dans le monde*, OIV (*www.orwine.org/intranet/libretti/libretto148-02-1.pdf*).

olfactifs dus à l'hydrogène sulfuré et à certains mercaptans », à la dose maximale de 10 mg/L mélangé à la bentonite ou au kieselgur et avec une teneur résiduelle en argent inférieure à 0,1 mg/L.

Isothiocyanate d'éthyle (essence de moutarde)

Jusqu'à récemment, ce produit a été utilisé en mélange avec de la paraffine, sous forme de pastilles en surface des vins en vidange. Sa forte odeur spécifique de moutarde ne permet pas son usage, désormais **interdit**.

Acides gras en C8 / C10 (octanoïque et décanoïque : caprylique et caprique)

Ces acides gras, de la même structure chimique que l'acide acétique, formés lors de la fermentation alcoolique, sont omniprésents dans les vins. Dans certains cas, ils s'accumulent et sont ainsi l'une des causes majeures des « arrêts de fermentation » (Lafon-Lafourcade et Larrue, 1980). Ils confirment cette forte activité anti-levure stable lors d'addition à des vins ayant des populations faibles à modérées en levures, à des doses cumulées d'environ 2-4 à 8-10 mg/L. Leur emploi usuel est difficilement envisageable car, à ces doses ajoutées, les vins présentent des caractères (« rance », « savonnette », « huile minérale »...) inacceptables. La solution (théorique) serait d'ajuster, au cas par cas, la somme « acides naturels + acides ajoutés » au-delà de la dose efficace et en deçà de la dose désagréable. C'est très complexe, peu opérationnel, **interdit**.

Ces acides jouent également un rôle inhibiteur important vis-à-vis de la fermentation malolactique à partir de 25 mg/L de C8 et 5 mg/L de C10. Leur présence est sensible au taux résiduel de certains fongicides comme le Folpel, un anti-*Botrytis*, dès 10-20 µg/L (Renouf, 2012).

Tableau 7.5 Influence des acides C8 et C10 sur la fermentation malolactique : durée, en jours
Source : Renouf, 2012

Type d'acide	FML normale (156 vins)	FML difficile (126 vins)
C8	9 ± 5	34 ± 7
C10	2 ± 1	9 ± 3

La plupart des autres acides gras naturels à nombre pair de carbone, très peu abondants dans les vins, C6 (caproïque), C12 (laurique), C14 (myristique), C16 (palmitique), C18 (oléanolique, linoléique et linolénique), ont des activités activatrices et/ou inhibitrices vis-à-vis des levures et bactéries, selon les teneurs. Ils semblent pratiquement peu utilisables.

En cas d'excès gênant, on peut les éliminer par traitement avec des spécialités commerciales à base d'« écorces de levures », pour faciliter certaines (fins de) fermentation.

Glucose-oxydase

La glucose-oxydase est une enzyme qui oxyde le glucose en acide gluconique en **consommant de l'oxygène**, rendant le milieu défavorable au développement des levures et en le protégeant de l'oxydation. La réaction produit de l'eau oxygénée, qu'il faut détruire par addition d'une peroxydase. La technique est classique pour divers jus de fruits, bières... Elle ne semble pas avoir donné de résultats probants en œnologie.

Pyrocarbonate d'éthyle (PCE, ou Baycovin®)

Le PCE est un ester éthanol-acide carbonique qui s'hydrolyse en milieu aqueux avec une forte **activité fongicide** spécifiquement anti-levure et en libérant ses constituants, l'éthanol et l'acide carbonique. Très étudié (Blouin et Barthe, 1963 ; Hennig, 1963), il confirma son intérêt technologique, à la dose d'environ 100-200 mg/L. Il était utilisé avant la mise en bouteilles et toute (re)contamination levurienne car il se dégrade en quelques heures. On parlait de « stérilisation à froid ». En cas de mauvais mélange entraînant une hydrolyse imparfaite, il y avait formation de carbonate d'éthyle ayant une forte odeur éthérée à très faible dose (quelques milligrammes par litre).

Après avoir été autorisé en Allemagne, en Autriche..., le PCE est désormais interdit car il forme des uréthanes, cancérigènes, en présence d'ammoniaque, à fortes concentrations (plusieurs grammes par litre) inexistantes dans les vins. Il est aujourd'hui remplacé par le diméthyldicarbonate de méthyle (DMDC, *cf.* ci-dessus) qui n'a pas ces inconvénients.

Les antibiotiques

Suite à leur découverte et à leur généralisation médicale, les antibiotiques ont fait l'objet de nombreux essais œnologiques (J. Ribéreau-Gayon et coll., 1960). Il en existe de très nombreux à large spectre d'activité (contre les levures, moisissures, bactéries...) ou spécifiques, par exemple actifs sur les seules levures (ex. : mycosubtiline) et donc sans risques pour la flore bactérienne intestinale humaine. Leur usage est resté expérimental, comme celui de la botryticine, un antibiotique produit par le développement de *Botrytis cinerea* sur les raisins (Lafon-Lafourcade, 1955), car peu efficace, peu stable et neutralisé par le SO_2.

Divers fongicides viticoles anti-*Botrytis* autorisés (non antibiotiques) ont une activité anti-levure : leurs éventuels résidus parasites gênent le bon déroulement des fermentations alcooliques, leur usage doit être arrêté plusieurs semaines avant les vendanges. Leur emploi volontaire dans les vins est une fraude, au même titre que l'emploi des innombrables antiseptiques médicaux.

Pimaricine (natamycine E235, Delvocid®)

De nombreux essais officiels (1977) ont montré les possibilités œnologiques de la pimaricine autorisée et largement utilisée contre le développement des moisissures en surface de divers fromages, saucissons... C'est un produit **strictement anti-levure**, sans aucune action sur les bactéries. Il agit comme **fongicide** sur les levures en activités, à la dose pratique de 5-40 mg/L de produit pur, et comme **fongistatique** sur les levures résiduelles non actives à la dose pratique de 5-10 mg/L de produit pur. La figure 7.8 et les tableaux 7.6 et 7.7 montrent l'action fongicide et fongistatique de la pimaricine lors du mutage puis de la conservation. L'effet anti-levure est constant, avec la possible formation d'acidité volatile en cas de présences bactériennes non maîtrisées.

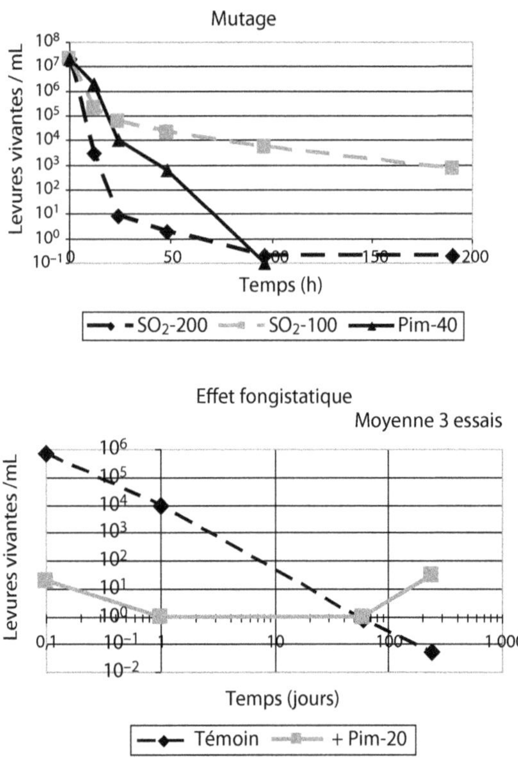

Figure 7.8 Actions fongicide et fongistatique de la pimaricine
Source : Chambre d'Agriculture de la Gironde, 1977

Tableau 7.6 Effets du SO_2 et de la pimaricine sur les vins, 120 jours après mutage
Source : Chambre d'Agriculture de la Gironde, 1977

	SO_2 libre (mg/L)	SO_2 total (mg/L)	Levures (UFC/mL)	Ac. volatile (g/L)
Pimaricine - 10 mg/L	24	248	0	0,83
SO_2 - 100 mg/L	73	352	5	0,61

Tableau 7.7 Effets du SO_2 et de la pimaricine durant l'élevage des vins
Source : Chambre d'Agriculture de la Gironde, 1977

	Traitement	SO_2 libre (mg/L)	Levures (UFC/mL)	Ac. volatile (g/L)
Essai 1 (3 vins)				
Départ		14	13	
+ 2 mois	Sulfitage	13	**3 000**	
	Pimaricine - 10 mg/L	18	0	
Essai 2 (2 vins)				
Vin B - Départ		20	35	
+ 8 mois	Sulfitage	10	**$1{,}3 \times 10^5$**	0,24
	Pimaricine - 10 mg/L	32	17	0,38

C'est un produit stable, sans effets organoleptiques observés, n'induisant aucune sélection de souche résistante après des dizaines d'années d'utilisation alimentaire (traitement anti-moisissure de divers fromages, saucissons, charcuteries...), sans effet sur la flore bactérienne intestinale humaine. Il a fait l'objet d'une demande officielle d'autorisation et est utilisé sur le marché intérieur en Argentine[1].

Nisine (E234)

C'est un antibiotique particulier, une bactériocine, produit par la bactérie *Lactococcus lactis* (ex-*Streptococcus lactis*), très actif contre les bactéries Gram+ (bactéries lactiques) et sans effet sur les levures. Il a montré une efficacité inhibitrice vis-à-vis des bactéries de la fermentation malolactique (Gerbaux, 1989) sans effets secondaires gênants. Il est autorisé dans la fabrication de fromages, puddings...

Ozone, oxygène négatif

C'est un désinfectant classique de l'eau (ex. : piscines, eaux usées...) qui y détruit de nombreux micro-organismes en se décomposant en oxygène en quelques minutes

1. *Tour d'horizon des pratiques œnologiques dans le monde*, OIV (*www.orwine.org/intranet/libretti/libretto148-02-1.pdf*).

(50 % en moins environ en 20 min à 20 °C). On a proposé son usage pour **aseptiser l'atmosphère** au-dessus des vins en cuves non remplies, par exemple en le produisant à l'aide d'une lampe germicide à rayonnement ultraviolet. Le procédé n'est pas autorisé actuellement. L'eau ozonée (2-10 mg d'ozone O_3 par litre) a été préconisée pour désinfecter les récipients vides (barriques, cuves...) (*cf.* tableau 7.1).

La génération d'**oxygène négatif O^-** par des appareils spécialisés permet également de désinfecter l'atmosphère pour détruire levures, moisissures, bactéries, « goûts de moisi » (Michel et coll., 2011). Dans les cas où ces pratiques seraient autorisées et mises en œuvre, il faut maîtriser les **risques d'oxydation excessive**.

Extrait de pamplemousse

L'extrait de pulpe, zeste et pépins de pamplemousse (*Citrus paradisi*), dénommé DF-100, riche en flavonoïdes, stéroïdes et composés azotés, manifeste une bonne activité inhibitrice des bactéries à la dose de 10 g/hL, une assez faible activité levuricide à la dose de 200 g/hL ainsi qu'une protection contre l'oxydation des composés phénoliques des vins rouges. Son utilisation en l'état n'est pas possible car il provoque une odeur spécifique et un jaunissement (Marcillaud et Doneche, 1997). On peut envisager une purification du produit pour récupérer les seules fractions utiles. Il est autorisé comme désinfectant agroalimentaire dans certains pays et proposé aussi comme antimicrobien pharmaceutique.

Produits divers

Acide 5-nitrofurylacrylique

Ce produit a une forte activité anti-levure à la dose de 10 à 100 mg/L, une faible activité anti-bactéries (Lafon-Lafourcade, 1973) et une faible toxicité directe, mais il est mutagène-cancérigène et il accroît l'effet enivrant de l'alcool en provoquant une accumulation d'éthanal (Masquelier, 1978).

Vitamine K5

Cette vitamine a une bonne activité anti-levure à la dose de 10-80 mg/L mais provoque une très forte amertume (Ribéreau-Gayon, 1952 ; Blouin, 1968).

Gallate d'octyle (E311)

C'est un antioxydant classique des corps gras. Dans le vin, il produit rapidement une saveur rance inacceptable.

Antioxydants

On a cité l'activité réductrice de l'acide sulfinyl-5-ascorbique (Reutimann, 1991), se décomposant en SO_2 et acide ascorbique, de l'acide thiopropionique

(Panagiotakopoulou, 1991), de l'extrait de radis noir (Salaha et coll., 2008). Ces produits n'ont pas manifesté de réelles possibilités œnologiques. Certains composés phénoliques à action antiseptique (*cf.* chapitre 3) ont aussi une activité antioxydante. Leur emploi œnologique reste expérimental.

7.3 Procédés physiques

Le remplacement du SO_2 par divers procédés physiques a été envisagé et pratiqué depuis longtemps. Cette absence de produits ajoutés (également appelés « additifs », « intrants »...) est parfois présentée comme un avantage décisif. Cela revient à admettre que ces procédés n'ont aucun effet secondaire direct ou indirect pouvant être néfaste ; ce n'est pas toujours le cas.

Comme les produits de remplacement du SO_2, ces procédés peuvent intervenir de trois manières : par **inhibition**, par **élimination** ou par **destruction** du risque (par exemple les levures, bactéries, enzymes). Pratiquement, il s'agit des groupes de traitements suivants :

- **inhibition par le froid** ralentissant l'ensemble des activités des levures, bactéries et réactions chimiques. Il n'y a pas destruction, l'effet instantané est faible mais l'effet à long terme est très utile, par exemple lors de conservation-élevage à température estivale maîtrisée. Les basses températures favorisent la dissolution d'oxygène, par exemple lors de soutirages, filtrations... mais ralentissent les vitesses des oxydations et des développements de levures et bactéries ;
- **élimination par clarifications** lors de soutirages, centrifugations et filtrations pour retenir levures et bactéries[1]. Leur emploi est systématique, souvent dès la formation du moût. Il peut aboutir, si nécessaire, à des populations de levures et bactéries très faibles et sans risques pour les vins en élevage ou conditionnés :
  - le débourbage statique des moûts, complété ou non par enzymage, assure une première élimination, limitée, des levures,
  - la flottation (ou débourbage « par le haut » par insufflation de gaz inerte) est peu utilisée en France mais assure une meilleure élimination, très rapide, en quelques minutes,
  - la centrifugation donne de très bons résultats pour éliminer les bourbes, les levures mais aussi pour réduire plus partiellement les activités oxydasiques « insolubles » (tyrosinase, fixée sur les bourbes) et donc l'oxydabilité (tableau 7.8),

1. Blouin J. et Peynaud É., *Connaissance et travail du vin*, éditions Dunod, 5e édition, 2012.

Tableau 7.8 Effets de la centrifugation sur les caractères des moûts
Source : Chambre d'Agriculture de la Gironde, 1975

Débit alimentation centrifugeuse (hL/h)	Élimination levures (%)
10	98,8
20	83,3
30	40

	Témoin	Centrifugé
Laccase	107	107
Tyrosinase	15	11
Oxydabilité	0,16	0,15

3 essais ; unités conventionnelles

- la filtration par encollage continu, sur plaques, sur filtres-presses, sur filtres rotatifs sur membranes… aboutit à des éliminations très poussées, pouvant être quasi totales, mais avec des débits souvent limités,
- l'ultrafiltration, ou microfiltration, tangentielle conduit facilement à la (quasi-) stérilité mais avec une rétention de colloïdes pouvant être inutile ou nuisible ;

La maîtrise des populations de levures et bactéries à des niveaux contrôlés est une nécessité absolue pour maintenir le taux de SO_2 libre, et donc le taux de SO_2 total, au plus bas niveau sans risques d'altérations (troubles, refermentations, faux goûts, amines biogènes, dioxyde de carbone, acidité volatile…).

- **destruction par la chaleur** pour détruire levures, bactéries et enzymes. Plusieurs procédés sont largement autorisés et utilisés. Il existe aussi divers procédés physiques expérimentaux ou d'utilisation limitée.

7.3.1 Traitement par la chaleur

Rappel historique

Probablement aussi ancienne que la découverte du feu (il y a 500 000-600 000 ans !), la stabilisation enzymatique (blanchiment des légumes…) et/ou biologique (cuisson, confits…) des denrées par la chaleur n'a été très organisée que depuis Appert (1790), bien avant la découverte des « germes » (Pasteur, 1866) puis celle des mécanismes enzymatiques. Depuis plus d'un siècle, d'innombrables travaux ont précisé les mécanismes et conditions de ces destructions thermiques dans toutes les industries agroalimentaires.

Arrhenius (1889) montre que ces phénomènes relèvent, comme pour les produits antiseptiques, de la cinétique générale des réactions chimiques de caractère exponentiel et non linéaire. Bigelow (1920) précise la relation logarithmique entre l'efficacité de la chaleur (ex. : destruction de 90 % de la population initiale) et le temps de traitement à une température donnée ainsi qu'entre efficacité et température, pour une durée donnée. Ces observations rejoignent celles de Madson et Nyman (1907) et de Chick (1906) sur l'action des désinfectants chimiques (*cf.* chapitre 4).

On sait par ailleurs que les fermentations alcooliques à température trop élevée, par exemple au-dessus de 30-35 °C selon les moûts, entraînent des arrêts de fermentation. Nous avons utilisé ce principe pour provoquer le « mutage » de vins liquoreux (Blouin et Berrouet, 1963 – *cf.* § 7.2.2). S. Lafon-Lafourcade a montré qu'il y avait alors production renforcée d'acide octanoïque et décanoïque à forte activité antilevure ; la température joue un rôle inhibiteur indirect vis-à-vis des levures.

Température et évolutions des vins

La figure 7.9 indique divers effets de la température, exprimés par les variations de vitesse, de quelques phénomènes chimiques importants. Ces graphiques en coordonnées semi-logarithmiques (correspondant à l'action exponentielle de la température) montrent des variations très importantes, avec doublement des vitesses pour des élévations de température de 4 à 14 °C, conformes aux règles générales de la cinétique des réactions chimiques.

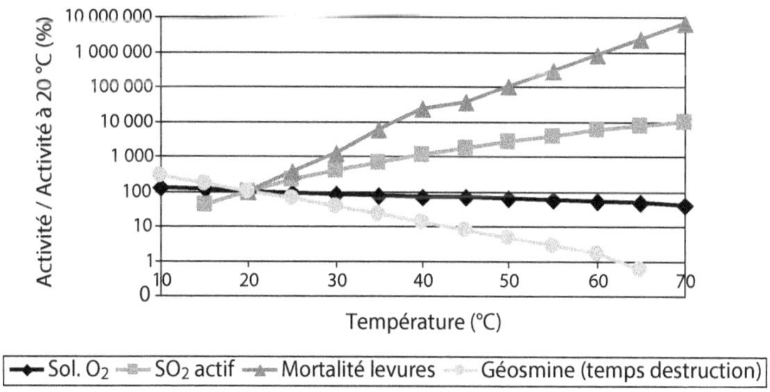

Figure 7.9 Divers effets de la chaleur sur les vins

L'activité du SO_2 croît rapidement avec la température et contribue ainsi à augmenter l'efficacité directe du traitement par la chaleur (*cf.* § 3.3).

La solubilité de l'oxygène (« Sol O2 » sur la figure 7.9) décroît lors de l'élévation de température, mais sa vitesse de réaction croît.

Plus généralement, il faut souligner le rôle central de la température sur l'évolution du vin, en vrac ou en bouteilles. Pour une évolution lente et douce, on privilégie les températures basses, **constantes**, par exemple dans les carrières souterraines, toute l'année à 12-14 °C, avec risques de « blocage » d'évolution. Pour une évolution plus rapide, on choisit des températures élevées, **variables**, avec risques d'« usure » trop rapide. C'est le cas des vins doux naturels de Banyuls, Maury... exposés pendant des mois au soleil et à la tramontane du Roussillon, de certains vins de Madère placés dans l'« *estufa* » (l'étuve) à 50 °C, des vins « retour des Indes » d'autrefois... Plus banalement, c'est le cas des stockages en caves domestiques non isolées, sur les étagères de certains restaurants... : il y risque d'accélération de l'évolution, positive ou négative selon les vins et les goûts.

La **géosmine** (un des principaux responsables de l'odeur terreuse, de moisi, issue de certaines moisissures) est, heureusement, détruite d'autant plus rapidement que la température est élevée. On a une réduction d'environ 50 % en 8 mois à 10 °C et seulement 2 mois à 20 °C et quelques heures à 70 °C (Laguerche, 2005).

Les traitements à température élevée, de 50 à 80-100 °C par exemple, sont parfois suspectés de produire des « **goûts de cuit** » : l'expérience montre que ce risque est pratiquement nul avec les appareils actuels n'ayant aucun point de surchauffe, sans séjour non contrôlé des moûts et vins dans les appareils, sans prises d'air parasites. Les chauffages longs, et doux, sont parfois essayés pour « adoucir » des tanins trop rugueux.

Les **traitements précoces** suppriment rapidement les effets indésirables contre lesquels ils sont mis en œuvre. Par ailleurs, les vins nouveaux sont plus « robustes » que les vins plus évolués et résistent mieux au choc thermique. Les traitements plus tardifs, avant le conditionnement, demeurent opportuns et peuvent souvent être d'intensité plus modérée (faible nombre d'UP) sur des vins normalement pauvres en levures, bactéries, oxydases que sur des vins nouveaux.

On reproche aussi parfois au traitement par la chaleur de « tuer le vin ». Cela correspond à l'idée que le vin « est vivant ». C'est une formule très sympathique mais erronée. Le vin n'est pas vivant, il ne peut ni assimiler ni se reproduire. Il est évolutif, se modifiant sans cesse par réactions chimiques et éventuellement enzymatiques, microbiologiques, favorables ou non selon leurs natures, leurs intensités et les types de vins recherchés. Comme indiqué plus haut, la chaleur a des **effets organoleptiques favorables, neutres ou négatifs** selon son intensité et les vins. Une bonne connaissance des mécanismes mis en jeu permet de les éviter.

Mécanismes généraux de la destruction par la chaleur

La chaleur a la propriété de détruire les protéines et donc les enzymes et les microorganismes qui en sont constitués. Divers travaux non œnologiques (Bigelow et Esty, 1920 ; Ball, 1923 ; Schmidt, 1957...) ont déterminé les mécanismes d'action de la chaleur applicables au vin.

La détermination de la température détruisant tous les germes (« *Thermal Death Point* », TDP) est délicate, imprécise, très sensible aux conditions générales du milieu, négligeant le rôle de la concentration initiale en germes.

Il est préférable de déterminer le « *Thermal Death Time* » (**TDT**), temps nécessaire, à une température et à un pH donnés, pour **réduire la population initiale à 10 % de sa valeur initiale**.

Remarque

- Cette loi logarithmique n'est pas absolument rigoureuse ni générale car les destructions observées peuvent être plus lentes ou plus rapides, mais elle reste largement utilisable.
- Une durée de 1 TRD aboutit à une population résiduelle de 10 % de la population initiale, une durée de 2 TRD à 1 %, de 3 TRD à 0,1 %...
- En toute rigueur, il n'y aurait jamais de destruction totale. Pratiquement, on arrive à des populations résiduelles techniquement négligeables après ***n* TRD**. Le seuil toléré, et le nombre *n* de TRD, sont très variables selon les milieux pris en compte et l'éventuelle toxicité des germes, nulle dans le cas des vins, où il n'existe qu'un risque technologique.
- Dans un milieu donné, **la destruction thermique est définie par les valeurs de TRD et de *Z*** (figure 7.10). Les valeurs pratiques varient avec les souches de micro-organismes, leur état végétatif (croissance, stabilité, sporulation...), la composition du milieu (pH, sucres, alcool...). L'expérience fournit des valeurs techniquement exploitables. Il est possible de simuler au laboratoire des traitements transposables au chai, dans les conditions optimales.

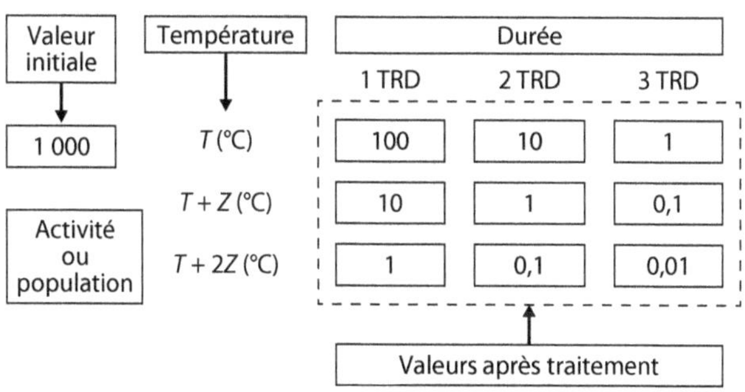

Figure 7.10 Effets du temps et de la température de traitement sur les pertes d'activité des micro-organismes et des enzymes

Il existe une relation directe entre le logarithme de TDT (ou de **TRD** pour « **temps de réduction décimale** ») et la température. Si on expose une population homogène de micro-organismes à une température constante létale (c'est-à-dire supérieure à la température maximale de croissance), la relation entre micro-organismes vivants et temps de traitement s'exprime comme indiqué en figure 7.11.

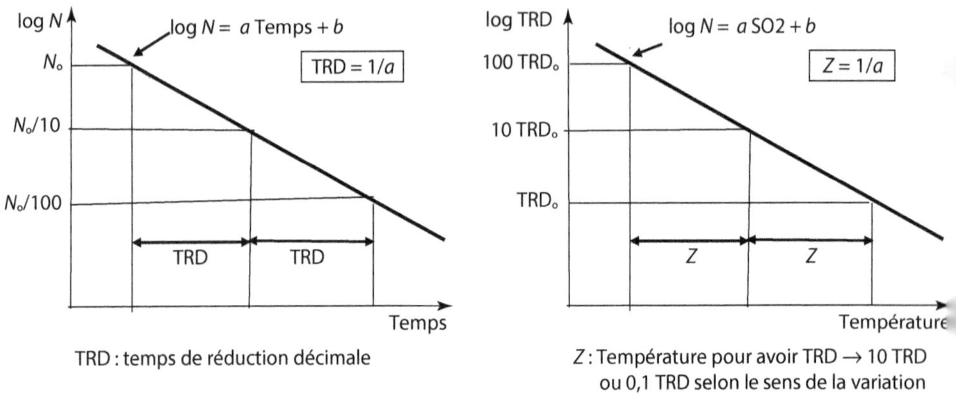

Figure 7.11 Schéma de l'activité de la chaleur sur les levures et bactéries

Cette courbe de **TDT** (ou **TRD**, ou ***D***) peut être caractérisée par une température, initialement choisie à 250 °F (121,1 °C) pour des bactéries pathogènes, et sa pente, dont l'inverse ***Z*** est le nombre de degrés dont il faut faire varier la température pour que le TDT soit multiplié (ou divisé) par 10.

Applications œnologiques

Les principes précédents font l'objet d'un très grand nombre d'applications dans les industries agroalimentaires et en œnologie. On parle ainsi d'appertisation (conserves…), de pasteurisation, de flash-pasteurisation, de « thermolisation », d'« actinisation », de tyndallisation, d'UHT… Les différences portent sur les **couples température-durée de traitement** ainsi que sur les outils de traitement. Le choix pratique repose sur quelques principes à adapter à chaque situation (d'après Devèze).

La résistance à la chaleur des levures et bactéries œnologiques

L'action de la chaleur est caractérisée par les deux valeurs, TRD et *Z*, variant selon les conditions. La « résistance » à la chaleur est :

- divisée par 2 ou 3 lorsque le **titre alcoométrique** s'élève de 2 % vol. ; théoriquement elle décroît de 64 à 729 fois en passant du moût au vin de 12 % vol., pratiquement l'écart mesuré est d'environ 20 à 40 fois ;

- multipliée par 3 lorsque le **taux de sucre** passe de 0 à 100 g/L ;
- multipliée par 3 lorsque le **pH** passe de 3,0 à 3,8 ;
- multipliée par 10 pour les **levures en fin de fermentation** par rapport aux levures en phase de multiplication ;
- réduite en **présence de SO_2**. Cet effet est incomplètement quantifié mais il apparaît que l'efficacité (réduction du temps pour diviser par 1 000 la population microbienne) est multipliée environ 3 à 4 fois en présence de 10-20 mg/L de SO_2 libre[1], agissant par sa forme active H_2SO_3 (figure 7.12).

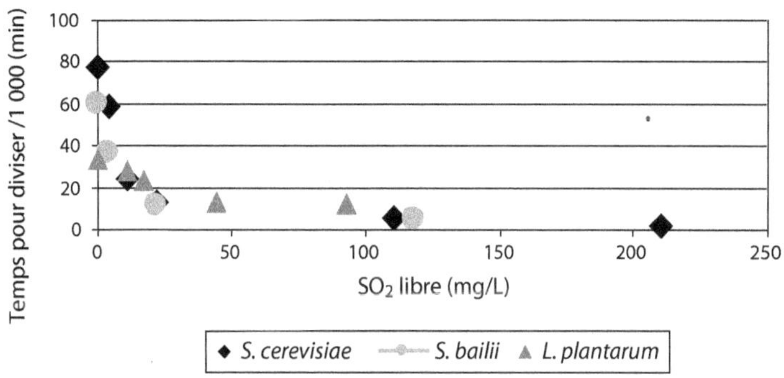

Figure 7.12 Effet du SO_2 sur la vitesse de destruction par la chaleur
Source : Barillère, 1983

Selon les auteurs, les bactéries paraissent plus résistantes[2] ou plus sensibles[3] à la chaleur que les levures.

Le **temps de réduction décimale** des levures mesuré dans les vins varie de **1-5 s à 2-3 min à 60 °C (TRD-60)** et de **8 à 66 min à 40 °C (TRD-40)**, avec une valeur de **Z allant de 3-4 à 8-10 °C**. Il semble prudent de retenir les valeurs les plus élevées de TRD et *Z*, assurant la destruction la plus poussée. La figure 7.13 et le tableau 7.9 donnent des exemples de caractéristiques de destructions biologique et thermique. On trouvera des informations pratiques complémentaires en annexe 4.

Connaissant TRD et *Z* pour le moût ou vin à traiter, il est possible de calculer une « **vitesse de destruction biologique** » (**VDB**) pour toutes températures.

1. Barillère et coll., 1983.
2. Barillère et coll., 1983.
3. Morfaux, 1973.

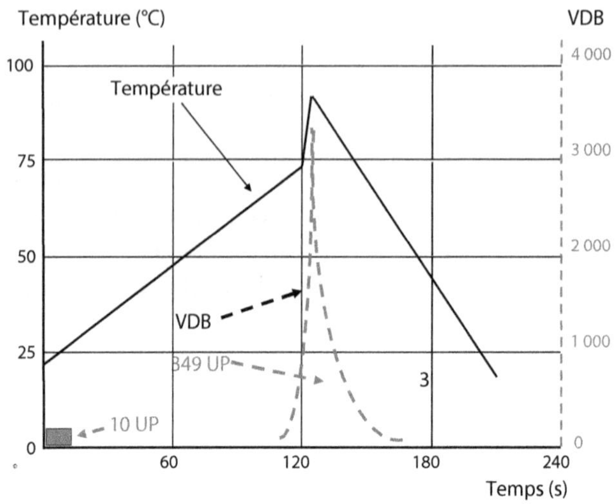

Figure 7.13 Exemple d'évolution de la température et de la vitesse de destruction biologique
Source : Chambre d'Agriculture de la Gironde, 1975

Tableau 7.9 Caractéristiques de la destruction thermique
Source : Chambre d'Agriculture de la Gironde, 1975

	TRD-60 (s)	Z (°C)
Moûts	26-38	9-11
Vins	1,5-2	9-11

La résistance à la chaleur des oxydases

Cette action stabilisatrice de la chaleur vis-à-vis des oxydases est mise en œuvre depuis « la nuit de temps », par exemple lors du blanchiment des légumes fragiles par brève immersion dans l'eau chaude. Malgré une grande variabilité des résultats (*cf.* chapitre 4), on peut noter que :

- les oxydases du raisin sont plus résistantes à la chaleur que les levures et bactéries ;
- la laccase est moins résistante que la tyrosinase, plus fréquente mais moins dangereuse (tableau 7.10).

Tableau 7.10 Caractéristiques de la destruction thermique de la laccase et de la tyrosinase
Source : Chambre d'Agriculture de la Gironde, 1975

	TRD 60 (s)	Z (°C)
Laccase	46	9
Tyrosinase	66	14

Remarque : Ce traitement thermique a d'abord été utilisé pour détruire les taux élevés de laccase rencontrés dans les moûts de vendanges pourries. Il est très recommandé dans le cas d'activité résiduelle faible, mais agissant pendant des mois ou des années, sur vins, afin d'éviter leur oxydation prématurée (brunissement, modifications aromatiques…) pour obtenir une activité résiduelle dosée nulle. Il suffit alors d'utiliser des traitements par la chaleur peu intenses.

Détermination de l'intensité du traitement thermique

L'intensité du traitement thermique à mettre en œuvre est fonction de **l'activité initiale** des micro-organismes ou enzymes, de **l'activité résiduelle acceptable** (ou de l'activité initiale et résiduelle la plus résistante à la chaleur dans le cas, fréquent, de plusieurs activités simultanées). Sachant que chaque « traitement élémentaire », caractérisé par une durée et une température, détruit 90 % de l'activité initiale, on détermine le nombre de « traitements élémentaires » pour ramener l'activité résiduelle à 10 %, 1 %, 0,1 %… de l'activité initiale.

Exemple

Soit un moût contenant 1 000 000 levures/mL. Un traitement de 1,5 s à 60 °C divise la population par 10. Pour ramener la population à 1 000 levures/mL, il faut un traitement de 3 × 1,5 s = 4,5 s (*cf.* figure 7.10).

Connaissant la VDB à chaque température et les temps de séjour du vin à traiter à chacune de ces températures lors du chauffage, éventuellement les temps du séjour à haute température puis du refroidissement, on peut calculer la somme de ces activités de destruction par la chaleur, habituellement exprimée en « **unités de pasteurisation** » (**UP**).

L'« **unité de pasteurisation** » **(UP)** intègre à la fois la durée et la température lors des traitements habituels à température variable. On utilise couramment :

1 UP = effet d'un traitement d'1 min à 60 °C, selon l'usage fréquent en brasserie.

On détermine le nombre d'UP nécessaire, pour un milieu donné (moût, vin), de composition connue (TAV, sucres, SO_2...) ayant une activité enzymatique ou biologique définie, qu'elle soit dosée ou estimée. On adopte des **valeurs pratiques d'UP estimées**, compte tenu de la grande diversité des moûts et vins à traiter (généralement très incomplètement connue).

Pour les vins, il faut appliquer un traitement d'environ **0,5 (vins secs) à 1,5 UP** (vins moelleux, riches en levures). On obtient 0,5 UP par un traitement de 3,5 min à 56 °C, 1 min à 58,5 °C... Le calcul exact demande une bonne connaissance du TRD, de *Z* et surtout du cycle thermique du vin dans l'appareil.

Le traitement par la chaleur détruit aussi les oxydases (laccase et tyrosinase) caractérisées par des TRD et *Z* plus élevés que pour les levures, mais dont il suffit le plus souvent de détruire 80 ou 90 % de l'activité.

Ces traitements très anciens mériteraient d'être employés plus souvent, avec des températures et des temps **optimisés vers un minimum par calcul et/ou essais en laboratoire**. On réunit ici efficacité œnologique et économie énergétique. Leur mise en œuvre demande l'intervention de personnes bien informées des effets directs et indirects de la chaleur selon les vins et les appareils utilisés. Des températures et/ou durées trop élevées augment le coût, les risques de surchauffe sans amélioration des résultats. On trouvera des explications plus détaillées sur les traitements les plus adaptés en annexe 4.

On retient souvent[1] les valeurs opérationnelles de 0,5 à 3-5 UP, plus pour les moûts, les vins moelleux et/ou riches en levures-bactéries-oxydases, moins pour les vins secs, alcoolisés, sulfités, pauvres en germes.

Quelques résultats expérimentaux

En 1974-1977, nous avons pu conduire 7 expérimentations contrôlées « au chai », réunissant 31 conditions différentes à l'aide de 3 appareils commerciaux de traitement par la chaleur à des débits de 10 à 50 hL/h. On peut en indiquer quelques résultats centrés sur le mutage et la conservation des « vins blancs liquoreux » produits dans leur région traditionnelle (Sauternais et environs).

- Destruction des levures (3 essais, 5 conditions)
  - Température maximale : 60 à 85 °C
  - Nombre d'unités de pasteurisation (UP) : 0,8 à 349

1. Chambre d'Agriculture de la Gironde, 1975 ; Devèze, 1977 ; Barillère, 1983 ; Ribéreau-Gayon, 2004.

- ▹ Levures vivantes :

  Avant mutage : 5×10^5 à $4,6 \times 10^6$

  Après traitement : 0 à 1 000

  Pourcentage de destruction : 99,978 à 100

La destruction des levures est pratiquement totale. Ces essais ont montré qu'un chauffage modéré (nombre d'UP faible) était pratiquement suffisant pour ces vins assez riches en alcool (12 à 14 % TAV).

- ▸ Évolution liée à la chaleur des composés combinant le SO_2 (5 essais, 11 conditions)
  - ▹ Nombre d'unités de pasteurisation (UP) : 1,6 à 346
  - ▹ Éthanal : –26 à +1 mg/L (moyenne : –7 mg/L)
  - ▹ Acide pyruvique : –8 à +9 mg/L (moyenne : 0)
  - ▹ Acide oxoglutarique : –14 à +26 mg/L (moyenne : +7 mg/L)

La chaleur n'a pas d'effet direct important de destruction des composés combinant le SO_2. Son action favorable découle seulement de la destruction des levures et donc de la réduction des besoins en SO_2 libre/actif.

- ▸ Traitement par la chaleur et oxydabilité (3 essais, 6 conditions)
  - ▹ Température maximale : 75-85 °C
  - ▹ Laccase : 74 (témoin) ; 0 (chauffé)
  - ▹ Tyrosinase : 10 (témoin) ; 2 (chauffé)
  - ▹ Oxydabilité : 0,20 (témoin) ; 0,05 (chauffé)

On observe ici une bonne destruction des oxydases, et donc une protection contre des oxydations ultérieures.

Un cas particulier : le chauffage en bouteilles

Classiquement utilisée pour beaucoup de bières en bouteilles d'environ 25 cL, la « pasteurisation » des vins en bouteilles est aujourd'hui rarissime, même si des appareils ont été construits à cet effet. L. Baillot d'Estivaux (1958) avait proposé une variante par une « pasteurisation pondérée », parfois appelée « **thermolisation** ». Il s'agit d'une mise à bouteilles du vin chauffé et se refroidissant dans la bouteille. De nombreuses réalisations ont été faites avec un remplissage de la bouteille par le vin chauffé à seulement 40-42 °C, immédiatement avant bouchage et retour spontané à la température ambiante au bout de plusieurs heures. Par ce système, qui fonctionne à l'abri de l'air et sans risque de surchauffe, il y avait stérilisation simultanée du vin et de la bouteille. Le principal inconvénient est la formation d'un « vide de tête » entre le vin et le bouchon, consécutif au refroidissement du vin, d'où des difficultés réglementaires et esthétiques. Ce système semble abandonné même si son principe était intéressant.

Matériels de traitement par la chaleur

Les matériels de traitement des moûts ou vins par la chaleur rassemblent divers composants :

- **sources de chaleur** produisant eau chaude ou vapeur, à partir de gaz ou de fuel ;
- **échangeurs** de température pour chauffer puis refroidir, de type tubulaire ou à plaques ;
- outils de pompage, de régulation, parfois d'enregistrement.

On trouvera des informations complémentaires dans l'annexe « *Détermination des traitements thermiques* » de l'ouvrage *Maîtrise des températures et qualités des vins* (Blouin J. et Maron J.-M., éditions Dunod, 2006) et sur le site *www.matevi-france.com.*

7.3.2 Autres traitements physiques

On a essayé la destruction des levures, bactéries, oxydases par divers procédés physiques.

À ce jour, ces divers procédés restent **expérimentaux, sans autorisation générale**, et leur éventuelle autorisation demande une mise au point plus adaptée aux contraintes œnologiques et aux exigences de respect de l'ensemble des caractères analytiques et organoleptiques. Ils pourraient ainsi constituer d'utiles compléments ou des remplaçants aux techniques actuellement autorisées.

L'ensemble de ces pratiques alternatives et/ou complémentaires permettent de réduire le taux de SO_2 libre et actif nécessaire, et donc de maîtriser les augmentations de SO_2 total.

Aussi paradoxal que cela puisse paraître, **le sulfitage lui-même, bien conduit, réduit les besoins totaux en SO_2 par destruction précoce des levures et bactéries inutiles, des oxydases**. Comme déjà indiqué, un sulfitage initial énergique bien géré détruit rapidement toutes les enzymes, levures et bactéries inutiles en empêchant toutes les proliférations ultérieures observées en cas de sulfitage insuffisant.

Hyperpression (pascalisation)

Une pression de 3 000-3 500 bar appliquée pendant 10 min détruit la totalité des levures d'un vin de Sauternes en fermentation active (Lonvaud-Funel et coll., 1994). Ces très hautes pressions provoquent aussi une forte dissolution d'oxygène et des risques d'oxydation, à maîtriser par sulfitage. Le procédé reste expérimental en œnologie. Il a été récemment réessayé (Vasquez-Caicedo, 2014).

Traitement par rayonnement ultraviolet

Le traitement de vins par rayonnement ultraviolet UVC (longueur d'onde de 254 nm) assure la destruction des levures, sur la base d'un apport énergétique de 1 000 à 3 000 J/L, pour réduire la population initiale de levures à 10 % de la valeur initiale (Davaux et coll., 2011). Il y a également destruction des bactéries. Le traitement se fait à l'intérieur du tube contenant l'émetteur de rayons UV. Il est perturbé en milieu (très) trouble absorbant le rayonnement UV et il y a risque d'oxydation en présence d'oxygène ou de « réduit » (« goût de lumière ») en son absence. Ce procédé, déjà expérimenté sur les vins (Bérard, 1954 ; de Stoutz, 1970) et repris par Keyser (Afrique du Sud, 2008), reste expérimental. Il y a des risques d'oxydation en présence d'oxygène dissous.

Champs électriques pulsés

Suite à des travaux sur jus de fruits (1995), Puig et coll. (2007) ont utilisé les champs électriques pulsés (CEP) pour traiter des moûts. Ils utilisent des fréquences de 50 à 300 Hz pouvant atteindre 2 000 Hz, avec des champs de 3 à 40 kV/cm par impulsions de 1 à 10 µs durant 25 à 1 000 ms. On observe de fortes destructions des levures et bactéries lactiques ou acétiques, cependant moins efficaces que la pasteurisation à 90 °C pendant 1 min. Il n'y a pas d'action sur les oxydases ni d'inconvénients organoleptiques observés. D'autres essais sont en cours, notamment pour maîtriser les levures *Brettanomyces* (IFV-Beaune/MatéVi-France).

Radiations et ionisations

Paunovic, Dupuy, Mouton (1963) étudient, séparément, le traitement aux rayons gamma, à la dose de 1-2 Mrad, avec des destructions partielles des levures et diverses modifications analytiques découlant de la formation de composés réducteurs et oxydants. Cette technique, assez usuelle pour stériliser divers emballages, semences, épices… reste inutilisée en œnologie.

Électrolyse

L'application d'un courant continu de 0,2-0,5 A et 8-28 V pendant 2 à 4 h entraîne une réduction d'activité des levures en fermentation. L'efficacité globale est à préciser (Godet et coll., 1999).

Chauffage par micro-ondes

On chauffe le liquide par micro-ondes dans son contenant non métallique, pour réduire les coûts énergétiques (Bernard, 1983).

7.4 Élimination du SO_2 excédentaire

En cas d'excès de SO_2, on peut envisager d'en réduire le taux selon divers principes :

- **évaporation** du SO_2 libre, spontanée et lente à température ambiante, accélérée par circulation de gaz inerte et/ou élévation de la température. C'est alors le principe des « désulfiteurs » industriels utilisés sur les moûts « mûtés » pour les rendre fermentescibles ;
- **oxydation**, avec transformation des sulfites en sulfates. C'est l'évolution spontanée des vins en conservation en présence d'air, avec diminution du SO_2 libre. Pour en maintenir le niveau aux valeurs utiles, il faut rajouter du SO_2 et il n'y a donc pas de réduction du SO_2 total. Cette oxydation est plus rapide par addition d'oxydants forts (ex. : eau oxygénée) évidemment interdits dans les chais ;
- **élimination du SO_2 combiné** sous forme d'acides sulfoniques. Le SO_2 peut ainsi être fixé sur des résines échangeuses d'anions libérant les ions tartrate, carbonate... dont elles ont été chargées. La chimie connaît un grand nombre de réactifs susceptibles de fixer la fonction carbonyle de façon spécifique. Ils sont usuels en chimie analytique (carbazide, phénylène-diamine, hydroxylamine, hydrazine et leurs dérivés...).

Ces différents principes ont fait l'objet de diverses études. Leurs éventuelles applications pratiques restent encadrées par l'actuelle réglementation générale (règlement UE n° 606/2009) qui limite « **l'élimination de l'anhydride sulfureux par des procédés physiques** » aux moûts frais ou concentrés et au « vin nouveau encore en fermentation ».

7.4.1 Désulfitation par résines échangeuses d'anions

L'élimination *spécifique* du SO_2 combiné permet de réduire le SO_2 total en conservant le taux de SO_2 libre nécessaire. Le SO_2 combiné est essentiellement sous forme d'acides sulfoniques (*cf.* § 3.4), acides forts qu'il est possible de fixer sur résines sous forme anionique (tartrate ou carbonate) (tableau 7.11).

Tableau 7.11 Essai 1 : traitement de 3 jours, en bouteille avec agitations ponctuelles

Source : Blouin et Chambre d'Agriculture de la Gironde, 1969

Résine	Réduction *C-L40* (mg/L)	
	Tartrate	Carbonate
MP 500	60 ; 120	42 ; 55
MP 60	30 ; 76	150 ; 160

On observe par ailleurs de très faibles variations de pH (–0,04 à +0,02) avec les résines sous forme « tartrate », plus fortes et excessives sous forme « carbonate » (+0,12 à + 0,46) (tableau 7.12).

Tableau 7.12 Essai 2 : traitement de 2 000 mL d'un vin sur une colonne de 40 mL de résine sous forme « tartrate » (hauteur : 60 cm)
Source : Blouin et Chambre d'Agriculture de la Gironde, 1969

Vin	Résine	C-L40 (mg/L)		
		Initial	Final	Variation
A	MP 60	230	171	**–59**
B	MP 60	230	178	**–52**
C	SB	284	210	**–74**

Ruiz Hernandez (1964) avait obtenu la désulfitation expérimentale de « mûté » par séjour du moût dans un récipient fermé en présence d'une résine fortement anionique placé dans un récipient extérieur au moût et fixant le SO_2 gazeux se dégageant du moût sulfité.

7.4.2 « Mutage » des vins par résines échangeuses d'ions

En mettant une résine échangeuse d'anions sous forme « sulfite » de type résine-SO_2, on peut fixer les composés carbonylés libres ainsi :

$$\text{Résine-}SO_2 + \text{Carbonyle} \leftrightarrow \text{Résine-}SO_2\text{-carbonyle}$$

On note une économie de SO_2 combiné de 15 à 46 mg/L (tableau 7.13). Selon les vins, le taux d'acide pyruvique est réduit de 2 à 23 mg/L et celui d'acide oxoglutarique de 22 à 68 mg/L.

Tableau 7.13 Essai 3 : traitement de 4 jours d'un vin en bouteille par 10 g/L de résine, avec agitations ponctuelles
Source : Blouin et Chambre d'Agriculture de la Gironde, 1969

	C-L70 (mg/L)
Sulfitage direct	250
Résine MP 500	235
Résine MP 520	213
Résine MP 60	210
Résine MI	204

Par rapport au mutage direct par sulfitage, on observe une variation du SO_2 combiné, allant de +62 à –103 mg/L, avec une moyenne de –42 mg/L et 25 diminutions pour 7 augmentations, dont 4 fois sur 4 pour un seul vin ayant un taux de combinaison faible (*C-L*30 = 137 mg/L). Entre vins, la variation de combinaison par rapport au témoin varie de –71 à +14 mg/L et, entre résines, de –18 à –56 mg/L (tableau 7.14).

Tableau 7.14 Essai 4 : traitement de 2 000 mL de 5 vins sur 9 résines différentes sur une colonne de 40 mL de résine sous forme « tartrate » (hauteur : 60 cm)
Source : Blouin et Chambre d'Agriculture de la Gironde, 1969

Vin	Nombre résines	*C-L* (mg/L)	Valeurs *C-L* (mg/L)				Nombre réductions *C-L*
			Témoin	Traités	Variations	Variation moyenne	
1	9	30	271	180-226	–91 à –45	–71	8
2	4	30	137	142-157	+5 à +20	14	0
3	4	80	195	175-201	–19 à +6	–7	2
4	9	50	250	147-312	–3 à +62	–25	7
5	8	50	291	188-257	–103 à –34	–70	8

Une analyse plus détaillée fait apparaître une fixation notable de l'acide pyruvique (–10 mg/L) et de l'acide oxoglutarique (–30 mg/L), très faible pour l'éthanal.

7.4.3 Élimination spécifique des composés carbonylés

M. Blasi (2005)[1] a étudié divers réactifs de la fonction carbonyle pouvant la capter en milieu liquide puis après fixation, ou « greffage », sur support inerte. On a de bons résultats avec la fonction phénylsulfonylhydrazine greffée sur des polymères de polystyrène réticulé avec du divinylbenzène ou de la silice commerciale, avec fabrication de billes solides d'environ 0,03-0,2 mm. Les tableaux 7.15 et 7.16 résument quelques résultats essentiels observés sur des vins de Sauternes ayant en moyenne 4,7 mmol de SO_2 total (300 mg/L), 5,7 mmol de composés combinant le SO_2, traités et sulfités avec quatre résines différentes à la dose de 6 mmol.

On observe ce qui suit :

- de très fortes **diminutions du SO_2 combiné**, de –142 à –191 mg/L de *C-L*30, selon la résine support utilisée, avec maintien du SO_2 libre souhaité ;
- la fixation est particulièrement forte pour l'acide oxoglutarique, plus réduite pour le SO_2 combiné résiduel fixé par des composés ici non dosés ;

1. Blasi M., *Extraction liquide-solide sélective en milieu hydroalcoolique : Application à la réduction du pouvoir de combinaison des vins blancs liquoreux*, Université Bordeaux I, 14 décembre 2005.

- dans ce cas, l'utilisation de 6 ou 10 mmol de résine ne change pas notablement les résultats ;
- l'équilibre, en petits récipients de 80 mL sous légère agitation, est atteint en 2 à 3 semaines ;
- les premières observations n'ont pas détecté de modifications analytiques (résidus de résines et/ou réactif) ou organoleptiques.

Tableau 7.15 Fixation du SO_2 par résines sulfiniques (mg/L).
Traitement par résine à 6 équivalents par litre
Source : Blasi, 2005

Support	C-L30			SO_2 C expliqué (1)		SO_2 C résiduel (2)	
	Témoin	Traité	Écart	Témoin	Traité	Témoin	Traité
PP22	295	145	**–150**	288	28	85	108
PP23	333	191	**–142**	288	164	85	24
PP24	323	132	**–191**	288	36	85	26
SI	314	131	**–183**	220	75	82	41

(1) SO_2 combiné à éthanal, acide pyruvique, acide oxoglutarique et oxofructose.
(2) SO_2 combiné à d'autres composants.

Tableau 7.16 Fixation de composés combinant le SO_2 par résines sulfiniques (mg/L).
Écarts en % du témoin

Support	Éthanal			Ac. pyruvique			Ac. oxoglutarique			Oxofructose		
	Témoin	Traité	Écart (%)	Témoin	Traité	Écart (%)	Témoin	Traité	Écart (%)	Témoin	Traité	Écart (%)
PP22	141	14	**–90**	104	9	**–91**	90	0	**–100**	133	24	**–82**
PP23	146	97	**–34**	124	44	**–65**	102	0	**–100**	106	30	**–72**
PP24	153	14	**–91**	105	13	**–88**	95	0	**–100**	135	38	**–72**
SI	112	46	**–59**	91	15	**–84**	36	0	**–100**	113	16	**–86**
Moyenne	**138**	**43**	**–68**	**106**	**20**	**–82**	**81**	**0**	**–100**	**122**	**27**	**–78**

D. Saidane[1] (2011) a poursuivi cette étude en fixant la sulfonylhydrazine sur de la lignine modifiée extraite du bois de chêne en comparaison avec des « billes » de polystyrène. Lors de traitements de vin, on obtient des résultats comparables pour les deux supports, avec fixation d'éthanal, d'acide pyruvique et d'acide oxoglutarique,

1. Saidane D., *Mise au point d'un procédé de réduction du pouvoir de combinaison des vins à base de biopolymères issus de la biomasse*, Université Bordeaux I, 12 décembre 2011.

et **diminution du taux de SO_2 combiné** à teneur en SO_2 libre stable (10-15 mg/L) (tableau 7.17). L'équilibre de la réaction est atteint au bout de 1 à 2 semaines sans agitation, avec des fixations croissantes avec la quantité de réactifs utilisée allant de 1 à 3 fois la teneur en SO_2 combiné. Il n'a pas été observé de présence de résidus, le respect des qualités organoleptiques est à vérifier.

Tableau 7.17 Résultats de réduction de la combinaison du SO_2 par polymères
Source : Saidane, 2011

	Éthanal (mmol/L)	Ac. pyruvique (mmol/L)	Ac. oxoglutarique (mmol/L)	SO_2 combiné (mg/L)
Témoin	1,36	0,63	0,30	150
Traité	0,84	0,22	0	75
% réduction	**38**	**65**	**100**	**50**

En conclusions pratiques

- Les résines échangeuses d'anions sous forme tartrate ou carbonate **peuvent fixer le SO_2 combiné**. Sous forme « carbonate », on observe des augmentations de pH excessives ; il semble préférable de s'orienter vers la forme « tartrate », composant naturel des vins.
- Sous forme « sulfites », les résines peuvent « muter » les vins en fixant les composés carbonylés, surtout l'acide pyruvique et l'acide oxoglutarique.
- Les résultats sont globalement convergents mais avec des écarts entre résines et entre vins. Une optimisation des couples vin-résine est à faire.
- L'utilisation de résines spécifiques greffées de réactifs des carbonyles semble une voie à approfondir.
- L'ensemble de ces essais anciens et récents mériterait d'être poursuivi. La compatibilité alimentaire des résines est largement confirmée pour le traitement des eaux de consommation, l'élaboration des moûts concentrés rectifiés (MCR) ou, de façon proche, dans les techniques d'électrodialyse.
- L'autorisation serait alors envisageable, par exemple sous la responsabilité directe d'un technicien agréé assurant le respect du seul objectif de réduction du SO_2 combiné excédentaire.

7.5 Les vins « sans SO_2 »

De façon récurrente, on propose d'élaborer des vins « sans SO_2 ». Cette option compte plusieurs motivations, parfois mélangées :

- pour des raisons métaphysiques (du grec « *meta ta phusika* » : « après les choses de la nature »), on s'interdit tout additif, ici le SO_2. Cette motivation est parfaitement respectable mais elle sort de notre propos ;
- souci sanitaire de supprimer l'apport de produit « toxique ». Tout en rappelant que la toxicité d'un produit est uniquement un **problème de dose** (et de sensibilité du milieu, du consommateur), on se doit de progresser sans cesse dans cette direction, de la plantation du vignoble à la consommation ;
- souci d'être « naturel ». On assimile ici naturel et « bon » ; c'est en contradiction avec les faits. Comme l'a dit depuis longtemps Jean Ribéreau-Gayon, « (...) *le vin ne peut être entièrement naturel... la nature à elle seule en ferait du vinaigre, et encore du mauvais vinaigre* » (*Analyse et Contrôle des vins*, 1947 ; *Traité d'œnologie*, 1961) ;
- être « à la mode »[1] : la préoccupation est alors uniquement mercantile, sans réel souci du vin et du plaisir des consommateurs raisonnables de vin.

À titre d'exemple à ***ne pas suivre***, on peut citer cette procédure récente (2011) de « vins blancs faibles en SO_2 ». Elle préconise, sur les seuls moûts avant fermentation, l'addition de 9 produits œnologiques différents apportant **14 matières actives pour un total de 499 g/hL**, dont **11 g/hL de SO_2, soit environ le double d'un sulfitage normal** ! On est très au-dessus de toutes les pratiques d'une vinification maîtrisée et donc « pauvre en SO_2 » mais correctement guidée vers la qualité maximale.

Une autre méthode préconise « seulement » **6 produits différents** pour un total de 110 g/hL avant fermentation, sans apport de SO_2, ni garantie des résultats.

Dans un autre exemple, on remplace le simple SO_2 par **l'emploi cumulé** de 11 techniques ou produits réunissant chauffage, addition de tanins, d'acide ascorbique, de lysozyme, de complexes mannoprotéines-glutathion, de DMDC plus caséine, bentonite, albumine, hyper-oxygénation... ou, pour un autre, « seulement » lysozyme, tanin, copeaux, acide ascorbique, chitosane.

1. À titre d'anecdote, la consultation d'un célèbre moteur de recherches, le 30 août 2012, proposait 48 200 réponses à « vin sans SO_2 », 1 900 000 à « vin sans soufre », 1 410 000 à « vin sans souffre » [*sic*] et, seulement, 30 200 réponses à « vins sans sulfites ajoutés », pourtant plus réalistes car parfois réalisables.

Dans tous ces cas ou similaires, on est loin des vins « sans intrants ». Ces pratiques de certains propagandistes du « sans SO_2 » portent grand tort à la cause qu'ils annoncent vouloir défendre. La diffusion de propos inexacts et inaccessibles, « sans SO_2 », décribilise aussi gravement l'action des nombreux vinificateurs attentifs **travaillant effectivement à réduire sans cesse tous les excès d'emplois inévitables du SO_2.**

Vin biologique et SO_2

Le « vin biologique » est aujourd'hui encadré par une réglementation (règlement UE n° 203/2012) définissant ses spécificités, dont les taux maximums de SO_2 total, limités à 100 mg/L pour les vins rouges et 150 mg/L pour les vins blancs ayant moins de 2 g/L de sucre résiduel, et une réduction de 30 à 85 mg/L sur le taux normal pour les autres vins. Certaines conventions particulières volontaires peuvent demander des valeurs inférieures à ces normes. Ce règlement définit par ailleurs l'ensemble des pratiques œnologiques autorisées, en prolongement des pratiques viticoles de l'« agriculture biologique » adaptée au vignoble.

L'objectif raisonnable, accessible à tous les praticiens attentifs, est d'élaborer des vins à **taux minimal de SO_2, très inférieur aux limites légales**, contractuelles ou commerciales pour la quasi-totalité des lots, et respectant les potentialités de chaque lot de raisins pour procurer le maximum de plaisir à tous les consommateurs. Quelques expérimentations concrètes allant dans cette direction peuvent être citées.

7.5.1 Essai de vinification en blanc sec sans addition de SO_2

Cette technique (figure 7.14), plus ou moins reprise à diverses époques (Guillot de Suduiraut, Sapis...), est assez lourde à mettre en œuvre et n'assure aucune protection définitive contre les inévitables oxydations des composés phénoliques instables omniprésents dans tous les raisins sains (*cf.* § 4.3). La situation devient sérieuse en cas d'attaques de pourriture. Les manipulations des raisins à l'abri des aérations excessives par large usage du CO_2, de la cueillette à la mise en fermentation, restent intéressantes, recommandables. Elle est proposée par divers pressoirs récents. Dans tous les cas, il y a une certaine dose de SO_2 total, formé par les levures (*cf.* chapitre 4), mais pouvant être sans SO_2 libre-actif. Le vin se retrouve sans protection contre l'oxygène et les contaminations accidentelles.

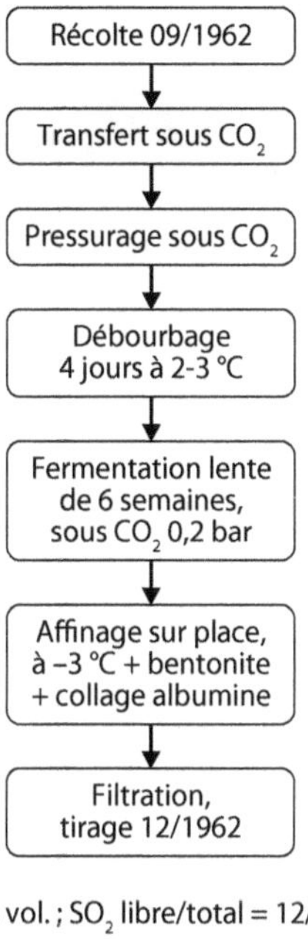

Figure 7.14 Exemple de vinification de vin blanc sec sans sulfitage
Source : Brisson-Meyton, 1963

7.5.2 Essai de vinification en blanc moelleux sans addition de SO_2

Nous avions conduit l'essai dont les résultats sont présentés dans le tableau 7.18 sur des raisins destinés à l'élaboration de « Premières Côtes de Bordeaux » blanc 1970 et fortement attaqués par la pourriture noble et vulgaire. Les activités antioxydasique et antimicrobienne du SO_2 sont ici remplacées par le chauffage. On utilise l'« actinisation » avec un appareil Actini-France proposé par M. de Stoutz : le chauffage est assuré par circulation du moût ou vin dans un tube de quartz chauffé grâce au rayonnement infrarouge produit par une résistance électrique l'entourant. On traite ici le moût ou vin à environ 90-92 °C, avec refroidissement à 22-25 °C par contre-circulation d'eau froide, à un débit de 8-10 hL/h. Les vins obtenus sont mis en bouteilles après actinisation ou filtration « pauvre en germes » sur filtre-membrane Millipore. Tous les vins se sont conservés sans altération microbienne ni oxydation parasite.

Tableau 7.18 Exemple de vinification de vin blanc doux sans sulfitage

N° lot →	1	2	3	4
Traitement				
Débourbage par centrifugation	+	+	+	+
Actinisation moût, 90 °C			+	+
Levurage, fermentation	+	+	+	+
Mutage par 250 mg/L SO_2	+			+
Mutage par actinisation, 90-92 °C		+	+	
Conservation aseptique		+	+	
Conservation avec 60 mg/L SO_2 libre	+			+
Analyses				
TAV (% vol.)	12,6	11,7	12,5	12,5
Sucres (g/L)	51	66	50	53
SO_2 libre (mg/L)	72	0	0	70
SO_2 total (mg/L)	240	20	20	244
pH	3,2	3,15	3,2	3,15
Dégustation	Franc, classique	« Goût de pomme »	« Goût de pomme »	Franc, classique

On a obtenu par les seuls chauffages du moût puis du vin, sans addition de SO_2, des vins stables, analytiquement corrects. Lors de trois dégustations successives, les vins sulfités ont été jugés « francs, classiques » alors que **les vins « sans SO_2 » ajouté ont été rejetés** à cause de leur caractère olfactif « étranger, goût de pomme ou de cidre » découlant de l'inévitable présence d'éthanal libre à dose très perceptible.

Remarque : Quelques vinificateurs très avertis produisent régulièrement des vins « (très) pauvres en SO_2 », avec des teneurs finales (très) inférieures aux maximums de la réglementation générale ou spécifique des « vins bio ». Ils maîtrisent complètement à la fois l'état de leurs vignobles et les effets classiques du SO_2 (antiseptique, antioxydant, antioxydasique…), plus la production d'éthanal et la bonne évolution organoleptique des vins, moyennant une très grande compétence technique, sans faille, actuellement limitée à une infime minorité de « bons vinificateurs ». Les résultats ponctuels parfois (auto-)proclamés, avec ou sans données quantitatives, ne peuvent être développés que dans le cadre de procédures rigoureuses gérant l'ensemble des cas concrets, sauf risque d'incidents graves, irréversibles.

Pratiquement :

- L'obtention de vins « **sans** SO_2 » est actuellement **irréalisée.** Elle apparaît même clairement comme **irréalisable** (Vinsonneau, 2014) à cause des très nombreux et indispensables effets positifs du SO_2 (*cf.* § 4.4) actuellement irremplaçables dans leur totalité, et, inévitablement, il y a production de SO_2 « naturel » par les levures.
- L'objectif plus modeste mais **raisonnable** et accessible, à rechercher par tous, est de produire tous les vins **avec le minimum de SO_2 ajouté**, et donc de SO_2 à la consommation.
- Tel peut et doit être l'objectif de tout vinificateur soucieux de respecter à la fois les contraintes de la nature et le plaisir maximal du consommateur.
- Il n'existe pas une solution mais seulement un **vaste ensemble de « bonnes pratiques »**.

La connaissance et la mise en œuvre réfléchie de l'ensemble des informations rassemblées dans cet ouvrage, complétées par l'irremplaçable expérience spécifique à chaque situation, aboutissent régulièrement à cet objectif : **produire les vins avec le minimum de SO_2 total possible**. Les réductions constantes des teneurs en SO_2 total observées depuis des décennies montrent que cela est possible.

Remarque : Des règles très générales s'appliquent à tous les vins, avec des spécificités pour les vins blancs ou rouges, élevés en cuves ou barriques… découlant des connaissances générales. Le cas des vins issus de raisins atteints par la « pourriture noble », et surtout ses éventuelles dérives, est de mise en œuvre plus difficile mais suit la même organisation.

En résumé

– Des **raisins sains**, correctement protégés des maladies cryptogamiques et particulièrement de la pourriture.

– Dans tous les cas incertains, pratiquer un **tri rigoureux de la vendange** avant égouttage-pressurage ou encuvage.

– Assurer une **stricte hygiène générale** de tout le matériel, de la récolte au conditionnement, avec contrôles efficaces réguliers.

– Proscrire les manipulations de vendange avec triturations, oxydations… excessives.

– Sauf exception, pratiquer un **sulfitage raisonné avant fermentation alcoolique**.

– Assurer des fermentations alcooliques franches par une maîtrise de la nutrition et des souches de levures.

– Après fermentations alcoolique, et malolactique s'il y a lieu, éliminer les levures et bactéries devenues inutiles et/ou non contrôlées.

– Élever le vin avec une **maîtrise sans failles des risques de contaminations microbiennes, du niveau d'oxygène et du taux de SO_2 libre/actif** adapté à chaque vin, aux conditions de travail…

– Assurer un **conditionnement rigoureusement contrôlé** en matière de germes résiduels et de niveau d'oxygène.

– Dans tous les cas, **connaître en permanence le niveau de risques** (levures, bactéries, oxydations…) par observation, analyses de contrôle et **dégustations répétées**.

Conclusion

Le tour d'horizon des propriétés et usages œnologiques du SO_2 nous amène à quelques conclusions.

La présence et l'usage universel du SO_2 dans les moûts et vins mettent en jeu l'ensemble de ses propriétés physico-chimiques. Il est essentiel d'en connaître les mécanismes, parfois complexes, même si la théorie est un peu oubliée lors des pratiques quotidiennes. Grâce au progrès continu des connaissances, on connaît aujourd'hui l'ensemble des formes du SO_2 dans les vins et les façons correctes de les calculer. Le bilan des combinaisons chimiques qui l'inactivent est pratiquement complet pour la quasi-totalité des vins, d'où de larges possibilités de maîtriser les taux de SO_2 total, et donc la réduction du SO_2 total dans les vins consommés.

Les différents effets du SO_2 peuvent être expliqués et quantifiés. Il est alors possible d'en définir au plus près les besoins exacts, aux bons moments, dans leurs contextes d'utilisation. Cette démarche est facilitée et sécurisée par OPTI-SO2, qui calcule dans chaque cas les quantités de SO_2 à ajouter, ou non, avec trace des opérations. Elle permet d'évaluer les modifications voulues ou accidentelles des pratiques de chai souvent multiséculaires.

Le renforcement des effets du SO_2 par les « techniques de remplacement » est à examiner selon les mêmes principes, en précisant et quantifiant à la fois l'effet (ou les effets) possible(s) et les effets non remplacés. Malgré la diversité des solutions expérimentées, aucun produit ou technique ne peut remplacer l'ensemble des activités du SO_2. Il est donc nécessaire d'optimiser les effets positifs des pratiques mises en œuvre, puis de pallier leurs limites par d'autres procédés.

Après sulfitage ou non-sulfitage, il est essentiel d'en contrôler à la fois les **résultats analytiques** (évolution des teneurs en SO_2 libre, actif et total), les **résultats œnologiques** vis-à-vis des oxydations, des levures et/ou des bactéries et, bien sûr, les **résultats qualitatifs globaux**. Le SO_2, comme toute autre pratique œnologique, n'est pas utilisé en premier lieu pour éviter les accidents mais pour contribuer à **l'obtention d'une qualité finale maximale**.

Pratiquement, **l'emploi réfléchi et calculé**, à chaque stade d'évolution de la vendange, du moût, des fermentations, de l'élevage ou du conditionnement, permet d'aboutir systématiquement à la fois à une **dose minimale de SO_2 total** dans le vin à la consommation et à une **qualité maximale**. Par ailleurs, l'observation systématique des résultats obtenus après chaque opération fournit une « banque de données » optimisée pour les conditions et objectifs de chacun.

Pratiqué depuis plusieurs décennies, l'ensemble de ces comportements explique la baisse continue du taux de SO_2 dans les vins de France. Cette évolution n'est jamais terminée mais elle a des limites pratiques. Les nombreuses solutions de remplacement, ou plus exactement de renforcement, du SO_2 participent à cette amélioration, cependant le remplaçant idéal et universel reste à imaginer, à trouver et à mettre en œuvre. Le souci de protection et d'amélioration de la qualité globale des vins n'est pas conciliable avec des procédés incomplets ignorant l'ensemble des effets à maîtriser. On ne peut et on ne doit pas non plus utiliser des procédés qui remplacent des doses faibles de SO_2, peu coûteux, par d'énormes quantités d'additifs et/ou des techniques plus ou moins risqués et coûteux.

Le vin n'est certainement pas un produit « naturel » au sens de produit spontané, car c'est un **produit élaboré** qui mérite d'être élevé dans les meilleures conditions, notamment l'emploi raisonné du SO_2. Il ne convient pas de parler **du** vin en général mais **des** vins, tous différents, qui demandent par conséquent des soins spécifiques, à partir d'observations précises, pour des d'objectifs clairement définis.

Bibliographie

ANDERSEN K.K., *Comprehensive organic chemistry. The synthesis and reactions of organic compounds. Volume 3: sulphur, selenium, silicon, boron, organometallic compounds*, Pergamon Press, UK, 1979.

BARAUD J., *Étude des dérivés naturels de l'acide tartrique*, doctorat, Université de Bordeaux, 1954.

BARBE J.-C., *La combinaison du dioxyde de soufre dans les moûts et vins issus de raisins botrytisés : Rôle des bactéries acétiques*, thèse de doctorat, Université Bordeaux II, 2000.

BARRÈRE C., DUCASSE M., INQUIMBERT M.H., « Technique nouvelle de dosage », *Vignes et vins*, 295, 1980.

BERKE B., CHEZE C., VERCAUTEREN J., *La RMN au service de la détection des produits de combinaison du SO_2 dans les vins liquoreux*, 1996.

BIDAN P., COLLON Y., « Métabolisme du soufre chez la levure », *Bulletin de l'OIV*, 58, 652-9, 1985.

BLACKWOOD A.C., « Étude des bactéries acétiques isolées des raisins et de vins », *Conn. Vigne Vin*, 3, 227-241, 1969.

BLOUIN J., « Les combinaisons de l'anhydride sulfureux dans les moûts et les vins. Leur mécanismes, leurs causes, leurs remèdes », *Progrès agricole et viticole*, 81e année, tome CLXII, n° 14, 1964.

BLOUIN J., *Contribution à l'étude des combinaisons de l'anhydride sulfureux dans les moûts et les vins*, thèse de doctorat, Université de Bordeaux I, 1966.

BLOUIN J., *Techniques d'analyse des moûts et des vins*, Dujardin-Salleron, Paris, 1992.

BLOUIN J., STONESTREET E., KRIVSKY A., « Nouvelles connaissances sur les combinaisons carbonylées du SO_2 dans les vins », *C.R. Journées Technique CIVB*, 100-110, 1995.

BLOUIN J., CRUÈGE J., *Analyse et composition des vins – Comprendre le vin*, éditions Dunod, 2003.

BOULTON R.B., SINGLETON V.L., BISSON L.F., KUNKEE R.E., *Teoria y practica de la elaboracion del vino*, Editorial Acribia, Espagne, 2002.

BRAVERMAN J.B.S., « The mechanism of the interaction of sulphur dioxide with certain sugars », *J. Sci. Food Agric.*, 4, 540-547, 1953.

BURROUGHS L.F, *Quantitative aspects of free and bound sulfur dioxide in cider*, 4th Symposium on Food Microbiology, Göteborg (Suède), 1964.

BURROUGHS L.F., SPARKS A.H., « Sulphite-binding Power of Wines and Ciders », *J. Sc. Fd. Agric.*, 24, 207-217, 1973.

BURROUGHS L.F., SPARKS A.H., « The determination of the free SO_2 content of ciders », *Analyst*, 89, 55, 1964.

CARR J.G, COGGINS R.A, WHITING G.C, « Metabolism of Fructose and Glucose by Acetic Acid Bacteria », *Chem. Industry*, 3, 1379, 1963.

CAUGHLAN C.N., TARTAR H.V., « Raman spectra of aldehyde and ketone bisulfites », *J. Am. Chem. Soc.*, 63, 1265, 1941.

CIFUENTES P., *Le dosage de l'anhydride sulfureux dans les vins rouges. Influence des composés phénoliques*, mémoire pour l'obtention du diplôme d'études approfondies, mention œnologie, Université de Bordeaux II, 1996.

DEIBNER L., BÉNARD P., « Note de laboratoire sur l'inefficacité des procédés existants de séparation de l'anhydride sulfureux libre et combiné dans les vins et de l'anhydride sulfureux total dans certains jus de raisin », *Chimie analytique*, 52, 4, 1970.

DEVÈZE M., Les *problèmes microbiologiques de la conservation des vins blancs doux – Théorie et pratique de l'utilisation des traitements thermiques*, thèse Docteur-Ingénieur, Bordeaux II, 1977.

DIVOL B., *La microbiologie des vins issus de raisins botrytisés au cours de l'élevage. Caractérisation des souches de Saccharomyces cerevisiae responsables de refermentations*, thèse de doctorat, Institut National Polytechnique de Toulouse, 2004.

DUBERNET M., *Recherches sur la tyrosinase de Vitis vinifera et la laccase de Botrytis cinerea*, thèse de 3e cycle, Université de Bordeaux II, 1974.

DUHAIL C, *La pourriture du raisin – Facteurs de sélection des micro-organismes dominants et incidences œnologiques*, thèse de doctorat, Université de Bordeaux II, 1999.

EVERETT E. GILBERT, *Sulfonation and related reactions*, Intersciences publishers, New York, 1965.

FLANZY C. et coll., *Œnologie*, Tec & Doc-Lavoisier, 1998.

GEHMAN H., OSMAN E.M., « The chemistry of the sugar-sulfite reaction and its relationship to food problems », *Advanced in food research*, 5, 53, 1954.

GERBAUD V., *Effet des polysaccharides sur la cristallisation du bitartrate de potassium en solutions hydroalcooliques et dans les vins*, thèse de doctorat, Institut National Polytechnique de Toulouse, 1996.

GREEN L.R., HINE J., « The pH independent equilibrium constants and rate constants for formation of the bisulfite addition compound of isobutyraldehyde in water », *Journal of organic chemistry*, 39, 26, 1974.

GUARDIOLA J., « Determinacion semicuantitativa de sulfato en vinos », *Sevi*, 2.644, 1997.

GUILLOU I., *Étude de substances de faible poids moléculaire combinant le dioxyde de soufre dans les vins blancs issus de vendange botrytisée. Mise en évidence et importance du rôle de l'hydroxypropanedial*, thèse de doctorat, Université de Bordeaux II, 1996.

INGRAM M., VAS K., « Combination of sulfur dioxyde with concentrated orange juice. Equilibrium states », *J. Sci. Food agr.*, 1, 21-27, 1950.

JARVIS B., LEA A.G.H, « Sulphite binding in ciders », *Intern. J. Food Science and Technology*, 35, 113-127, 2000.

JAULMES P., *Précis de chimie analytique. Tome 1*, éditions Masson, 1965.

JOSLYN M.A., BRAVERMAN J.B.S., « The chemistry and technology of the preteatment and preservation of fruit and vegetables products with sulfur dioxyde and sulfite », *Advanced in food research*, 5, 97, 1954.

Kielhöfer E., Würdig G., « Die an unbekannte Wein bestandteile gebundene schwfilge Saüre ($Rest-SO_2$) und ihre Bedeutung für den Wein », *Weinberg und Keller*, 7, 313, 1960.

Kielhöfer E., « Die Bindung de schwefligen Saüre an Weinbestandteile », *Weinbetg und Keller*, 5, 461-475, 1958.

Kielhöfer E., *État et action de l'acide sulfureux dans les vins, règles de son emploi*, Symposium international d'œnologie, Annales de technologie agricole, INRA, Talence, 1963.

Kokesh F.C., Hall R.E., « A reexamination of the equilibrium addition of bisulfite and sulfite ions to benzaldéhyde », *Journal of organic chemistry*, 40, 11, 1974.

Krivsky A., *Étude des combinaisons carbonylées du dioxyde de soufre*, mémoire pour l'obtention du diplôme d'ingénieur de l'Institut des Sciences et Techniques des Aliments de Bordeaux, 1993.

Laborde J.L., *Contribution à l'étude des phénomènes d'oxydation dans les vins rouges, rôle joué par l'anhydride sulfureux*, thèse de 3e cycle, Université de Bordeaux II, 1987.

Larue F., Park M.-K., Caruana C., « Quelques observations sur les conditions de la formation d'anhydride sulfureux en vinification », *Conn. Vigne Vin*, 19, 241-248, 1985.

Lauer W.M., Langkammerer C.M., « The constitution of the bisulfite addition compounds of aldehydes and ketones », *J. Am. Chem. Soc.*, 57, 2360, 1935.

Lea A.G.H, Ford G.D, Fowler S., « Analytical techniques for the estimation ol sulphite binding components in ciders and wines », *Intern. J. Food Science and Technology*, 35, 105-112, 2000.

Lonvaud A., Renouf V., Strehaiano P., *Microbiologie du vin*, Lavoisier, 2010.

Nestor D., *Contribution à l'étude du mécanisme de l'oxydation de l'anhydride sulfureux en milieu complexe*, thèse de doctorat, Université de Nancy I, 1982.

Nivelle F., *Contribution à l'étude dynamique des combinaisons carbonylées du dioxyde de soufre dans les vins*, mémoire d'ingénieur de l'École Nationale des Travaux Agricoles de Bordeaux, 1995.

O'Neil A., *Production of SO_2 and SO_2 binding compounds by Saccharomyces cerevisiae during the alcoolic fermentation and the impact on wine of lactic acid bacteria*, these, University of Oregon (États-Unis), 2009.

Organisation International de la Vigne et du Vin, *Recueil des méthodes internationales d'analyse des vins et des moûts*, édition officielle, Paris, 2014.

Paul Th., *Nahrungsmittelchemie mit besonderer Berücksichtigung der modernen physikalischenchemischen Lehren*, Akademish Verlag, p. 48-109, 1914.

Paul F., « Évolution de l'anhydride sulfureux au cours de la fermentation alcoolique et possibilités techniques de diminution du vin en SO_2 », *Journal de France des appellations d'origine*, 1977.

Pontalier P., *Recherches sur les conditions d'élevage des vins rouges – Rôle des phénomènes oxydatifs*, thèse de Docteur-Ingénieur, Université de Bordeaux II, 1981.

Revel (de) G., Bertrand A., « A method for the determination of carbonyl compounds in wine : glyoxal, methylglyoxal », *J. Sci. Food Agric.*, 61, 267-272, 1993.

Ribéreau-Gayon J., *Traité d'œnologie*, Librairie polytechnique Ch. Béranger, 1947.

Ribéreau-Gayon J., Peynaud É., *Analyse et contrôle des vins*, 2e édition, Librairie polytechnique Ch. Béranger, 1958.

RIBÉREAU-GAYON J., PEYNAUD É., *Traité d'œnologie. Sciences et techniques du vin*, éditions Dunod, 1966.

RIBÉREAU-GAYON P., DUBOURDIEU D., DONÈCHE B., LONVAUD A., *Traité d'œnologie. Tome 1*, 6e édition, éditions Dunod, 2012.

RIBÉREAU-GAYON P., GLORIES Y., MAUJEAN A., DUBOURDIEU D., *Traité d'œnologie. Tome 2*, 6e édition, éditions Dunod, 2012.

ROSET M., CABANIS J.C., « Comparaison de méthodes de dosage du dioxyde de soufre dans les jus de raisin », *Fals. Exp. Chim.*, 88, 930, 1995.

ROURE E., FOMBON J.J., DESMARIS C., « Une nouvelle méthode de dosage des sulfites dans l'industrie de la boisson », *Bios*, 20, 8/9, 1989.

SAPIS J.-C., *Chimie des combinaisons de l'anhydride sulfureux dans les moûts et les vins*, rapport d'activités de recherches, Institut d'œnologie de Bordeaux, Université de Bordeaux II, 1976.

SCHOPFER J.-F., AERNY J., « Le rôle de l'anhydride sulfureux en vinification », *Bulletin de l'OIV*, 58, 652-3, 1985.

STEWART T.D., DONNALY L.H., « The aldehyde bisulfite compounds. The rate of dissociation of benzaldehyde sodium bisulfite as measured by its first order reaction with iodine », *J. Am. Chem. Soc.*, 54, 2333, 1932.

SUDRAUD P., CHAUVET S., « Activité antilevurienne de l'anhydride sulfureux moléculaire », *Conn. Vigne Vin*, 19, 1, 1985.

SUTER C.M., *The organic chemistry of sulfur. Tetra covalent sulfur compounds*, John Wiley Sons, New York, 1944.

USSEGLIO-TOMASSET L., *Chimie œnologique*, Lavoisier, 1989.

WURDIG G., « Levures produisant du SO_2 », *Bulletin de l'OIV*, 58, 652-3, 1985.

ANNEXES

A1 Mécanismes des combinaisons du SO_2

A1.1 Bref historique de la réaction carbonyle-SO_2

La réaction entre le groupe carbonyle d'un aldéhyde ou d'une cétone et le SO_2 a été observée depuis le XIXe siècle par Bertagnini (1853), décrivant la structure cristalline du composé d'addition du bisulfite et de l'heptanal. Rocques (1898) a été le premier à envisager l'existence d'un composé bisulfitique du glucose. Deux hypothèses de structure ont alors été formulées :

- ester sulfureux de l'hydrate d'aldéhyde (A) :

$$\begin{matrix} R \\ H \end{matrix}\Big\rangle C \Big\langle \begin{matrix} OH \\ OSO_2H \end{matrix}$$

- acide α-hydroxysulfonique (B) :

$$\begin{matrix} R \\ H \end{matrix}\Big\rangle C \Big\langle \begin{matrix} OH \\ SO_3H \end{matrix}$$

D'après Muller (1873), le fait que l'on puisse aisément séparer l'aldéhyde du sulfite est en contradiction avec la structure de l'ester (A). En 1928, Schroeter et Sulzbacher proposent d'écrire le composé obtenu sous la forme d'une molécule en trois parties avec comme formule $(R_2C{=}O)(SO_2)(HOH)$.

Stelling (1928) trouve une bande d'absorption dans les composés d'addition d'aldéhydes et de cétones à 4 992 Å, similaire à celle déterminée pour les acides sulfoniques. En 1932, Stewart et Donally proposent l'équation suivante entre pH 3 et pH 7 :

$$HSO_3^- + C_6H_5CHO \leftrightarrow C_6H_5CH(OH)SO_3^-$$

Backer et Mudler (1934) préconisent aussi l'hypothèse de l'acide a-hydroxysulfonique. Lauer et Langkammerer (1935) préparent le composé potassique d'addition du formaldéhyde et du bisulfite :

$$\begin{matrix} R \\ H \end{matrix}\Big\rangle C \Big\langle \begin{matrix} OCOCH_3 \\ SO_3K \end{matrix}$$

Caughlan et Tartar (1941) concluent que la structure est de type acide hydroxysulfonique, à partir de la mise en évidence par spectre Raman d'une liaison C-S. Suter (1944), Alexander (1959) adoptent une réaction sulfite SO_3^{2-}-carbonyle. Cordier (1950) opte pour une réaction bisulfite HSO_3^- - composé carbonylé, comme Braverman et Joslyn (1954), Andersen (1979).

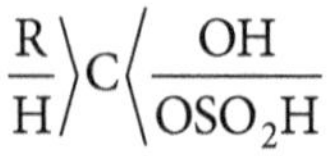

Ces travaux concluent à un composé carbonylé avec le dioxyde de soufre sous forme d'hydroxysulfonate.

A1.2 Étude des mécanismes de la combinaison carbonyle-SO_2

Afin de mieux cerner ces questions des formes de SO_2 s'inactivant par combinaison chimique, nous avons examiné diverses hypothèses. On peut aborder cette question par prise en compte de l'existence des trois formes du SO_2 en solution aqueuse dans les vins (H_2SO_3, HSO_3^-, SO_3^{2-}) pour les calculs de la valeur de la constante de dissociation K_d en fonction du pH, de la concentration en composé carbonylé, de la fraction libre, de la fraction combinée du SO_2, sous forme de différentes constantes K_{d1}, K_{d2}, K_{d3}.

A1.2.1 Première hypothèse : réaction carbonyle-H_2SO_3

On a les équations générales de dissociation des différentes molécules pouvant intervenir à partir du SO_2 sous la forme H_2SO_3 :

- H_2SO_3 :

$$K_1 = \frac{[HSO_3^-] \times [H^+]}{[H_2SO_3]}$$

- SO_2 combiné :

$$K_{d1} = \frac{[H_2SO_3] \times [\rangle C{=}O]}{[\rangle COH\text{-}HSO_3]}$$

- Acide hydroxysulfonique :

$$K_s = \frac{[H] \times [\rangle C{=}OH\text{-}SO_3^-]}{[\rangle COH\text{-}HSO_3^-]}$$

Ces formules peuvent être exprimées à partir des dosages habituels de SO_2 libre (L), SO_2 total (T), SO_2 combiné (C) et composé carbonylé (A). On a :

$$A = \text{carbonyle total} = \text{>C=O} + \text{>COH-HSO}_3 + \text{>COH-SO}_3^-$$

$$C = \text{carbonyle combiné} = SO_2 \text{ combiné} = \text{>COH-HSO}_3 + \text{>COH-SO}_3^-$$

$$L = SO_2 \text{ libre} = H_2SO_3 + HSO_3^- \quad T = SO_2 \text{ total} = C + L$$

La résolution de ces équations aboutit aux formules suivantes :

$$K_{d1} = \frac{([A]-[C]) \times [L]}{[C]} \times \frac{[H^+]+K_s}{[H^+]+K_1} = \frac{([A]-[C]) \times [L]}{[C]} \times C_{f1}$$

Avec :

$$C_{f1} = \frac{[H^+]+K_s}{[H^+]+K_1}$$

Par ailleurs, si le composé carbonylé contient une fonction acide (ex. : acide pyruvique), l'équilibre acido-basique de cette espèce intervient et ajoute une équation au système. On a alors :

$$K_{d1} = \frac{([A]-[C]) \times [L]}{[C]} \times \frac{[H^+]+K_s}{[H^+]+K_1} \times \frac{[H^+]}{K_a+[H^+]} = \frac{([A]-[C]) \times [L]}{[C]} \times C'_{f1}$$

Avec :

$$C'_{f1} = \frac{[H^+]+K_s}{[H^+]+K_1} \times \frac{[H^+]}{K_a+[H^+]}$$

avec K_a constante acido-basique du composé carbonylé acide.

A1.2.2 Deuxième hypothèse : réaction carbonyle-HSO_3^-

Si le SO_2 se combine sous la forme ionisée HSO_3^- (hydrogénosulfite, aussi appelé bisulfite), on a alors les équations de dissociation suivantes :

- H_2SO_3 :

$$K_1 = \frac{[HSO_3^-] \times [H^+]}{[H_2SO_3]}$$

- SO_2 combiné :

$$K_{d2} = \frac{[H_2SO_3] \times [\text{>C=O}]}{[\text{>COH-SO}_3^-]}$$

$$K_{d2} = \frac{([A]-[C]) \times [L]}{[C]} \times \frac{K_1}{[H^+]+K_1} = \frac{([A]-[C]) \times [L]}{[C]} \times C_{f2}$$

Avec :

$$C_{f2} = \frac{K_1}{[H^+] + K_1}$$

Si le composé carbonylé contient une fonction acide, l'équilibre acido-basique de cette espèce intervient et ajoute une équation au système. On a alors :

$$C'_{f2} = \frac{K_1}{[H^+] + K_1} \times \frac{[H^+]}{[H^+] + K_a}$$

A1.2.3 Troisième hypothèse : réaction carbonyle-SO_3^{2-}

Si le SO_2 se combine sous la forme ionisée SO_3^{2-} (sulfite), on a alors les équations de dissociation suivantes :

- H_2SO_3 :

$$K_1 = \frac{[HSO_3^-] \times [H^+]}{[H_2SO_3]}$$

$$K_2 = \frac{[SO_3^{2-}] \times [H^+]}{[HSO_3^-]}$$

- SO_2 combiné :

$$K_{d3} = \frac{[SO_3^{2-}] \times [\rangle C{=}O]}{[\rangle COH\text{-}SO_3]}$$

$$K_{d3} = \frac{([A] - [C]) \times [L]}{[C]} \times \frac{K_1 \times K_2}{[H^+]^2 + [H^+] \times K_1 + K_1 \times K_2} = \frac{([A] - [C]) \times [L]}{[C]} \times C_{f3}$$

Avec :

$$C_{f3} = \frac{K_1 \times K_2}{[H^+]^2 + [H^+] \times K_1 + K_1 \times K_2}$$

Si le composé carbonylé contient une fonction acide, l'équilibre acido-basique de cette espèce intervient et ajoute une équation au système. On a alors :

$$C'_{f3} = \frac{K_1 \times K_2}{[H^+]^2 + [H^+] \times K_1 + K_1 \times K_2} \times \frac{[H^+]}{[H^+] + K_a}$$

avec K_a constante acido-basique du composé carbonylé.

On peut calculer diverses applications numériques selon les formules établies avec les trois hypothèses pour calculer le SO_2 combiné selon le pH, les valeurs connues de K_a et les valeurs estimées de K_s, à partir de la valeur mesurée de pK = 2,3 selon Walty et coll. pour l'acide hydroxyéthanesulfonique.

A1.3 Applications numériques

A1.3.1 Variations du pouvoir combinant en fonction de pK_s (constante de dissociation de l'acide sulfonique)

Le pouvoir combinant s'exprime ici par le *C-L*50 (mg/L de SO_2 combiné pour 50 mg/L de SO_2 libre).

On calcule ces *C-L*50 (en mM) pour différents composés qui ont des constantes de dissociation très différentes (l'éthanal, l'acide pyruvique et la dihydroxyacétone), selon la formule suivante :

$$C\text{-}L50 = \frac{A \times L}{K_d \times C''_f + L}$$

Avec :

- pour l'éthanal : $A = 100$ mg/L ; $K_d = 0{,}0025$ mM ;
- pour l'acide pyruvique : $A = 71$ mg/L ; $K_d = 0{,}3$ mM ;
- pour la dihydroxyacétone : $A = 5$ mg/L ; $K_d = 2$ mM.

Pour la première hypothèse, ne connaissant pas Ks, nous prenons une large gamme de valeurs de pK_s ($pK_s = -10$ pour les acides très forts et $pK_s = 10$ pour les acides très faibles).

La formule pour calculer C_{f1} est la suivante :

$$C_{f1} = \frac{[H^+] + K_s}{[H^+] + K_1}$$

avec $[H^+] = 10^{-3,3}$ mM (soit pH = 3,3) ; $K_1 = 10^{-1,7}$.

Pour les trois composés, on observe un palier de $pK_s = 3$ à $pK_s = 10$, ce qui correspond respectivement à des acides faibles à très faibles (figure A1.1).

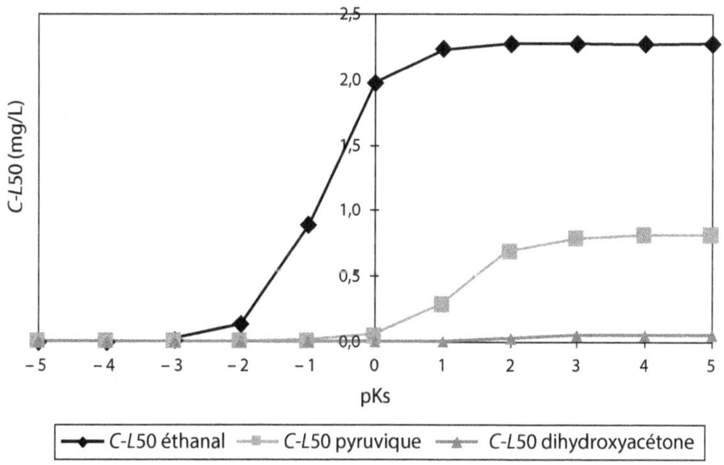

Figure A1.1 *C-L*50 en fonction de pK_s

D'après Andersen (1979) et Roberts et Caserio (1977), les acides sulfoniques sont des acides forts comparables aux acides sulfurique et perchlorique dont les pK valent –3. Cette valeur est prise pour les calculs suivants.

Cependant, les *C-L*50 varient beaucoup pour des acides très forts ; de faibles variations du pK_s auront par conséquent une grande incidence sur les *C-L*50.

A1.3.2 Calculs du pouvoir combinant (*C-L*50) pour les différentes hypothèses

Les coefficients multiplicateurs sont calculés selon les formules précédemment énoncées.

Avec pH=3,3 ; $pK_1 = 1{,}7$; $K_s = 1\,000$; $pK_2 = 7$:

- hypothèse de base : $C_{f0} = 1$;
- 1re hypothèse (réaction carbonyle-H_2SO_3) : $C_{f1} = 48\,890$;
- 2e hypothèse (réaction carbonyle-HSO_3^-) : $C_{f2} = 0{,}975$;
- 3e hypothèse (réaction carbonyle / SO_3^-) : $C_{f3} = 0{,}0001994$.

Tableau A1.1 *C-L*50 selon la forme de SO_2 en réaction avec les composés carbonylés

	PM (g/M)	A (mg/L)	Ks (mM)	Hypothèse			
				Base	1	2	3
Éthanal	44	100	0,000 3	2,26	0,014	2,26	2,27
Acide pyruvique	88	71	0,3	0,58	0,004 3	0,58	0,80
Dihydroxyacétone	90	450	0,015 6	0,051 6	5×10^{-7}	0,015 8	0,055
				Forme du SO_2 →	H_2SO_3	HSO_3^-	SO_3^{2-}

PM : poids molaire

Les résultats de l'hypothèse de base et de la deuxième hypothèse sont proches, contrairement aux hypothèses n° 1 et n° 3.

La première hypothèse dépend de la valeur inconnue de K_s. On a adopté $K_s = -3$, correspondant à un acide très fort, hypothèse la plus probable.

Si $C_f < 1$, alors $K' = K \times C_f < K$ et $C\text{-}L50' > C\text{-}L50$ donc les combinaisons sont plus importantes.

Si $C_f > 1$, alors $K' = K \times C_f > K$ et $C\text{-}L50' < C\text{-}L50$ donc les combinaisons sont plus faibles.

Il semble qu'il y ait un équilibre entre SO_3^{2-}, présent en faible quantité et très réactif, et HSO_3^-, prépondérant mais qui est moins réactif. Les résultats numériques semblent privilégier l'hypothèse n° 2 de la réaction entre carbonyle et HSO_3^-, qui est la forme la plus abondante aux pH des vins.

A1.3.3 Calculs des *C-L*50 en fonction du pH

Les calculs précédents sont établis avec 100 % de H_2SO_3, ou HSO_3^- ou SO_3^{2-}. On refait ces calculs en tenant compte du pourcentage de chaque forme du SO_2. Le tableau A1.2 donne des résultats indépendants du pH pour les trois composés carbonylés étudiés ici.

Tableau A1.2 Influence du pH sur la valeur du *C-L*50 calculé

pH	H_2SO_3 (%)	HSO_3^- (%)	SO_3^{2-} (%)	*C-L*50 (mM SO_2/L)		
				Éthanal	Acide pyruvique	Dihydroxyacétone
3	4,77	95,21	0,02	2,15	0,55	0,015
3,5	1,55	98,4	0,05	2,22	0,57	0,015 5
4	0,49	99,4	0,11	2,24	0,58	0,015 7

Le pH n'a pas d'influence notable sur la combinaison du SO_2 (*cf.* § 3.4.1).

A1.3.4 Rôle de la force ionique

Expression de pK en fonction de la force ionique

Le pK des acides varie selon la force ionique du milieu. On peut calculer le pK' correspondant à la force ionique selon les calculs ci-dessous.

Pour un équilibre de type :

$$AH \leftrightarrow A^- + H^+$$

On a :

$$K' = \frac{(A^-) \times (H^+)}{(AH)}$$

où (X) est l'**activité** de l'espèce chimique X.

[X] étant la concentration de l'espèce X, (X) = γ[X], où γ est le coefficient d'activité. Dans les solutions idéales, très diluées, $\gamma = 1$.

On a alors la formule classique :

$$K = \frac{[A^-] \times [H^+]}{[AH]}$$

$[H^+]$ étant très faible, on peut assimiler $[H^+] = (H^+) = 10^{-pH}$.

$$K = \frac{[A^-] \times (H^+)}{[AH]}$$

Dans le cas de solutions non diluées, γ est défini comme suit :

$$\log\gamma = \frac{-Z^2 A\sqrt{I}}{1 + B\sqrt{I}}$$

avec Z = charge de l'ion ; A = 0,5678 ; B = 1,704 (selon Usseglio-Tomasset, pour les vins ayant une teneur en alcool de 13 % vol.) ; I = force ionique (mol/L).

On exprime alors K' en fonction de I :

$$K' = \frac{(A^-) \times (H^+)}{(AH)}$$

$$-\log K' = -\log\left(\frac{(A^-) \times (H^+)}{(AH)}\right) = -\log\left(\left(\frac{[A^-] \times (H^+)}{[AH]}\right) \times \frac{\gamma_{A^-}}{\gamma_{AH}}\right)$$

$$\mathrm{p}K' = \mathrm{p}K - \log\frac{\gamma_{A^-}}{\gamma_{AH}}$$

$$\text{avec } \log\gamma_{A^-} = \frac{-Z_{A^-}^2 A\sqrt{I}}{1 + B\sqrt{I}} \quad \text{et} \quad \log\gamma_{AH} = \frac{-Z_{AH}{}^2 A\sqrt{I}}{1 + B\sqrt{I}}$$

Remarque : Les vins ayant une force ionique assez constante, entre 0,02 et 0,04 mol/L, on a une valeur d'environ 0,86 à 0,91 pour γ, selon la température et la force ionique.

$$Z_{A^-} = Z_{AH} - 1$$

Donc :

$$Z_{A^-}{}^2 = (Z_{AH} - 1)^2 = Z_{AH}{}^2 + 1 - 2Z_{AH}$$

D'où :

$$\log\frac{\gamma_{A^-}}{\gamma_{AH}} = \log\gamma_{A^-} - \log\gamma_{AH} = \left(\frac{A\sqrt{I}}{1 + B\sqrt{I}} \times (-Z_{AH}{}^2 - 1 + 2Z_{AH} + Z_{AH}{}^2)\right)$$

$$\log\frac{\gamma_{A^-}}{\gamma_{AH}} = \left(\frac{A\sqrt{I}}{1 + B\sqrt{I}} \times (-1 + 2Z_{AH})\right)$$

$$\mathrm{p}K' = \mathrm{p}K + \left(\frac{A\sqrt{I}}{1 + B\sqrt{I}} \times (-2Z_{AH} + 1)\right) = \mathrm{p}K - \left(\frac{nA\sqrt{I}}{1 + B\sqrt{I}}\right)$$

Avec $n = 2Z_{AH} - 1$

$$pK' = pK - \left(\frac{nA\sqrt{I}}{1 + B\sqrt{I}}\right)$$

$pK' = pK + nX$, avec :

$$X = \frac{-A\sqrt{I}}{1 + B\sqrt{I}}$$

Dans notre cas, il est question des acides suivants :

- R-COOH : K avec $n = -1$;
- H_2SO_3 : K_1 avec $n = -1$;
- HSO_3^- : K_2 avec $n = -3$.

$$\rangle C \langle \frac{OH}{SO_3H} : K_s \text{ avec } n = -1$$

Première hypothèse

$$K_{d1} = \frac{([A]-[C])\times[L]}{[C]} \times \frac{([H^+]+K_s)}{([H^+]+K_1)}$$

Si on fait intervenir la force ionique, on a :

$$K'_{d1} = \frac{([A]-[C])\times[L]}{[C]} \times \frac{([H^+]\times 10^{-nX} + Ks\times 10^{-nX})}{([H^+]\times 10^{-nX} + K_1\times 10^{-nX})} = \frac{([A]-[C])\times[L]}{[C]} \times \frac{([H^+]+K_s)}{([H^+]+K_1)}$$

$K'_{d1} = K_{d1}$: La force ionique n'intervient pas dans cette hypothèse car les coefficients d'activité s'annulent.

Seconde hypothèse

$$K_{d2} = \frac{([A]-[C])\times[L]}{[C]} \times \frac{K_1}{([H^+]+K_1)}$$

Si on fait intervenir la force ionique, on a :

$$K'_{d2} = \frac{([A]-[C])\times[L]}{[C]} \times \frac{(K_1\times 10^{-nX})}{([H^+]\times 10^{-nX} + K_1\times 10^{-nX})} = \frac{([A]-[C])\times[L]}{[C]} \times \frac{K_1}{([H^+]+K_1)}$$

$K'_{d2} = K_{d2}$: La force ionique n'intervient pas dans cette hypothèse car les coefficients d'activité s'annulent.

Troisième hypothèse

$$K_{d3} = \frac{([A]-[C])\times[L]}{[C]} \times \frac{K_1K_2}{[H^+]^2 + [H^+]K_1 + K_1K_2}$$

Si on fait intervenir la force ionique, on a :

$$K'_{d3} = \frac{([\text{A}]-[\text{C}])\times[\text{L}]}{[\text{C}]} \times \frac{\left(K_1K_2 \times 10^{-nX} \times 10^{-n'X}\right)}{\left([\text{H}^+]^2 \times 10^{-2nX} + [\text{H}^+]K_1 \times 10^{-2nX} + K_1K_2 \times 10^{-nX} \times 10^{-n'X}\right)}$$

Or $n' = -3$ donc :

$$K'_{d3} = \frac{([\text{A}]-[\text{C}])\times[\text{L}]}{[\text{C}]} \times \frac{K_1K_2 \times 10^{4X}}{[\text{H}^+]^2 \times 10^{2X} + [\text{H}^+]K_1 \times 10^{2X} + K_1K_2 \times 10^{4X}} = \frac{([\text{A}]-[\text{C}])\times[\text{L}]}{[\text{C}]} \times C$$

$$K'_{d3} = \frac{([\text{A}]-[\text{C}])\times[\text{L}]}{[\text{C}]} \times \frac{K_1K_2 \times 10^{2X}}{\left([\text{H}^+]^2 + [\text{H}^+]K_1 + K_1K_2 \times 10^{2X}\right)} = \frac{([\text{A}]-[\text{C}])\times[\text{L}]}{[\text{C}]} \times C''_{f3}$$

Contrairement aux deux premières hypothèses, on a ici :

$K'_{d3} \neq K_{d3}$: La force ionique intervient dans la formule de calcul.

Nous avons étudié l'influence de la force ionique I sur C''_{f3}. Les résultats des calculs modifiés sont indiqués dans le tableau A1.3. Pour une force ionique des vins se situant entre 0,02 et 0,04 mM, le coefficient C''_{f3} varie de l'ordre de 10 %. Le tableau calculé à l'aide de la formule montre cependant que la force ionique n'a pas d'effet notable sur la combinaison du SO_2 :

$$C\text{-}L50 = \frac{A \times L}{K_d \times C''_{f3} + L}$$

Avec :

- pour l'éthanal : A = 100 mg/L ; K_d = 0,0025 mM ;
- pour l'acide pyruvique) : A = 71 mg/L ; K_d = 0,3 mM ;
- pour la dihydroxyacétone : A = 5 mg/L ; K_d = 2 mM.

Tableau A1.3 Influence de la force ionique sur C_{f3}''

Force ionique (M/L)	C_{f3}'' (10^{-4})	*C-L*50 (mM SO_2/L)		
		Éthanal	Acide pyruvique	Dihydroxyacétone
0,01	1,55	2,27	0,80	0,055
0,02	**1,44**	**2,27**	**0,80**	**0,055**
0,03	**1,37**	**2,27**	**0,80**	**0,055**
0,04	**1,31**	**2,27**	**0,80**	**0,055**
0,05	1,27	2,27	0,80	0,055
0,06	1,23	2,27	0,80	0,055

Les résultats présentés dans le tableau A1.3 concernent l'hypothèse n° 3, pour laquelle seule l'espèce SO_3^{2-} est prise en considération, toujours en très faible concentration aux pH des vins. Le *C-L50* reste constant.

Influence de la force ionique sur le terme correcteur dû à l'équilibre acido-basique du composé carbonylé

On nomme C_e le coefficient correcteur dû à l'équilibre acido-basique du composé carbonylé si celui-ci est un acide :

$$C_e = \frac{[H^+]}{[H^+] + K_a}$$

Si on tient compte de la force ionique, C_e devient C_e' :

$$C_e' = \frac{[H^+] \times 10^{-nX}}{[H^+] \times 10^{-nX} + K_a \times 10^{-nX}} = \frac{[H^+]}{[H^+] + K_a} = C_e$$

La force ionique n'intervient donc pas dans ce coefficient.

A1.4 Conclusion

La prise en compte de tous les équilibres et de toutes les espèces chimiques conduit à des taux de combinaison du SO_2 (exprimés ici par le *C-L50*) peu différents, du même ordre de grandeur que ceux qui sont calculés avec l'hypothèse de base ne distinguant pas les différentes formes du SO_2 dans les vins.

Ces résultats semblent montrer la prépondérance de l'espèce bisulfite (HSO_3^-) dans la combinaison du SO_2.

Le sulfite (SO_3^{2-}), plus réactif mais à très faible concentration, n'intervient que très faiblement.

Dans le cadre de ces hypothèses, il apparaît que la force ionique des vins n'intervient pas sensiblement sur la combinaison finale du SO_2 avec les composés carbonylés.

Les mécanismes précis des réactions SO_2-carbonyles restent à définir.

Les calculs et les simulations définissent les limites des incertitudes possibles.

Ces incertitudes ne remettent pas en cause les calculs habituels, et donc la validité de leurs résultats pratiques.

A2 Calcul des combinaisons du SO_2

On a observé depuis longtemps (Bertagnini, 1853 ; Schmidt, 1893 ; Roques, 1898…) que, dans les solutions contenant des composés organiques, une partie du SO_2 ajouté n'était plus directement dosable par l'iode. C'est la distinction actuelle entre SO_2 total (ensemble du SO_2 ajouté et/ou formé moins les pertes) et le SO_2 libre (réagissant directement avec l'iode lors du dosage par la méthode Ripper). La différence (SO_2 combiné) a d'abord été attribuée à une combinaison avec les sucres puis à l'aldéhyde éthylique puis à diverses autres substances. Si depuis plus d'un siècle on connaît le mécanisme général, les détails de ces combinaisons dans les moûts et vins (*cf.* § 3.5) ne le sont que depuis peu.

A2.1 Mécanisme général de la combinaison du SO_2 dans les vins

L'essentiel de cette combinaison se produit entre SO_2 et les composés ayant une fonction carbonyle (>C=O), les aldéhydes et cétones.

La figure A2.1 donne l'équation générale de la réaction et des équilibres entre les différentes formes, établie par Th. Paul (1914)[1].

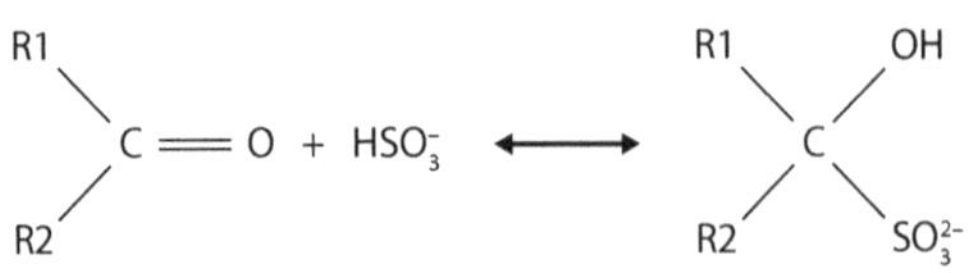

Figure A2.1 Équation de la combinaison SO_2 - composé carbonylé

Il a été montré que la forme de SO_2 la plus réactive est HSO_3^- (Chabaneix et Blouin, 1997 ; *cf.* annexe 1).

1. Paul Th., *Nahrungsmittelchemie mit besonderer Berücksichtigung der modernen physikalischenchemischen Lehren*, Akademish Verlag, p. 48-109, 1914.

Cet équilibre est régi par la loi d'action de masse définie par la constante de dissociation K_d. On a alors :

$$K_d = \frac{L \times (A - C)}{C} \quad (1)$$

Avec :

L : concentration en SO_2 libre ;

C : concentration en SO_2 combiné ;

A : concentration en carbonyle total.

C et A sont exprimés en millimoles/litre (mmol/L).

La constante de dissociation K_d s'exprime alors en mmol/L.

A2.2 Calcul de la constante de dissociation K_d

La représentation graphique du SO_2 combiné C en fonction du SO_2 libre L sous la forme $C = f(L)$ (figure A2.2) montre une courbe où le taux de SO_2 combiné tend asymptotiquement vers une valeur égale à A, pour une valeur (très) élevée de L entraînant une combinaison totale du composé carbonylé.

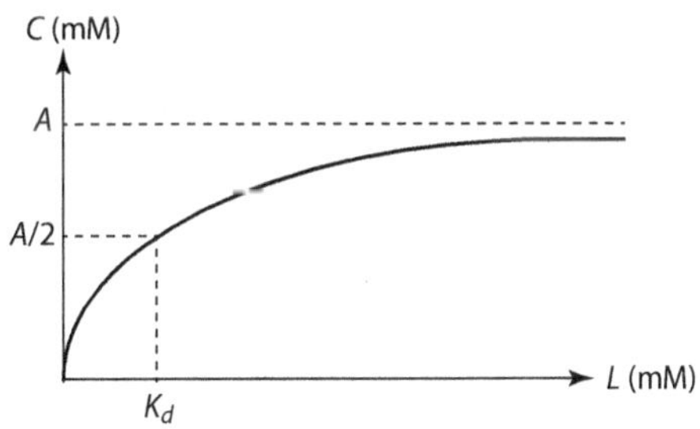

Figure A2.2 Courbe expérimentale de combinaison du SO_2

Par ailleurs, on peut écrire l'équation (1) sous la forme :

$$C = \frac{L \times A}{K_d + L}$$

Si $C = A/2$, on a $L = K_d$.

Connaissant $A/2$, on peut alors déterminer graphiquement K_d mais cette méthode reste peu pratique et peu précise.

On peut également écrire l'équation (1) sous les formes équivalentes suivantes :

$$L = \frac{K_d \times C}{A - C}$$

$$A = \frac{C \times (K_d + L)}{L}$$

qui permettent de transformer la courbe asymptotique en droites, représentées par la figure A2.3.

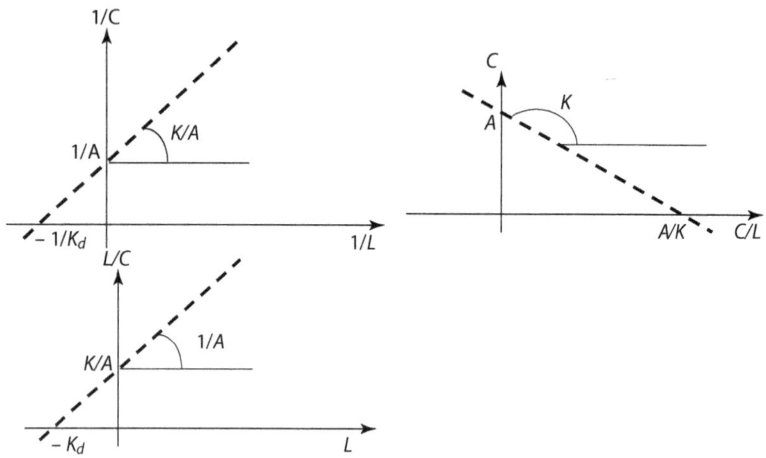

Figure A2.3 Représentation linéaire de la combinaison du SO_2 par les fonctions $1/C = f(1/L)$, $C = f(C/L)$ et $L/C = f(L)$

Par transformation, on peut écrire diverses expressions de l'équation initiale (1) de la forme linéaire $y = ax + b$:

$$\frac{1}{C} = \frac{K_d}{A} \times \frac{1}{L} + \frac{1}{A}$$

avec $y = 1/C$ et $x = 1/L$.

D'où $K_d = a/b$, et $A = 1/b$.

Et les incertitudes $\mathrm{d}K_d = K_d \times (\mathrm{d}a/a + \mathrm{d}b/b)$; $\mathrm{d}A = \mathrm{d}b/b \times A$.

$$C = -K_d \times \left(\frac{C}{L}\right) + A$$

avec $y = C$ et $x = C/L$ donc $K_d = -a$; $A = b$; soit $\mathrm{d}K_d = \mathrm{d}a$; $\mathrm{d}A = \mathrm{d}b$.

$$\frac{L}{C} = \frac{1}{A} \times L + \frac{K_d}{A}$$

avec $y = L/C$ et $x = L$ donc $K_d = -a$; $A = b$; soit $\mathrm{d}K_d = \mathrm{d}a$; $\mathrm{d}A = \mathrm{d}b$.

db et da sont les incertitudes sur b et a, exprimées par les écarts-types de a et b découlant du calcul de la régression $y = f(x)$.

Cette transformation permet le **calcul simultané direct de la constante de dissociation K_d et de A** (concentration en composé carbonylé), y compris pour les substances de concentration et/ou de pureté inconnues. La figure A2.4 donne un exemple de calculs réels.

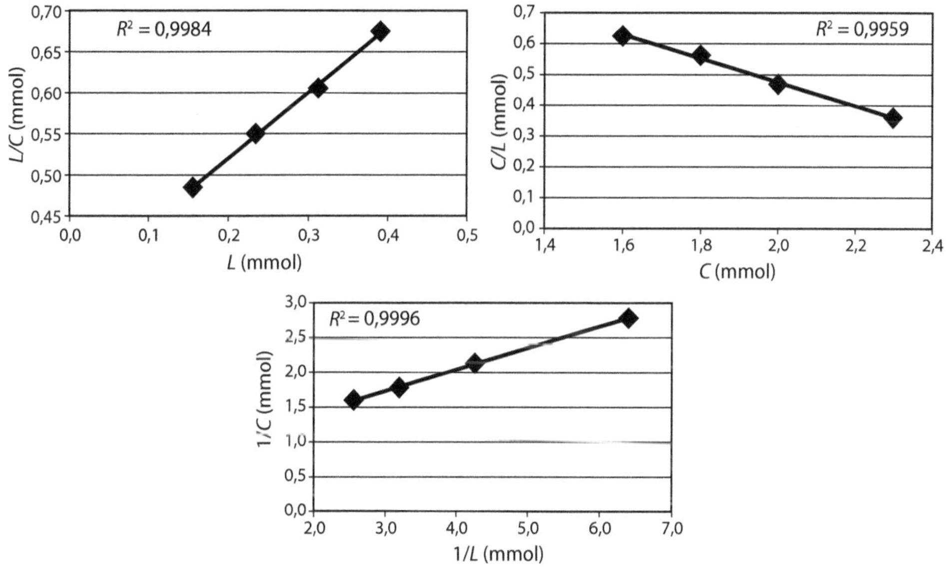

Figure A2.4 Exemples réels de courbes de combinaison du SO_2

À partir de l'incertitude dK_d sur la constante de dissociation, on peut ensuite calculer l'incertitude sur le SO_2 combiné pour telle valeur du SO_2 libre, par exemple C-$L50$, C-$L20$.

On a :

$$dC = \frac{dK_d \times C}{K_d + L}$$

La figure A2.5 montre l'impact d'une incertitude sur K_d de 20 % sur l'incertitude du SO_2 combiné calculé, ici C-$L50$ pour 1 mM/L de composé.

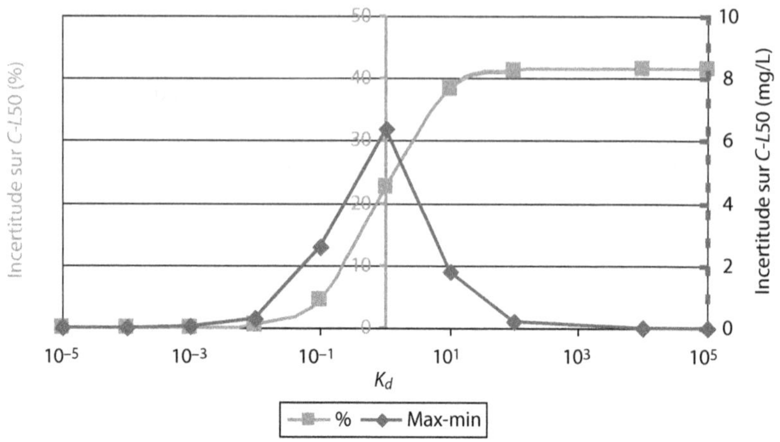

Figure A2.5 Impact de l'incertitude de la constante de dissociation K_d sur la valeur du *C-L*50, avec $K_d \pm 20$ %

L'incertitude relative (courbe %) sur le SO_2 combiné est (très) forte avec K_d (très) élevé, supérieur à 10, correspondant aux combinaisons faibles mais avec des incertitudes absolues (courbe max-min) (très) faibles, inférieures à 2 mg/L.

L'incertitude relative est très faible pour $K_d < 1$, correspondant à des combinaisons fortes.

L'incertitude absolue est maximale (environ 6 mg/L) pour $K_d = 1$, faible ou très faible dans les autres cas.

Cette méthode est théoriquement applicable avec seulement deux couples de valeurs SO_2 *L*/SO_2 *C*. Il est souhaitable de disposer d'au moins trois couples de données pour estimer la linéarité et valider le coefficient de corrélation *r*, normalement très élevé (> 0,9 à 0,99). Des valeurs inférieures font suspecter des anomalies, des erreurs de manipulations, de transcriptions ou de calculs. L'utilisation simultanée des trois méthodes de calcul permet de vérifier la cohérence des résultats. **La fonction *L*/*C* = *f*(*L*) est habituellement la plus satisfaisante.**

L'incertitude pratique finale sur le SO_2 combiné (*C-L*20, *C-L*50…) est habituellement faible, limitée à quelques milligrammes par litre, inférieure à l'incertitude analytique admise par les méthodes officielles d'analyse. Ces calculs permettent ensuite un sulfitage précis pour aboutir au SO_2 libre choisi par ailleurs (*cf.* § 5.4).

Le tableau A2.1 donne un exemple de calculs complets, facilement automatisables.

Tableau A2.1 Exemple de calcul pratique de la constante de dissociation K_d et d'autres caractéristiques de la combinaison du SO_2

	Valeurs mesurées	
	SO_2 libre (L) (mg/L)	SO_2 total (T) (mg/L)
1	17	49
2	40	90
3	75	134
4	104	166

	K_d	A	dK	dA	C-Lx (mg/L)		d(C-Lx) (mg/L)		R^2
Formule de calcul					x = 20	x = 50	x = 20	x = 50	
1 - 1/C = f(1/L)	0,38	1,22	0,03	0,04	35,3	52,63	1,4	1,2	0,996 8
2 - L/C = f(L)	0,34	1,18	0,03	0,03	36,1	52,58	1,9	1,6	0,998 8
3 - C = f(C/L)	0,37	1,21	0,03	1,21	35,6	52,57	1,6	1,4	0,987 0
Moyenne	0,36	1,20	0,03	0,42	35,7	52,6	1,6	1,4	0,994 2

Résultats :
K_d = 0,34 à 0,37 mM **A = 1,18 à 1,22 mM** **C-L50 = 52,6 ± 1,4 mg**

Les trois formules de calcul donnent des valeurs de K_d et de *A* très proches, mais une incertitude d*A* sur *A* plus grande ici avec l'équation $C=f(C/L)$.

L'incertitude sur *C-L*20 et *C-L*50 reste très limitée, moins de 2 mg/L, dans tous les cas.

A2.3 Applications pratiques

Il est souvent utile d'exprimer globalement la combinaison par le SO_2 combiné pour une teneur fixe en SO_2 libre (ex. : *C-L*50 = SO_2 combiné pour 50 mg/L de SO_2 libre). On utilise parfois le *T-L*50, reliant SO_2 libre et SO_2 total (T).

Les valeurs faibles de **K_d inférieures à 0,01 mmol/L** signifient une combinaison pratiquement totale pour des teneurs très faibles en SO_2 libre, inférieures à 5-10 mg/L.
Les valeurs élevées de **K_d supérieures à 1 à 10 mmol/L** signifient de fortes variations du taux de combinaison. Pratiquement, il est toujours partiel et décroît si le SO_2 libre diminue, libérant ainsi du SO_2 libre.

La figure A2.6 donne les courbes de combinaison, selon les valeurs de K_d, de divers composés carbonylés à la dose indicative de 1 mM/L pouvant se trouver dans les vins en présence d'un excès de SO_2.

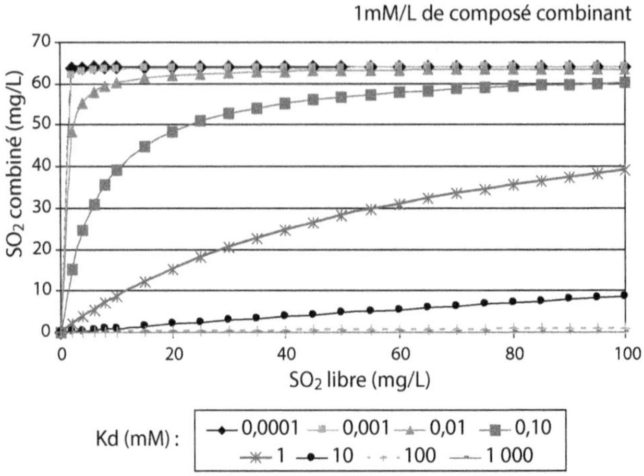

Figure A2.6 Combinaison du SO_2 selon la valeur de la constante de dissociation K_d

En schématisant, on peut dire que les substances à K_d faible aboutissent à du SO_2 combiné « **bloqué** », « **stable** », alors que les substances à K_d plus élevé produisent du SO_2 combiné « **libérable** ». En réalité, ce schéma est approximatif et trompeur. Il n'y a pas de SO_2 combiné complètement « **bloqué** » mais toujours des quantités non nulles de SO_2 libre et/ou facilement libérable ; c'est une des explications probables des effets du SO_2 combiné (*cf.* § 4.1).

On observe cette libération du SO_2 en particulier en cas d'augmentation de la température, correspondant alors à une augmentation de K_d, à prendre en compte lors du dosage de SO_2 libre (*cf.* § 3.2).

Il apparaît que l'éthanal est quasi combiné à 100 % par le SO_2, même en présence de dose très faible de SO_2 libre : on parle alors de « SO_2 combiné bloqué » par abus de langage (*cf.* § 3.6.1). Dans ces conditions, on admet qu'il ne peut exister à la fois des quantités perceptibles d'éthanal et un taux de SO_2 libre supérieur à environ 3-5 mg/L. De la même façon, une teneur normale de 22 ou 44 ou 66 mg/L d'éthanal (soit 0,5 ou 1 ou 1,5 mmol) entraîne une teneur de SO_2 combiné de 32 ou 64 ou 96 mg/L de SO_2 combiné au seul éthanal. Des teneurs en SO_2 total à ces valeurs doivent attirer l'attention sur la fiabilité des résultats analytiques.

Au contraire, la combinaison est faible pour la plupart des autres composés, avec des variations importantes pour les teneurs faibles en SO_2 libre, puis des variations du taux de combinaison presque proportionnelles pour des teneurs plus élevées. On peut parler de « SO_2 combiné libérable ».

A2.4 La combinaison du SO_2 dans les vins – « Carbonyle équivalent »

Depuis un siècle au moins, diverses méthodes sont proposées pour exprimer la combinaison dans les moûts et vins (*cf.* chapitre 3). Ces méthodes statiques donnent des résultats uniquement indicatifs, parfois utiles mais toujours imprécis.

En pratique, il est rigoureux et aussi simple de considérer globalement les quantités *A* de composés carbonylés et leur constante globale de dissociation *Kd*. Nous avons proposé cette approche (Blouin, Bertrand-Motard et Nivelle, 1995) par analogie à l'acidité totale, pK et pouvoir tampon[1] exprimant globalement l'ensemble des nombreux acides du vin « combinés » aux bases.

Le pouvoir de combinaison du SO_2 d'un moût ou vin est alors exprimé sous forme de « carbonyle équivalent », ou CBE, par une constante de dissociation K_d et une teneur globale *A* en composé carbonylé.

Calcul du « carbonyle équivalent » (CBE)

On utilise la procédure suivante, directement dérivée de celle qui sert à calculer la constante de dissociation K_d d'un composé simple :

- Analyse du SO_2 libre et du SO_2 total du vin et calcul du SO_2 combiné du vin étudié.
- Visualisation indicative du point $C = f(L)$ sur la figure A2.7 pour optimiser les apports de SO_2 au laboratoire.
- Ajout des deux (ou trois) doses différentes de SO_2 estimées en figure A2.7 dans des bouteilles pleines, manipulées sans aération excessive.
- Après 4 à 6 jours, doser SO_2 libre et total avec les mêmes méthodes.

1. Le pouvoir tampon et le pK sont déterminés après mesure de la variation de pH suivant un ajout dosé de base ou d'acide, ou calculés directement par le logiciel MEXTAR® à partir des taux d'acidité totale, pH, acide tartrique et potassium.

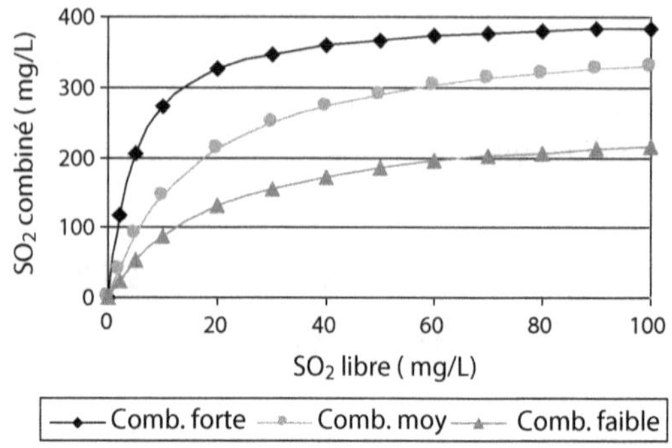

Figure A2.7 Courbes d'aide au calcul du « carbonyle équivalent »

Remarque : L'équilibre SO_2 libre/ SO_2 combiné demande plusieurs jours, ce qui implique une attente importante avant d'obtenir un dosage fiable. Usseglio-Tomasset (1995) préconise de mesurer cet équilibre en 1 heure à pH 5,0. Cette adaptation pratique a été reprise par Sudraud et Chauvet.

- **Calcul de *A*, K_d, *C-L50***, selon le tableau A2.1.
- **Détermination de la dose de SO_2** (éventuellement) à ajouter au vin (*cf.* § 5.4).

Ces déterminations simples permettent d'effectuer des sulfitages très précis, à surcoût très limité par rapport à la valeur du vin traité, et surtout qui sont les plus aptes à **développer la qualité finale du vin**.

A3 OPTI-SO2

Pour réussir le meilleur sulfitage possible, il faut :

- déterminer **le niveau de SO_2 libre et/ou actif nécessaire** ;
- calculer la **quantité de SO_2 à utiliser** pour atteindre ce niveau ;
- vérifier la **conformité du résultat** calculé avec les contraintes.

OPTI-SO2, une aide à la décision développée sous Excel, propose des **grilles de décision** adaptée aux différents cas usuels de sulfitage. Il récapitule de façon organisée la **démarche spontanée de tous les « bons sulfiteurs »**, dont il facilite et sécurise les décisions en les libérant des aspects mécaniques fastidieux, leur laissant ainsi le temps de choisir volontairement les meilleures options.

Les normes quantitatives proposées ici à titre d'exemple de calcul sont à adapter à chaque chai, en intégrant l'irremplaçable expérience locale et les observations chiffrées facilement stockées à partir des calculs successifs par OPTI-SO2. Le mécanisme est général. Les tableaux ci-dessous apportent un certain nombre d'exemples.

A3.1 Organisation générale du fonctionnement d'OPTI-SO2

Pour chaque application, OPTI-SO2 :

- définit la situation générale ;
- calcule la dose de sulfitage optimale :
  - à partir d'une dose de référence choisie par l'utilisateur, **OPTI-SO2 propose** les valeurs correctives adaptées aux différentes situations,
  - l'utilisateur **valide ou corrige** les propositions d'OPTI-SO2, qui doit rester un outil d'aide à la **décision appartenant au seul utilisateur** ;
- détermine la quantité de SO_2 à mettre en œuvre.

A3.1.1 Description de la situation

L'utilisateur fournit :

- quelques renseignements « administratifs » : identité de l'opérateur, références du vin… ;
- la situation générale (tableau A3.1) : selon la couleur du vin, OPTI-SO2 propose une **valeur « de base »** ;

Tableau A3.1 Situation générale du lot à sulfiter

Sulfitage avant fermentation						VALIDATIONS
DATE →	17/11/12 10:57					
OPERATEUR CALCULS →			Identification lot →			
Composition initiale			% SO_2 actif →	0,89		
pH = (3 à 4)	3,80		SO_2 total max. légal (mg/L) →	160		
T (°C) = (5 à 30 °C)	20		SO_2 min. accepté (mg/L) →	50		
TAP (% vol.)	0,00		SO_2 max. accepté (mg/L) →	110		
SO_2 déjà ajouté (g/hL)	3		SO_2 ajouté residuel (g/hL) →	2		
Situation générale				SO_2 TOTAL (g/hL)		
COULEUR →	Blanc	Rosé	Rouge			
	1			6	← Valeur « de base »	OK

- la composition initiale du lot mesurée (pH) ou estimée par défaut (ex. : 20 °C, TAV = 12 % vol.) ;
- la validation du **SO_2 total maximal admis** et de la **marge de tolérance**. Cette marge de tolérance peut être de type technique et/ou commercial ;
- l'**état de la vendange** : sept paramètres sont proposés, qui peuvent être modifiés, complétés… ;
- les validations des données utilisées : Pour chaque paramètre, OPTI-SO2 signale avant tout calcul les réponses absentes, qui peuvent être acceptées si le paramètre est considéré comme sans importance, ou multiples, qui sont à corriger nécessairement (tableau A3.2).

Tableau A3.2 État du lot à sulfiter. OPTI-SO2 signale une donnée manquante, acceptée

État de la vendange/moût	Très faible	Faible	Moyen	Fort	Très fort		Corrections	
Température					1		2	OK
TAP		1					0	OK
Acidité	1						2	OK
Hygiène générale		1					2	OK
Pourriture grise				1			1	OK
Pourriture « acide »							0	ERREUR : au moins UNE réponse
Aération, oxydation		1					0	OK
				Corrections d'état →			7	

A3.1.2 Calcul de la dose de sulfitage

OPTI-SO2 **propose une correction à la dose de base** par paramètre, puis la somme des corrections.

- L'opérateur peut proposer une **correction personnelle**, positive ou négative, prise en compte par OPTI-SO2.
- **Manipulations prévues** : elles proposent de nouvelles corrections à valider par l'opérateur (tableau A3.3).

Tableau A3.3 Corrections de dose liées aux manipulations prévues. Dépassement de SO_2 total signalée → SO_2 total choisi

Manipulations prévues							Corrections	
Clarification			1				0	OK
Chauffage, « pasteurisation »					1		0	OK
				Corrections de manipulations →			0	
Corrections totales						g/hL →	7	
		Correction personnelle →					– 1	
SO_2 total « calculé » (g/hL) →							14	SO_2 supérieur à limite choisie ! ! !
SO_2 total « choisi » (g/hL) →							10	OK

Remarque : L'usage des diverses corrections proposées est largement simplifié en considérant que seules quelques-unes sont importantes dans une situation donnée, donc en adoptant une solution « moyenne », sans correction de sulfitage, pour les autres.

- L'utilisateur **valide ou corrige** le sulfitage proposé.
- Après validation, OPTI-SO2 (re)vérifie la compatibilité avec les contraintes administratives, techniques, commerciales…
- Le **coefficient de sulfitage** est estimé ou mesuré (tableau A3.4).

Tableau A3.4 Calcul du coefficient de sulfitage. Ici par correction manuelle choisie (0,4) et résultat sur SO_2 libre et actif obtenus

Coefficient de sulfitage	Faible	Moyen	Fort	Base →	1,5	Corrections	
Pourriture grise			1			0,2	OK
Pourriture « acide »			1			0,2	OK
Hygiène générale	1					0	OK
			Correction coeff. de sulfitage (base 1,5) →			0,4	
			Taux de combinaison calculé →			1,9	
SO_2 libre « estimé » (mg/L) →						53	
SO_2 actif « estimé » (mg/L) →						0,47	

A3.1.3 Calculs des quantités de SO_2 à utiliser

Le calcul de la **quantité de produit de sulfitage à utiliser** (fiche de travail) s'effectue selon le volume à traiter et le titre en SO_2 du produit utilisé. OPTI-SO2 calcule les quantités de produit de sulfitage à utiliser pour le lot à traiter. On dispose ainsi d'un « **bon de traitement** » directement utilisable par le personnel de chai, différent ou non du responsable du sulfitage.

L'ensemble de ces opérations peut être exécuté manuellement, sur un **tableur** de bureau ou de poche ou « **en ligne** ». L'ensemble des éléments est stockable pour constituer à la fois une **base de données** pour l'avenir et des **justificatifs des opérations** de sulfitage.

Les informations concernant la **réalisation du sulfitage** sont le volume effectivement utilisé, l'opérateur, la date, les remarques et commentaires... (tableau A3.5).

Tableau A3.5 Calcul des quantités de SO_2 à ajouter au lot. Réalisation non documentée

Calcul du SO_2 à ajouter			(g/hL) →	10	
Volume à traiter (hL)	60	Titre prod. sulfitage (% SO_2) →	15		
SO_2 pour le volume à traiter (g SO_2 pur)	600		Litres solution	4,00	
Réalisation →		Volume utilisé →			Référence obligatoire
Produit utilisé (référence, lot...)					Référence obligatoire
		Opérateur sulfitage →			Référence obligatoire
DATE →	17/11/12 11:07				
Observations :					

Concernant le **niveau de SO_2 libre et/ou actif nécessaire**, il est usuel de considérer d'abord le niveau de **SO_2 libre** à obtenir mais il est utile, et facile, d'examiner simultanément le niveau de **SO_2 actif**.

A3.2 Choix du SO_2 optimal

A3.2.1 SO_2 libre optimal

Rappelons simplement ici les **doses « de base »**, qui doivent impérativement être optimisées avant chaque sulfitage (ou non-sulfitage) :

- **avant fermentations : entre 4 et 8 g de SO_2/hL, soit 40-80 mg de SO_2 ajouté par litre** ;
- **après fermentations : entre 15 et 30 mg de SO_2 libre par litre** ;
- **au tirage : entre 10 et 30 mg de SO_2 libre par litre.**

A3.2.2 SO_2 actif optimal

Les teneurs optimales en SO_2 actif proposées sont très variables selon les origines, avec des écarts allant de 0,3 à 1-2 mg/L.

Ces écarts sont parfois la conséquence du calcul du pourcentage de SO_2 actif. Il doit toujours être fait avec une **formule exacte** tenant compte de la température et, surtout, de la teneur en alcool qui modifient fortement la dissociation, et donc l'activité, de la molécule d'acide sulfureux mesuré par le SO_2 libre.

La teneur optimale doit être raisonnée surtout en **fonction de la population microbienne** (levures et/ou bactéries). Elle est (trop) rarement mesurée mais elle peut toujours être **estimée à partir des conditions d'hygiène** du chai ou des mesures rapides (ex. : ATP-métrie sur site).

En conditions normales, le taux d'oxygène, d'oxydases est moins décisif mais il peut le devenir en situations difficiles (raisins pourris, fortes aérations...).

Le **SO_2 actif à obtenir** se calcule à partir des observations locales des vins ayant une évolution « normale ».

A3.3 Calcul du SO_2 à ajouter

Connaissant le SO_2 (libre et/ou actif) initial et calculé adapté aux conditions de chaque lot comme indiqué ci-dessus, on détermine le SO_2 à ajouter par prise en compte du « **coefficient de sulfitage** », exprimant la fraction de SO_2 total ajouté qui est combinée.

A3.3.1 Taux de combinaison estimé

À la suite de J. Ribéreau-Gayon, on part d'un **coefficient « de base » égal à 1,5** (soit une augmentation de SO_2 libre égale aux deux tiers du SO_2 ajouté). Ce coefficient est adapté par l'opérateur, entre 1,2 et 2 en général, selon l'état initial des raisins, le déroulement des fermentations, l'âge du vin...

Exemple : si **SO_2 ajouté = 20 mg/L**, augmentation de SO_2 libre = 20 × 2/3 = 20 / 1,5 = **13,3 mg/L**.

A3.3.2 Taux de combinaison mesuré

Compte tenu de l'importance majeure des sulfitages sur l'évolution générale des vins, il est préférable de **mesurer ce coefficient de sulfitage**, à partir du taux de combinaison réelle du SO_2, dans chaque vin. Ce léger surcoût (quelques euros) est infime par rapport à la valeur du vin à traiter.

On mesure puis on calcule simultanément le taux de combinaison, exprimé par la constante de dissociation K_d, la concentration en carbonyle équivalent CBE (*cf.* § 3.5.2 et § A2.4). On en déduit la quantité de SO_2 total à ajouter (si nécessaire).

A3.4 Validation des calculs

Les calculs proposent de nouvelles valeurs des taux de SO_2 libre, actif et total. Il faut les **valider avant sulfitage** pour vérifier leur conformité avec la qualité globale du vin, la réglementation générale, les usages locaux, les (éventuelles) exigences commerciales... Dans tous les cas, il faut toujours considérer les perspectives de vie du vin (élevage long ou consommation très prochaine...) et conserver une **marge de sécurité** pour respecter toutes ces contraintes jusqu'à la consommation.

Le tableau récapitulatif ci-après (*cf.* § A3.5.3) donne un exemple d'application avec choix du SO_2 libre, du SO_2 actif ou du SO_2 total et les résultats pour ces trois données. Il indique également les quantités à utiliser, et utilisées, pour aboutir au résultat désiré. Il constitue un **outil efficace de traçabilité et de contrôle de qualité**.

A3.5 Exemples de mise en œuvre

A3.5.1 Sulfitage avant fermentation

Détaillons le fonctionnement général d'OPTI-SO2 à partir du calcul du sulfitage avant fermentation (tableau A3.6) :

1. **identification** de l'opérateur et du lot à traiter ;
2. composition initiale du lot mesurée (pH) ou estimée par défaut (température, TAV = 0 ici) ;
3. validation du **SO_2 total maximal admis et de la marge de tolérance** ;
4. **situation générale** : couleur du vin étudié ; OPTI-SO2 propose une valeur « de base » ;
5. **état de la vendange** : ici sept paramètres proposés pouvant être modifiés, complétés... OPTI-SO2 propose une correction par paramètre et la somme des corrections. L'opérateur peut proposer une **correction personnelle**, positive ou négative, OPTI-SO2 la prend en compte ;
6. **validations des données entrées** : OPTI-SO2 signale les réponses absentes, qui peuvent être acceptées si le paramètre est considéré comme sans importance, ou multiples, à corriger nécessairement ;
7. **manipulations prévues** : elles proposent de nouvelles corrections à valider par l'opérateur ;

8. premier calcul de la dose de sulfitage, **validation ou refus** par rapport au maximum initialement déterminé ;
9. **coefficient de sulfitage** : le coefficient de base (SO_2 total = 1,5 × SO_2 libre, soit SO_2 libre = 2/3 × SO_2 total ajouté) est corrigé en fonction de l'état sanitaire estimé. OPTI-SO2 en déduit le SO_2 libre et le SO_2 actif « calculé ». Le calcul du taux réel de combinaison est préférable à l'estimation mais de mise en œuvre difficile dans le temps disponible entre l'arrivée de la vendange et sulfitage ;
10. calcul de la **quantité de produit de sulfitage à utiliser** (fiche de travail) selon le volume à traiter et le titre en SO_2 du produit utilisé ;
11. **réalisation du sulfitage** : volume effectivement utilisé, opérateur, date, remarques et commentaires…

Tableau A3.6 Exemple de calcul de sulfitage avant fermentation

Situation générale					SO_2 TOTAL (g/hL)			Corrections (à définir par utilisateur)
COULEUR	Blanc	Rosé	Rouge					
	1				6		OK	6 5 4
Valeur « de base » →					**6**			
État de la vendange/moût						Corrections		
Température	Très faible	Faible	Moyen	Fort	Très fort			
					1	2	OK	–1 –1 0 1 2
	Très faible	Faible	Moyen	Fort	Très fort			
TAP		1				0	OK	0 0 0 0 1
Acidité	1					2	OK	2 1 0 –1 2
Hygiène générale		1				2	OK	3 2 0 0 –1
				1		1	OK	–1 1 0 1 3
Pourriture « acide »						0	ERREUR : au moins UNE réponse	0 1 2 3 4
Aération, oxydation		1				0	OK	0 0 0 1 2
			Correction personnelle →					
				Corrections d'état →		7		
Manipulations prévues						Corrections		
Clarification	Très faible	Faible	Moyen	Fort	Très fort			
	1					2	OK	2 1 0 0 –1
Chauffage, « pasteurisation »					1	0	OK	0 0 0 –1 –1
Corrections de manipulations				→		2		
Corrections				g/hL →		9		
		SO_2 total « calculé » (g/hL) →				**15**		

SO_2 total supérieur à 9 g/hL

SO_2 supérieur à limite choisie

A3.5.2 Sulfitage en cours d'élevage

Le tableau A3.7 donne un exemple de calcul de sulfitage en cours d'élevage des vins.

Tableau A3.7 Exemple de calcul de sulfitage en cours d'élevage des vins. Les valeurs de correction (partie droite du tableau) peuvent être modulées selon l'expertise des utilisateurs et les vins à traiter

Situation générale													
Stade évolution →	Soutirage	Pré-mise	Mise										
	1				4			OK		4	3	2	
Couleur →	Blanc	Rosé	Rouge										
					0			ERREUR : au moins UNE réponse		6	5	4	
Sucre →	Sec	Demi-sec	Doux										
			1		3			OK		1	2	3	
Date consommation →	< 1 mois	1-12 mois	> 1 an										
		1			2			OK		1	2	3	
	Valeur « de base » →				9								
État du vin	Très faible	Faible	Moyen	Fort	Très fort		Corrections						
Température					1		2	OK	–1	–1	0	1	2
TAV		1					1	OK	2	1	0	0	–1
Tanins				1			-1	OK	2	1	0	–1	–2
Pourriture	1						0	OK	0	0	0	2	3
Acidité volatile		1					1	OK	–1	1	0	1	3
Levures							0	ERREUR : au moins UNE réponse	0	1	2	3	4
Bactéries lactiques			1				2	OK	0	1	2	3	4
Bactéries acétiques				1			3	OK	0	1	2	3	4
Aération		1					0	OK	0	0	0	1	2
				Corrections d'état →			8						
Manipulations prévues													
Filtration				1			0	OK	2	1	0	0	–1
Centrifugation			1				0	OK	0	0	0	–1	–1
Dégazage	1				+		2	OK	0	0	0	1	2
Collage			1		+		-1	OK	0	0	0	–1	–1
Chauffage	+						0	ERREUR : au moins UNE réponse	0	0	0	–1	–2
			Corrections de manipulations →				1						
		Corrections totales SO_2 libre (mg/L) →					9						
Valeurs calculées (mg/L)	SO_2 *actif* →	0,44	SO_2 libre →				26	SO_2 libre calculé					
SO_2 libre limite (mg/L)	minimum 15		maximum 30										
Choix (mg/L)	SO_2 *actif* →	0,67	SO_2 libre →				40	← SO_2 libre choisi					

A3.5.3 Récapitulatif – Bon de traitement

Le tableau A3.8 donne un exemple de fiche de travail / bon de traitement.

Tableau A3.8 Exemple de fiche de travail / bon de traitement, résumant la situation, le sulfitage calculé et le sulfitage réalisé

État initial				
T (°C) = (5 à 30 °C)	20	TAV (% vol.)		14,00
pH = (3 à 4)	3,60	Valeurs calculées		
SO_2 libre (mg/L) (0 à 100)	20	SO_2 actif	%	2,61
SO_2 total (mg/L) (10 à 400)	86		mg/L	0,52

	Ajustage du SO_2 libre			Ajustage du SO_2 actif			Ajustage du SO_2 total		
	Choix	Calcul	Calcul	Calcul	Calcul	Choix	Calcul	Choix	Calcul
	SO_2 libre	SO_2 total	SO_2 actif	SO_2 libre	SO_2 total	SO_2 actif	SO_2 libre	SO_2 total	SO_2 actif
SO_2 choisi (mg/L)	30					0,60		130	
Coefficient de sulfitage choisi (1)	1,5					1,5		1,5	
SO_2 libre obtenu (mg/L)	30			23			49		
SO_2 total obtenu (mg/L)		101			90			130	
SO_2 actif obtenu (mg/L)			0,78			0,60			1,29
SO_2 à ajouter (mg/L)	15			4			44		

(1) Coefficient de sulfitage, d'environ 1,2 à 1,8, avec 1,5 par défaut.

Calcul du SO_2 à ajouter			
Volume à traiter (hL)	58	SO_2 à ajouter	
Titre solution de sulfitage (% SO_2)	15	(g/hL)	15
SO_2 pour le volume à traiter (g SO_2 pur)	870	Litres solution	5,80

Réalisation →	
Volume utilisé →	5,0
Produit utilisé (référence, lot...) →	Cuve 23
Opérateur sulfitage →	DUPONT
Date →	14/12/11 15:32

Observations :

Sulfitage pour avoir 30 mg/L de SO_2 libre (soit 0,78 mg/L de SO_2 actif)

Volume utilisé inférieur au calcul (manque de produit)

Donnée obligatoire — Quantités à ajouter

A4 Destruction thermique des enzymes et micro-organismes

Les formules générales d'activité de la chaleur sont établies à température constante. Elles sont ensuite généralisées pour toutes températures, variant au cours du traitement.

Lors d'un chauffage, on observe une période de montée en température, suivie ou non d'une stabulation à chaud, à température constante, puis un refroidissement. Cette opération est conduite à l'aide d'échangeurs (à plaques, tubulaires, immergés...) alimentés en fluide chaud (eau, vapeur) puis froid. La température du liquide traité peut être calculée tout au long du traitement, à partir des températures d'entrée et de sortie, des volumes et débits des appareils, à l'aide de formules classiques de la thermique et de l'hydraulique.

Pour un appareil donné, on règle les **vitesses de destruction biologique (VDB)** et les **unités de pasteurisation (UP)** par modulation des températures et/ou vitesse de circulation de l'eau chaude de chauffage, la durée de « chambrage » et la vitesse de refroidissement du moût ou vin.

A4.1 Calcul des températures au cours du traitement

Nous étudierons le cas usuel de l'échangeur dit « à contre-courant »[1] (figures A4.1 et A4.2).

D'après la formule d'Hausbrand, on a :

$$E = E_M \times \mathrm{e}^{-Bt}$$

Où :

$$B = \frac{-q}{V} \log\left(\frac{E_m}{E_M}\right)$$

1. Pour le détail des calculs, voir : Blouin J. et Maron J.-M., *Maîtrise des températures et qualités des vins*, éditions Dunod, 2006.

Avec :

E : écart de température eau/vin à l'instant t ;

E_m : écart à l'entrée de l'échangeur ;

E_M : écart à la sortie de l'échangeur ;

V : volume interne de vin dans l'échangeur ;

q : débit du vin ;

t : temps depuis l'entrée dans l'échangeur ;

D : durée échange = V/q.

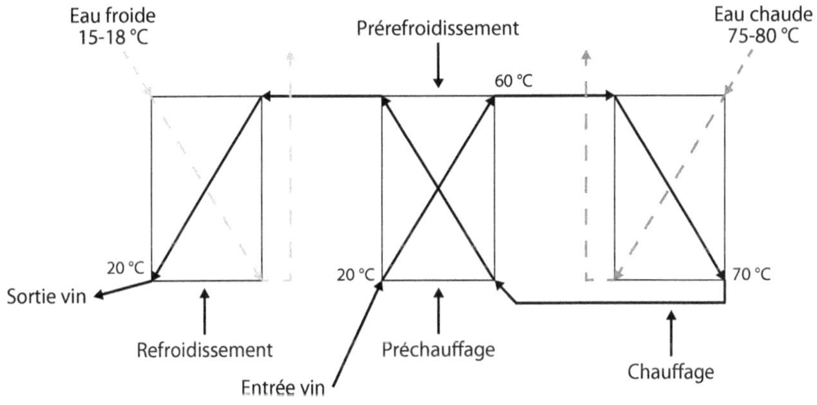

Figure A4.1 Principe d'un appareil de traitement par la chaleur : échangeur avec récupérateur de calories

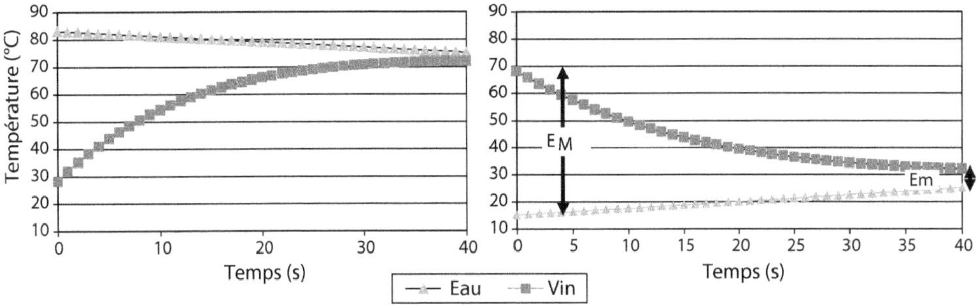

Figure A4.2 Évolution des températures du vin et de l'eau lors d'un traitement par la chaleur : chauffage (à gauche) et refroidissement (à droite)

On calcule la température T_{te} de l'eau à l'instant t, en fonction du temps (ou de la distance par rapport à l'entrée dans l'échangeur) en admettant une variation linéaire par suite d'un débit élevé par rapport à celui du vin et une variation globale de température (généralement) assez faible :

$$T_{te} = T_{ee} - \frac{T_{ee} - T_{se}}{D} \times t$$

avec T_{te}, T_{ee}, T_{se}, T_{ev}, T_{sv} les températures de l'eau *e* ou du vin *v* à l'instant *t*, à l'entrée *e* ou à la sortie *s* de l'échangeur.

À chaque instant, on calcule *E* à partir des formules précédentes, puis la température du vin T_{tv} :

$$T_{tv} = T_{ev} + E$$

On procède de façon symétrique lors du refroidissement.

Remarque : il est possible de calculer ces températures pour d'autres types d'échanges. À défaut, on peut se limiter aux températures entrée/sortie facilement mesurables et effectuer une interpolation linéaire : on surestime le traitement lors du chauffage, on le sous-estime lors du refroidissement. Il est également possible de calculer la courbe de température lors de « pasteurisation » en bouteilles. Le cas est assez rare en œnologie.

A4.2 Calcul de la vitesse de destruction biologique

Pour prendre en compte l'action du couple durée/température sur la destruction des micro-organismes, on utilise la notion d'**unité de pasteurisation (UP)**, d'après les travaux de Benjamin (1958) sur la bière :

- à l'origine, l'**unité de pasteurisation (UP)** exprime l'efficacité d'un traitement de **1 minute à 60 °C** ;
- à chaque instant, l'efficacité du traitement est exprimée par la « **vitesse de destruction biologique** » (VDB), à la température *T* ;
- le produit VDB × durée du traitement, à la température *T*, donne le nombre d'UP.

La vitesse de destruction biologique, à une température donnée *T*, est inversement proportionnelle au temps, dont le temps de réduction décimale TRD :

$$\text{VDB}_T = k\frac{1}{\text{TRD}_T}$$

En prenant, par convention, VDB = 1 pour 60 °C, on peut écrire :

$$\log \text{VDB}_T = \frac{T - 60}{Z}$$

Soit :

$$\text{VDB}_T = e^{2{,}303\frac{T-60}{Z}}$$

A4.3 Calculs des unités de pasteurisation

Le nombre d'UP obtenu lors d'un traitement à température variable est fourni par l'intégrale suivante :

$$\text{UP} = \int_0^t \text{VDB}_{T_i} . \text{d}t$$

avec VDB_{Ti} : VDB à température i ; dt : intervalle de temps.

Cette intégration mathématique peut être remplacée par abaque, résolution graphique ou intégration numérique sur tableur.

A4.4 Exemple de traitement par la chaleur

La figure A4.3 montre un exemple calculé sur tableur paramétrable pour un petit appareil industriel (400 L/h) chauffant le vin à 80 °C par de l'eau de chauffage à 80,6 °C avant refroidissement à 16 °C par de l'eau de refroidissement à 11,3 °C. On obtient ici une VDB de pointe égale à 1 686 et un total de 138 UP. On note que la quantité d'UP obtenues est concentrée sur une très courte période, d'environ 10-15 s ici, et majoritairement lors du début du refroidissement. Cet outil de calcul permet de nombreuses et rapides simulations pour tout appareil industriel ou de laboratoire.

Caractéristiques du traitement

Appareil		
Débit = Q	0,111	L/s
Volume = V	4,59	L
Temps séjour = t	41,4	s

Destruction thermique		
Z	6	°C
Temps référence	**60**	°C

Mesures

Chauffage	Vin	Eau
Entrée	13,9	80,6
Sortie	80,0	79,0

Refroidissement	Vin	Eau
Entrée	80,6	11,3
Sortie	16,0	21,3

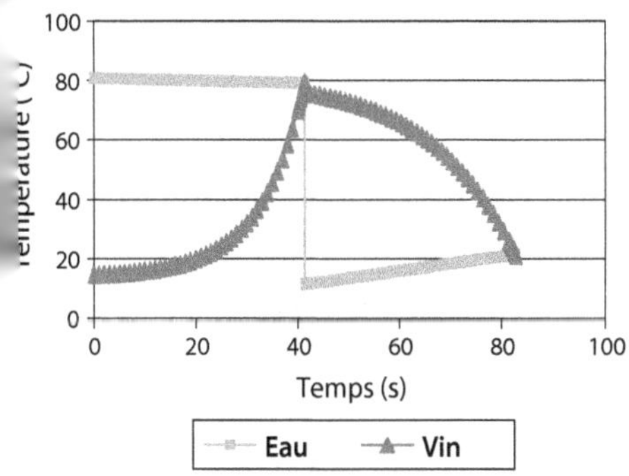

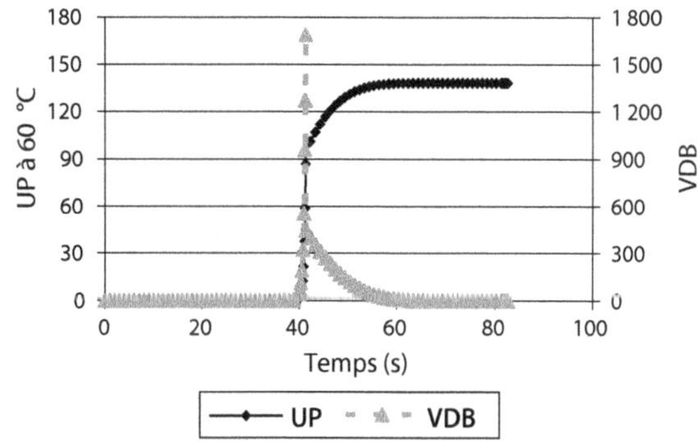

Figure A4.3 Cinétique de l'activité du traitement du vin par la chaleur
Source : Chambre d'Agriculture de la Gironde, 1975

Remarque : Cet essai préalable au laboratoire est très recommandé pour optimiser à la fois l'efficacité du traitement et la réduction des coûts énergétiques.

Le tableau A4.1 donne les résultats qui seraient obtenus à différentes températures maximales, selon la valeur de *Z*, avec un écart de 2 °C entre température sortie vin et eau.

Tableau A4.1 Destruction thermique et température
Source : Chambre d'Agriculture de la Gironde, 1975

T max. vin (°C)	Z = 6 °C		Z = 10 °C	
	VDB max.	UP	VDB max.	UP
55	0,3	0,1	0,5	0,1
60	2,2	0,3	1,6	0,3
70	104	10	16	2
75	731	55	52	5,2
77	1 063	107	84	7

On augmente souvent l'efficacité du traitement, à température maximale constante, en utilisant une zone de « chambrage » constituée par quelques plaques ou tubes supplémentaires avant refroidissement, en constituant une zone de récupération de calories (*cf.* figure A4.1) où le vin entrant est préchauffé par le vin froid sortant.

Pratiquement

- On peut obtenir la même destruction thermique, le même nombre d'UP, par des **temps brefs à température élevée** (ex. : flash pasteurisation) ou des **temps longs à température modérée**. Le choix pratique dépend ensuite des effets secondaires du chauffage (modifications organoleptiques...), recherchés ou rejetés, des installations disponibles, des coûts...
- En œnologie, il est souvent possible de se limiter à des températures peu élevées, par exemple **inférieures à 60-70 °C**, et à des temps brefs à la température maximale.
- Les traitements de type UHT (*Ultra High Temperature*), par exemple à 140-150 °C pendant 4-5 s, usuels pour les laits, sont inutiles (et risqués) pour les vins, totalement dépourvus de germes pathogènes nécessitant ces températures très élevées.
- Dans de nombreux cas, il est possible et recommandé de **simuler le traitement au laboratoire**, de façon fiable, rapide et économique afin de l'optimiser, en réduisant les coûts et en améliorant la qualité finale du vin.

Index

www.ingramcontent.com/pod-product-compliance
Lightning Source LLC
Chambersburg PA
CBHW061201240926
51846CB00006B/1085
9782100710492